實戰智慧館 457

關鍵行銷

消費心理大師 10 大黃金行銷課

The Advertising Effect
How to Change Behaviour
By
Adam Ferrier and Jennifer Fleming

亞當・費里爾（Adam Ferrier）、
珍妮佛・佛萊明（Jennifer Fleming） 著

王直上 譯

推薦序

行銷是藝術，也是科學

宋秩銘（奧美大中華區董事長／WPP集團大中華區董事長）

行銷與廣告是一門藝術，也是一門科學。在我們的行業裡要做到成功，就必須把這兩個關鍵的因素平衡好。

對於藝術部分的追求，一直是多數廣告公司不懈的努力，也是業界那一大群創意人員的終身職志。而在科學這一面，廣告人乃至行銷人，也一直在各種學科裡翻找有用的理論與證據，目的就是洗脫書中所提到的那一句行業裡的古老名言與詛咒：「我的廣告費有一半是浪費掉的，只是我不知道是哪一半。」

嚴格來說，過去數十年，行銷與廣告業界在科學性的進步上，其實仍然有限，這也就造成了一些理論基礎在行業裡的源遠流長——就像是書裡提到AIDA模型，竟然誕生在一八九六年，直到今天它仍在指導著許多行銷與廣告人的思維。

說到科學，當然就要談到在過去這些年裡改變全球遊戲規則的網際網路與技術。科技，改變的不只是市場格局與生活方式，更是我們行業裡的思維邏輯與工作方式。網際網路帶給行銷工作的衝擊與考驗，不需要我多說，但相對於技術的突飛猛進，行銷和廣告科學性及理論性的遲滯，就成了一個非常突出的問題。

人們享受與感受到的技術變革奇快無比，而行銷工作在苦苦追趕這種變革速度的同時，也產生一種大家都感同身受的現象，那就是速效主義——什麼正夯、什麼正是話題熱點、什麼正成為網紅、什麼正成為大ＩＰ（Intellectual Property，知識產權），品牌們就一窩蜂撿現成的來用。有沒有效呢？就引人注目的目的來看，我相信許多是有效的。但是，回到品牌長遠經營的角度，速效主義只是一時的強心針，卻不是讓品牌身強體健的長久之道。越是新科技與新玩意兒充斥的時代，其實越需要更扎實的核心思維與科學基礎。

同樣來自技術與網際網路，我們現在終於得到了精確追蹤與分析消費者一舉一動、一顰一笑的可能性。透過大數據的資料分析，我們能夠取得許多過去無法掌握的洞見，也能夠從中找到商機，乃至行銷策略。這是這個時代帶給我們的超強武器。但在埋首資料的同時，我們千萬不能忘記，資料的背後，是一個個活生生的人。只有當我們能夠掌握對人性的洞察，對於他人的七情六欲感同身受的時候，我們才能從資料中找到符合人性的答案，而不是機械式的推論與解讀。

讓我們再回到一開始提到的，廣告是一門藝術，也是一門科學。這項藝術需要科學的推理與論證，而這項科學需要人性與詩意的靈感。這本書裡不斷演示的行為經濟學，正是游走於兩端的一門有趣的學問，它在討論人性的心理學與討論市場的經濟學之間，找到了重疊的世界。更有意思的是，作者花了不少工夫，把各式各樣的理論基礎，總結為具有可操作性的實務工具，這正是行業裡天天在打仗的大家最需要的強力腦補。

書中提到，行為改變態度，比態度改變行為來得快。想要改變你面對的消費者的行為，就要從改變你自己的行為開始。

在下一次找熱點與ＩＰ之前，先看看這本書裡有什麼更聰明的策略吧。

譯者王直上，曾在奧美擔任過業務、策略、管理過渡到行銷品牌顧問專業。謝謝直上，花了許多時間把這本書翻譯出來，造福行銷傳播界的從業人士。

推薦序

品牌大有為，從改變行為開始！

莊淑芬（奧美大中華區副董事長）

在一個超高速發展的世界，人人都需要「終身學習，持續進步」，這是眾所周知的八字訣。至於如何做，就各憑本事。我曾經鼓勵若干獨領風騷的同業人士，不妨把一路走來所知所想所學，寫下來與大家分享，他們的回答都是變化太快、工作太忙，根本沒有時間予以紀實，遑論寫成一本書。於是，當我看到廣告傳播界無論中外有人肯投資心力，無私地把歷程、經驗和觀察化為字字珠璣，奮筆疾書付梓出版，提出見解和觀點，試圖啟發並影響行業和社會，我都特別感動。這本名為《關鍵行銷：消費心理大師10大黃金行銷課》的大作，無疑就是其中之一。

消費心理學在廣告界並非陌生事物，而心理學家在廣告界工作更是不遑多讓。十多年來，人類行為的心理學理論和行為科學深入影響廣告、經濟和消費者研究領域，帶動此一風潮的先驅就是獲得諾貝爾經濟獎的丹尼爾．康納曼（Daniel Kahneman）博士，也是經典暢銷書《快思慢想》（*Thinking, Fast and Slow*）的作者。他在書中指出，人們經由兩個不同系統主宰思考和決策，其中「快」的是「系統一」，就是各種直覺思考，一種全自動的心智活動；簡言之，直覺就是辨識，不多不少。「慢」的則是「系統二」，要花力氣思考；一般而言，系統一失敗後，才啟動系統二。康納曼博士的書中提及多種效應，我們在生活上都可發現，一旦妥善運用，對於任何層面的溝通都極有助益。

緊隨康納曼的研究成果，英國奧美執行創意總監——羅里．蘇瑟蘭（Rory Sutherland）也在業界登高一呼，大力主張廣告界應該擁抱康納曼的行為心理學，提高行業更具科學佐證的含金量。近年來，奧美透過全球調查，發現消費者早已唾棄誇誇其談的品牌，認為它們與眾人毫不相關。他們期待品牌以實際行動，展現與之呼應的共享價值，提供深具意義的體驗和經歷。也因此，我們不斷呼籲現代品牌必須有所作為，不僅表達對世界的看法和對自我的定位，也能為人們創造價值，品牌因而栩栩如生。換言之，止於空談、動能無限的行為品牌才是王道。

本書作者亞當．費里爾本身是學有專長的心理學家，當他身為心理師時，就以幫助病人採取行動為目標，解決內心深處的問題。從事廣告業後，更不忘理論與實務雙管齊下，適時引進心理大師亞伯特．艾里斯和艾倫．貝克（Albert Ellis & Aaron T. Beck）的研究結果，詮釋人們「思維、感覺、行動」三者之間的互動關係。他發現任何正常人都喜歡這三點保持一致，一旦認知與行為不協調時，內心壓力會推動人們做出改變。這也是作者的主要觀點：若想改變思維和感覺，真正關鍵的就是讓人們採取行動，從行動中達成改變的目的！

這位澳洲作者在鋪陳理論之餘，也引述了有趣的心理臨床小故事，同時收集了廣告界的許多行銷案例，搭配理論佐證，予以剖解分析。書中大膽指出依靠洞察的作業早已過時，因為了解過去無法改變任何事情。他認為，讓人們按照你的意思行動，就能創造行為的改變，而行動前無須洞察的存在。

這本書也介紹了「富蘭克林效應」，從這位前美國總統的一件親身經歷中，引出一個「道理」——如果你想要某個人喜歡你，就設法讓他幫你一個忙，比起那些接受過你恩惠的人，曾經施恩惠給你的人，更願意再幫你一次。各位不妨在生活或工作中，甚至在擬定下次的傳播計劃時，採取行動，無論成敗，必有所得。

書中最重要的內容，聚焦於改變消費行為所需要的實用工具，包括如重塑、動之以情、集體主義、玩樂、實用性等十大激勵性和簡化性行動刺激。作者開宗明義地說這是一本基於真實廣告案例的第一手資料，討論如何有效地影響與改變消費者行為。我相信，從業人員可從作者慷慨解囊的知識中，洞悉人類行為動機的緣由，獲得靈感和啟發，進而為品牌創造解決方案，說不定也能優化推銷創意的說服之道。

長久以來，我篤信做廣告必須發揮善的魅力，無獨有偶，作者主張亦同。從事廣告行銷傳播的人們，絕對有聰明才智來同心協力做好事，透過品牌行銷的大平臺一起改變人們行為。尤其在向數位化轉型的世界，廣告早已跨越傳統的定義和範疇，它的影響力更是無遠弗屆。我衷心希望所有廣告人都發揮大有為精神，用具體行動幫助世界變得更美好！

推薦序

為何你的行銷不靈光了？

許景泰（SmartM世紀智庫創辦人／台灣自媒體社群產業發展協會理事長）

在看本書之前，你可先問自己一個問題：「在人手一機、網路科技無所不在、萬事連結的時代，什麼樣的廣告真的會影響你的認知，讓你展開行動，甚至讓你深深上癮，進而改變你的選擇，影響你的決策與行為？」傳統廣告行銷人，常以為只要改變消費者的「認知」，就可以影響消費者的「動機」，但事實卻不單純。在資訊爆炸、數位媒體充斥、廣告佔用我們每一刻的現在，我們若還只是想從改變消費者認知下手，早已遠遠不夠。因為，假設這一刻你的廣告吸引了消費者注意，下一刻消費者很可能就會被另一個更吸睛的廣告給快速帶走，只要幾秒，他就不記得你了！

這本書就是要告訴你，為何你的廣告行銷不再靈光？該怎麼做才會真正有效？

我從事了十多年數位廣告行銷，擔任過上百家中大型知名企業講師與顧問，本書作者所提的諸多觀點跟我不謀而合。作者反覆提醒我們，你若要讓消費者打從心坎裡想買你的產品，視你為第一、唯一的首選，最強而有力的廣告吸星大法，就是我常說的，想盡各種辦法讓消費者「參與你」、「為你做出具體行動」、「擁護你的品牌」、「為你做行銷」、「讓他成為你的代言人」。因為只要你能「改變消費者的行為」，就能徹底改變消費者心智及認知。

作者在本書中不只提到一次，你該如何有效的改變消費者行為。其中，最簡單的方式就是讓消費者為你展開「第一步行動」，好讓消費者自覺、自主地接受你想訴求的目的。本書為了要讓你明白「消費者行動」的影響，遠遠勝過只是一味地在「消費者認知」上使力，作者衷心建議你，在每一次思考廣告行銷策略之前，得先設定清楚「你想要改變消費者什麼樣的行為？」，再一步步發展出你的廣告創意路徑。千萬不要想了一大堆好點子，卻忘了最重要的目的是「改變消費者的行為」。如果你懂了，想更進一步了解該如何做、有沒有具體案例可供指引、實務上又有什麼好的廣告行銷策略與作法，我推薦你這本書，可以告訴你改變消費者行為的十個策略，就是指引你快速掌握消費者行為的最佳行銷寶典！

推薦序

數位時代的有效傳播，就看這本！

葉明桂（台灣奧美集團策略長）

王直上，本書的譯者，曾擔任奧美集團專職傳播行銷顧問的角色。他對內指導團隊有更精闢的思路，對外協助客戶解決商業課題，是專業隊的專家，職業隊的教練。

在市面上這麼多行銷工具書中，他卻選擇這本《關鍵行銷：消費心理大師10大黃金行銷課》，花費時間、心力進行翻譯。既然這本書啟發了如此專業的專家，想必這本書是專家的參考書籍，是老師的指導手冊，是行家的首選推薦！

過去，成功的傳播行銷總是藉改變人們的心智，進而轉化人們行為；正如「我思故我在」的論述，一個人有了某種想法，才會產生某種行為。現代，在這資訊爆炸、數位無所不在的場景下，真正有效的傳播應該是先改變行為，再改造思想。

要練好內功，先有行動，再由外而內啟動心智的變化。有效的傳播不能只是對人們說些什麼（say something），而是必須對人們做些什麼（do something），做比說更重要！本書的內容就是闡述了影響消費者行為的道理和方法。

親愛的讀者，看十本好看的書不如讀一本有用的書。這本外文書是由一位行家來翻譯，比由一位外文系的譯者翻譯更好，因為這是專家消化過的知識，而不是照本宣科的結果。

這是一本好看又有用的書，值得您購買！

推薦序

成為行銷廣告的鑑賞家

蔡宇哲（「哇賽心理學」總編輯）

很多很棒的廣告就像是魔術表演一般，廣告創作者就像是魔術師，把精心準備好的內容公開呈現出來，讓大眾獲得驚奇與開心，而且還能夠讓人不知不覺地照著所規劃的行為去進行。這本《關鍵行銷》的作者亞當．費里爾，就像是個專門破解自己魔術的魔術師，要帶著大家理解許多驚奇當中的奧祕。他將自己多年來用來吸引大眾目光、引導行為跟掏錢的技巧化為可理解的原則讓大家了解。他在廣告界工作很多年，累積了許多成果與見識。書中用了非常多案例，並透過心理學原理來加以拆解，讓讀者非常容易明白有哪些心理作用會讓人想要購買。

作者提到寫這本書的目的有兩個：其一是希望人們可以在理解後避開一些盲目的消費，能夠買到真正需要的物品。不過這點我認為能做到的程度恐怕不大，因為許多心理學效應都是天性，是自然反應，不容易透過覺知來避免。不過他說的另一點我就很認同，這些原則可以廣泛運用在生活中其他部份，尤其是有想改變自己、讓自己更好的時候。策略訂定的原則就跟廣告行銷很像，都是跟改變行為有關。例如書中提到，一個好的廣告之所以能夠說服人產生某些行為，主要是考量兩個重要因素：動機與容易度。能促使大眾產生越高的動機與越容易進行的話，這個行為就越容易發生。

回頭想想，我們在生活中不也是如此嗎？像是現在路跑活動為什麼會如此盛行，在動機上是因為大眾普遍認可跑步是項好運動、路跑也已經變成有樂趣、低負擔的活動；在容易的程度上，每個人都會跑步但不見得會游泳，而且多數的路跑活動都會有低、中、高幾個等級，讓大家可以依據能力選擇報名。所以說，如果我們有想要改變或進行一項行為，只要朝這兩個方向去訂策略，就可以有很大的機會完成。因此，除了透過書的內容來了解廣告與行銷外，也能夠藉此了解自己，去思考能夠經由哪些原則幫自己產生一些好的改變。

有一句話縱貫整本書：「行為改變態度，比態度改變行為還快。」在許多生活經驗上確實是如此。以跑步來說好了，大多數人並不是因為喜歡跑步開始跑，而是跑了以後才開始喜歡跑步。這當中除了因了解而更喜歡之外，還有一點是，我們會為了維持內在與行為的一致性，些微改變自己的認知。只要你一旦開始跑且持續在跑，就一定會改變自己的認知，否則你將無法解釋為什麼會一直跑下去。而這個原則也能夠在生活中幫助我們，像是有時會知道從事某些行為對自己有幫助，但就是不喜歡或興趣缺缺，此時只要想出方法來強迫自己踏出第一步，那麼在心態上就會有很大的突破，也才有持續改變自己並獲得成長的可能。

這是本少見理論與實務兼顧的書，但書中沒有艱深的專有名詞，讀起來感覺像是一個非常風趣的創意廣告心理人，在向你侃侃而談他這幾年獲得的經驗與成果。當中描述的大部分案例都有附上 YouTube 連結，讓讀者可以在閱讀案例的同時，也實際看到那些創作的產品及其內容，如此在閱讀時能夠進入他所要描繪的情境中，也能感受一下他所描述的效果是否會發生在自己身上。

讀完這本書後，你不見得可以完全抗拒那些新穎廣告的誘惑，但肯定更知道如何欣賞那些廣告背後的創意。以後再看到很有意思的廣告時，除了驚奇之外，還能夠分析他背後操作了那些心理特性，成為一個看熱鬧也能夠看門道的鑑賞家。

推薦文

行銷的最大關鍵不在創意

凡槿（廣告小妹）（行銷人）

我進入廣告行銷業，邁入第六個年頭。當年我是紐約某設計學院廣告設計系的一名學生，進入一家大型廣告公司實習。某日主管告知我今天可參與重要會議，是我平日無法加入的，我小雀躍開心做準備。會議中，我們沒有討論創意，更沒有提及執行，而是不斷地探討消費者行為。

「這款新品在歐洲大賣，可是美國消費者不一定會買單。」其中一位與會者提出質疑。「消費者買單與否，需要數據佐證，還有查證。我們可以查查資料庫，看是否有相關資料。我們也可撥出部分預算，協助客戶做問卷調查。」另一位提供建議方向。

雖然那場會議最終沒有得出一個結論，卻讓我陷入思考。原來，我們創意部拿到的每一份策略企劃書，是經過一次又一次的市調、核對數據、諮詢顧問、釐清問題點而來。

一星期後，我向主管表明了我有想要轉往策略部的意願。因我大學期間從未受過行銷專業訓練，主管推薦了我幾本書與網路影片，更邀請我參與一場業界研討會。主講者之一正是此書的作者，亞當·費里爾。

亞當說：「廣告這的最終目的，除了用創意為世界創造更多美好之外，還有為客戶展現成果。成果不只是廣告作品本身，還有我們說服了誰、改變了誰、刺激了誰，去進行消費這個動作。」

他還說：「廣告領域，由一群天才所組成。可也正因為每個人都很聰明，所以我們總認為自己是對的，習慣依照自己的生活經驗、所學知識去判斷消費者要的是什麼。但是，判斷需建立於洞察的基礎上。我們要先了解消費者的心理，才能夠想出相對應的策略去影響他的行為。」

正是那一日，我突然開竅了。或許我在意的，從來就不是創意的本身，而是從好奇到觀察、產出策略後，再到創意之間的過程。

亞當在《關鍵行銷》一書中，用淺白易懂的文字，搭配精彩案例分析，解析消費者自身都不曾意識到的潛在思想以及下意識的行為。推薦給每一位如當年的我一樣，對於行銷領域、消費者行為充滿困惑的孩子們。

推薦文

行銷要與時俱進

陳延昶（486團購創辦人）

經營網購這些年，總是被媒體稱為勸敗王或團購達人。在大家眼中，我好像是個對於銷售商品很有一套的行銷高手，但行銷的手法或精神，應該要隨著時代調整與改變，必須與時俱進，也要打中人心。

而這本《關鍵行銷》，是全球知名的消費心理學大師亞當・費里爾親自提點的十個行銷黃金策略與關鍵，其中有些方針如重塑、動之以情、化繁為簡等，都符合我現在正在實行的方式，甚至到書的最後，作者提到要發揮好的影響力，要回饋大眾與社會，這些都與我的想法不謀而合。

這本書的好用在於，無論是直播主、粉絲團經營者、媒體人、銷售平臺、賣家與商家等等任何想找到行銷關鍵點的人，都可以在其中汲取到實用的案例與建議。實際應用看看，相信會有很好的成效。

推薦文

蝦小編來推推書

四百隻蝦小編死亡＝兩百隻蝦小編獲救

（聽起來好不吉利啊＝＝）

同一件事為什麼消費者的選擇會不一樣呢？

人真是一種難懂的生物啊（茶～）

想了解更多消費行為學和心理學嗎？

快來買一本蝦小編推薦的《關鍵行銷》

超過一百種的行銷案例生動地為你解惑唷！

#蝦皮購物

蝦皮購物小編

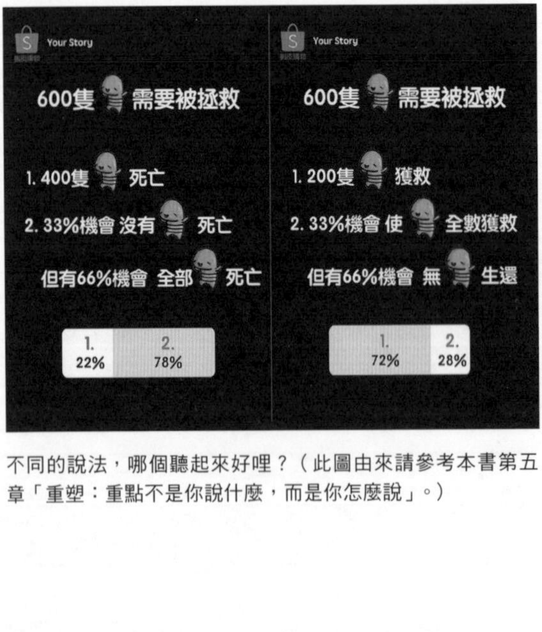
Your Story
600隻 需要被拯救
1. 400隻 死亡
2. 33%機會 沒有 死亡
但有66%機會 全部 死亡
1. 22%
2. 78%
Your Story
600隻 需要被拯救
1. 200隻 獲救
2. 33%機會 使 全數獲救
但有66%機會 無 生還
1. 72%
2. 28%

不同的說法，哪個聽起來好哩？（此圖由來請參考本書第五章「重塑：重點不是你說什麼，而是你怎麼說」。）

給台灣讀者的話

期望改變你我行為

亞當・費里爾

台灣與澳洲，其實比你所想的還要更相似。我們的人口數很接近，大約在兩千三百萬到五百萬人之間；我們的經濟規模很接近，大約是世界第十五到二十五名之間，所以我這本探討行銷與廣告的書《關鍵行銷》，能在兩個規模相近的經濟體、卻又不大相同的文化裡出版，是件很有意思的事。

不過，這本書並非意圖作為不同文化何以相近與相異的跨文化調查，而是要檢視人性的各種深層驅動力，以及它們如何回應針對創意的行為改變。

距離英文版出版已經有一段時間，我所收到的迴響遠大於我的期待。我的第一本書出版後，我開了一間新的創意經紀公司叫「Thinkerbell」，意思是科學研究精神與極致創意相互結合的地方，我們喜歡叫它「經過計算的魔法」。另外一件有趣的發展是，我們公司在普華永道會計師事務所（PwC）有個不得了的投資者，意味著創意經紀與經營顧問能彼此結合，這是市場上出現的一個新趨勢。總之，我誠摯地希望各位能讓我知道你對這本書的看法，以及它是否在你所選擇的職業裡能給予幫助（這些都與行為改變有關）。

我從來沒有拜訪過台灣，希望能藉由繁體中文版的出版讓我的行為改變，到你們美好的國家走走。

（陳采瑛　譯）

譯者序

為行銷時代打開一扇新的窗

王直上

這本書真的應該更早一點被翻譯出來。

遇到這本書也是個緣份。記得是在美國的一家諮詢公司的某份方案裡發現的吧。當時看到書中被引用的一些觀點，覺得很有趣，書名又叫做 *The Advertising Effect*，感覺應該跟我們這行很有關係，於是就假裝很用功地去買來看。

讀了才知道，原來這是一本關於行為經濟學的作品。講到這個要提一下，自從讀了丹尼爾．康納曼的《快思慢想》之後，我就對行為經濟學很有興趣，所以又順藤摸瓜找了些書來讀；這類書都很有趣，可是總覺得我們在工作上沒辦法直接用得上，始終不知道怎麼把那些概念套過來……沒想到結果誤打誤撞，在這本書裡找到了答案。

作者亞當．費里爾先生的確是個厲害角色，身兼心理學與廣告實務的背景，才有辦法把行為經濟學的理論，與我們行業的實際工作做了如此理想的結合。對我來說，這本書有兩個最棒的地方。

首先，當中幾乎涵蓋了所有行為經濟學的核心思維；而在每一點的介紹上，提供了淺顯易懂的心理學背景解說，同時又用行業裡的實際案例作為舉例與示範，讓讀的人非常容易消化，而且讀起來也很有趣。亞當自己歸納形成的思考框架，把所有理論又變成了一個完整的工具包，容易記憶，容易套用，對我們這些每天忙得跟狗一樣的從業人員而言，實在是個大功德。

其次，就要講到聽起來很偉大的時代意義了。自從網際網路出現，又跑到了智慧手機上之後，行銷圈與廣告圈裡的人，就沒過過一天好日子。好像一切都亂了套，過去的理論不曉得還成不成立，而未來的理論不知道在哪裡。Campaign[1]的速度越來越快，要產出的內容越來越多，越來越多的搭便車、玩老梗，其實也是無奈之舉。讀完這本書，對我而言，有一件事突然變得豁然開朗：行為經濟學的誕生與網際網路的發展，本是兩條不太相關但同時前進的平行線，但走到今天這個點上，兩條線會面了，才發現彼此是互需互補的天生一對。貫穿書中的一個觀點是：「行為改變態度，要比態度改變行為來得快。」直到網際網路成熟的今天，「直接改變行為」這件事才變得有普遍的可操作性；這在過去的大眾媒體時代，是難以實現的。而對於數位行銷來說，行為經濟學適時提供了一個很棒的理論框架與基礎，讓一切的規劃容易有策略性，直指行銷目的與改變消費者行為的任務，而超越純粹的互動、體驗、好玩這種內容層面的思考。

但當然，永遠不要忘了，再好的思維框架也只是個框架，沒有肉的骨架始終只是個骨架。創意與想法還是永遠的核心。只有用框架形成聰明的策略，再用更聰明的創意想法把它點亮與落實，才能成就偉大而有效的Campaign。這也是作者在書中一再呼籲的提醒。

好啦，就是因為上面這些感想，讓我有了一個莫名其妙的衝動，覺得該把這本書翻成中文。後來的事很幸運地一件件順利發生：亞當先生沒當我是個騙子，接受我這個翻譯生手的毛遂自薦；出版社覺得這本書值得出，排上了出版日程。然後就是我苦難的開始——花了整整一年時間才把它翻譯完成。

是的，這本書來得有一點遲，但我始終相信，來得再遲，這本書都必須來到，因為它帶來的是現在這個時代恰恰需要的全新行銷思維與觀點，能夠為業界的大家打開一扇新的窗，讓很多的掙扎與疑惑得到一種新的解題角度。

謝謝亞當，謝謝遠流出版公司，謝謝奧美前老闆們的支持，也謝謝讀了這本書的你。希望你也覺得有用、有趣。

❶ 編註：Campaign 一詞在廣告界的使用上，直譯為「廣告活動」，意指在一段特定時間內，推出數個主題或概念一致，並且規劃詳細的一系列行銷廣告活動。

目錄

獻辭

親愛的Anna和Asterix，我要把這本書獻給我們最棒的家庭——你們就是我的一切。

我也想把這本書獻給全世界所有正值十四歲的男孩，雖然我知道你們很少有人能讀到這本書，但我還是想對你們說，相信我，生活總會有辦法解決所有的問題。小時候，我們怯於表現自己和別人的不同，長大後你就會知道，正是那些不同於常人的人給世界帶來希望。

最後，我還要把這本書獻給一群讓我在職業生涯中獲益良多的傑出領導以及專業夥伴：The Department of Corrective Services的Catriona McComish和Steve Feelgood，Added Value的Anita Batho，Saatchi & Saatchi的Jim O'Mahony，Cummins & Partners的Sean Cummins，當然，還有Naked Communications裡機靈、美麗、毒舌的Jon Wilkins、Mat Baxter和Mike Wilson。

如何使用本書

據我所知，這應該是第一本完全基於真實廣告案例等一手資料來討論如何有效影響與改變消費者行為的著作。我本身不是學院派，而是身在一線的廣告從業人員，正因如此，我們做了這樣的安排：書中會一一介紹廣告人改變消費者行為慣用的技巧，再用心理學知識為大家剖析這些技巧背後的原理（書裡共為大家總結出十種重要且實用的技巧）。

整本書的論述都基於一個核心前提：所有廣告的目的都是為了改變消費者的某種行為；只要是能夠幫助品牌更高效地改變消費者行為的廣告，就是不錯的廣告。

想要改變消費者行為，有兩個關鍵步驟：

一、清楚界定你想改變的消費者行為。

二、然後著手改變它。

我們在書裡會先和大家討論如何界定與理解那些足以帶來行為改變的因素，接著深入探討如何利用不同的「行動刺激」（action spur）來刺激行為的真正改變，其中包括「動機型行動刺激」（motivational action spur）和「容易型行動刺激」（ease action spur）兩大類。可以改變消費者行為的方法很多，透過這些行動刺激，我希望能為大家形成一個方便運用的工具箱，可以得償所願地改變消費者行為，這也就是我們撰寫本書的初衷。

下面是對各章節的分別概述。

第一部：要改變什麼行為？

第一章〈暗黑藝術〉是整本書的「**總論**」。

第二章〈定義〉告訴你如何界定「**想要改變的消費者行為**」。要改變他人行為其實是件挺難的事。（人們本來就做著自己愛做的事，何須你費心？）如果你不能界定你想改變的行為，所做的一切都可能徒勞無功。請務必先讀這一章，否則讀其他章節的效果會大打折扣。

第三章〈思考、感覺、行動〉討論的是改變行為的總體原則。我們會討論**思考**、**感覺**、**行動**這三者的交互關係，並解釋廣告的本質為何已從被動轉向互動。而這個轉變，在我們改變消費者行為上會帶來哪些衝擊。

第四章〈行動刺激〉會詳盡介紹一些實用工具。行動刺激能夠為某些行為的發生**增加動機**，或**讓行為容易發生**。這一章將解釋如何選擇行動刺激，以及如何促成行為的改變。

第二部：動機型行動刺激

第五章〈重塑〉將告訴你如何用最具激勵性的方式包裝行為，以達到你的廣告目的。

第六章〈動之以情〉討論的是如何運用**情感與說故事的力量**改變消費者的行為。這也許是廣告最為人所熟知的手法，也是在只有大眾媒介（單向溝通媒介）可用的時代裡，廣告人的主要招式（但時代已經快速變遷了）。

第七章〈集體主義〉談的是透過**舉辦活動**或大型事件吸引人們參與，從而改變行為。

第八章〈歸屬感〉是關於一個大家都知道的道理：如果你要某人做某件事，設法給他對這件事的**歸屬感**，這樣他會更樂意去做。

第九章〈玩樂〉介紹了我最喜歡的一種行動刺激。把你想要促成的行為**變得好玩**或**變成一場遊戲**，人們就會享受這件你希望他們做的事情。這是目前在行業內最流行的方式。

第十章〈實用性〉告訴你如何透過給消費者某種實際好處，鼓勵你想要的行為發生。

第十一章〈樣板化〉將介紹如何把「樣板」的概念運用於影響與改變行為。關鍵是找到**對的樣板**，來為你想要促成的行為做示範。

第三部：容易型行動刺激

第十二章〈賦予技能〉談的是設法**教會消費者必要的技能**，讓他們去做你想要他們做的事情。

第十三章〈化繁為簡〉講的是假設人們已擁有進行某種行為的技能，但由於**環境中存在某些障礙**阻擋了他們的行動，此時，你該如何幫助他們。

第十四章〈承諾〉談的是將行為分解成小塊。如果我們要消費者進行的活動對他們而言太過困難，不妨**將行為目標變小一點**，這樣他們會更容易做出承諾。

第四部：做好事

第十五章〈善用你的力量〉討論如何確保我們能為世界帶來**正向的改變**。其實我們原本打算把這部分放在第一章，因為這是做廣告與改變消費者行為的大前提。如果你想從這一章開始讀也沒有問題。

本書的很多案例來自我在奈科傳播公司（Naked Communitions）工作的日子，那是我廣告生涯裡非常重要的一個階段。同時，我也擷取了其他廣告公司的一些寶貴經驗，加上來自世界各地的不同成功案例。當中有很多例子曾獲艾菲獎（Effie Awards）的殊榮，算得上是行業中最具實效性的作品。艾菲獎是當前足以代表廣告界最高標準的獎項，它尤其專注在廣告的有效性。這個獎評估的不只是作品多有創意（其他多數獎項都聚焦於創意），而是廣告是否真正有效地創造了銷售成績、建立了品牌，以及改變了消費者行為。所有獲獎案例的報告，在艾菲獎官方網站上都找得到，我在書中也引用了部分報告以方便讀者查閱。而所有引用資料的來源也都一一列出，如果你想進一步了解某些話題，很容易按圖索驥。

另外還要說明的是，這本書不一定要按現有的章節順序閱讀，書中的每個章節都可以獨立存在，尤其是第二部與第三部。最後多說一句：我用我習慣的思考方式架構了整本書的內容，試著將大量資訊適當地揉合在一起，變成一個個有意思的好故事，希望你會喜歡。

關於行銷創意人

在本書中，你會遇見很多「行銷創意人」。他們多半是廣告圈內或周邊的一些重要人物，不然就是來自某個廣告相關領域。這些行銷創意人不管是我當面接觸過的還是一直希望見到的，每一位對於如何影響與改變消費者行為都有非常有趣的獨到見解。謝謝他們慷慨接受我的邀請，讓我把他們的意見放進書中。他們是：

- 羅希特・巴加瓦（Rohit Bhargava），暢銷書《喜好與信任：魅力經濟學的奧祕》（*Likeonomics*）的作者，影響力行銷集團（Influential Marketing Group）創始人，本身也是一位令人尊敬的紳士。
- 安娜・費里爾（Anna Ferrier），她是我的好老婆，我寶貝兒子艾斯特瑞克斯的媽媽。
- 強・凱西米爾（Jon Casimir），廣告話題類電視節目製作人，也是暢銷書作家。
- 艾倫・狄波頓（Alain de Botton），哲學家、暢銷書作家，生活學校（The School of Life）的創始人。
- 安德魯・丹頓（Andrew Denton），澳洲最有才華、同時也最成功的電視製作人及主持人之一。
- 克勞迪烏・迪莫夫特（Claudiu Dimofte），美國聖地牙哥州立大學副教授，也是《消費者心理學》（*Journal of Consumer Psychology*）期刊的編輯委員會成員。
- 鮑伯・加菲爾德（Bob Garfield），極富聲望的廣告行業記者、媒體評論員。

- 阿爾然・哈林（Arjan Haring），科學搖滾明星（Science Rockstar）公司的創始人（看得出來注定要做大事）。
- 約瑟夫・賈菲（Joseph Jaffe），專注於探討廣告革新的暢銷書作家。
- 約翰・梅斯考爾（John Mescall），麥肯廣告（McCann）全球執行創意總監，墨爾本地鐵安全宣傳活動「笨笨的死法」（Dumb Ways to Die）發起者。
- 大衛・諾貝（David Nobay），創意公司 Droga5 的創意總監，全球最有影響力的廣告人之一。
- 邁可・諾頓（Michael Norton），哈佛大學教授，也是暢銷書作家。
- 伊凡・波拉德（Ivan Pollard），我的好朋友，負責領軍可口可樂的全球溝通策略。
- 馬克・謝靈頓（Mark Sherrington），附加價值品牌（Added Value）諮詢公司的創始人，也是美樂啤酒（SAB Miller，全球最大的啤酒公司之一）的全球行銷總監，一個讓人無比嫉妒的職位。
- 羅里・蘇德蘭（Rory Sutherland），英國廣告從業者協會（The UK Institute of Practitioners in Advertising）的領軍人物，也是英國奧美集團（Ogilvy Group）的副主席。
- 西蒙・柴契爾（Simon Thatcher），我的老朋友，更是一位超級棒的心理學家。
- 法里斯・雅各（Faris Yakob），對廣告富有遠見的一位好夥伴；《快公司》（*Fast Company*）雜誌將他列為「現代廣告狂人」十大人物之一。

下面這段寫在芝加哥大學圖書館外牆上的話，是一位商學院教授轉述給我們聽的，他希望我們能夠傳承下去。這段話對我的影響非常大。「在這堵牆裡，裝著的不是智慧，而是承擔與思考的能力。」這就是我要蒐集這麼多高手如何改變消費者行為的洞見、匯總在這本書裡的原因。他們多數是我在廣告及行銷圈裡接觸過的人，所以我稱之為「行銷創意人」。他們各自提出不同的觀點，應該會讓你覺得很有用，或至少很有意思。在開始寫這本書之前，我先向上述每一位行銷創意人提出下面這個相同的問題：

改變他人的行為並不容易，然而我們有多大能力做到這件事，就決定了我們能多成功地戰勝每天面對的各種挑戰：不管是成功推廣我們的品牌、讓人們跟隨我們的號召、要孩子好好打掃他們的房間，還是確保辦公室的同事會好好使用回收垃圾桶等。請針對改變他人行為的這個課題，提供一個你的建議給大家。

他們所回覆的觀點分別收錄在每一章的結尾。我也把我如何認識（或根本不認識）他們的經歷寫在其中，這樣你會對他們再多一點點了解。

導讀

雜誌只不過是引導人們閱讀廣告的一個載體。

——詹姆士·柯林斯（James C. Collins），一九七〇

為什麼寫這本書？

嗨！我是亞當，一個廣告人。也許我曾經說服你買了某個牌子的飲料、提醒你開車時不要超速，以及促使你選擇某一家飯店。我是怎麼做到的？嗯，你很快就會讀到了。本書會告訴你，廣告人都是用哪些招數和伎倆來說服你掏腰包的，同時也會揭露廣告人用來影響你的行為的一些心理學技巧。可是，我為什麼要把這些說出來，特別是在我還在這行混飯吃的情況下？原因有兩個：第一，我想讓大家避免再盲目地消費；第二，我相信你會發現，我們這些廣告人使用的技巧也可以應用在你的工作與生活中。

說到盲目消費（不要誤會，我並不反對消費這件事），根據世界銀行（World Bank）的報告，消費所帶動的需求為已開發國家貢獻了大約六五%的GDP（國內生產總值）。強勁的消費支出，代表著健康的經濟、更多的工作機會、更快的發展，以及其他很多好處。由消費帶動需求的確是一件好事，是經濟保持良好發展的基礎。另一方面，我也相信，人們越知

道廣告如何發揮作用，就越能在消費上做出聰明的選擇。假以時日，我們就能慢慢把「盲目」消費轉變為「精明」消費。

廣告這一行聚集了無數聰明人，他們可能是這個星球上最有創意的一群人。這些人收取大筆酬勞進行改變消費者行為的工作，具體來說就是鼓勵消費者買更多的東西。數以千計的品牌擁有者不惜花費幾十億美元計的金額，企圖影響和改變消費者行為。全球廣告行業總值約為五千五百七十億美元（Nielsen, 2012），正是這筆龐大資金天天支配著人們該吃什麼、喝什麼、穿什麼、開什麼車、去哪兒度假，甚至該怎麼為人處世。

當我在做調查研究或與消費者溝通時，最常聽到這樣的說法：「我不看電視」、「我不會被廣告影響」。然而真正的事實是，廣告的確在發揮作用，而且發揮得很不錯。否則，怎麼會有這麼多大企業以如此巨資不斷投入其中？還有，廣告不只出現在電視上，它早已滲透我們生活的方方面面。很多時候，透過品牌與廣告，我們建立了彼此間的社交連結。我們參加的許多大大小小活動，就算不是品牌方舉辦的，起碼也有企業贊助，而在這些活動裡，商業資訊往往無處不在。就連我們看的新聞內容也有相當高的廣告比例，甚至是基於廣告目的而被創造及贊助的，或者至少是受廣告影響的。

在我成長的年代裡，廣告只會出現在一些你猜得到的地方。它總是在電視、雜誌和報紙或大的戶外看板上。但那是一九八〇年代的事了。至此以後，品牌方開始撤離戶外廣告界，不願再被那些蠢方塊盒子給框住。今天的我們，已經活在一個廣告行銷無孔不入的時代，想要分辨哪些東西是廣告、哪些不是，也變得越來越困難。

在這樣一個廣告遍地的世界裡，很多廣告人都相信，今天的消費者對行銷都很有概念；

他們認為消費者清楚知道自己如何受到影響，但我不這麼認為，事實上正好相反。今天的消費者的確是天天浸泡在行銷環境裡，但這並不等同於他們懂行銷。要證明這一點很簡單：一個十六歲女孩和一名八十歲老爺爺，你覺得誰比較容易被最新廣告所帶動的潮流影響？當然是前者。她就像是一隻養在公寓裡的貓，從來不曾在街上遊蕩，完全不知道外面還有一個巨大的世界。而廣告就是這樣一股水泄不通地包圍著她、塑造著她的世界觀的超級力量，這些動輒數十億美元的巨大投入，創造了這樣巨大的威力。你可以想像，當所有廣告的能量積累起來、砸向某個人時，是多麼恐怖的一件事。

我寫這本書，就是想改變這種不對等的狀態。如果包括你我在內的消費者，對廣告作用的原理能多一點點了解，在面對這些不斷在我們眼前爭奇鬥豔的廣告時，就能夠更理智地判斷，從而做出更好的消費決策。這樣一來，行銷人員就必須回應消費者，提供他們真正需要的好東西，於是形成雙贏的局面。說到底，廣告既然會永遠存在於我們身邊，乾脆好好把它的祕密弄個明白。

其次，我還有第二個動機。因為我真的很愛廣告行業，我想把它的絕頂聰明、古靈精怪之處統統說給大家聽，當中也包括它有時異常狡猾的一面（當然最好不是用來做壞事）。這一行吸引了大量聰明又有創意的人才，不斷運用他們的創造力，為我們日常生活中遇到的各種問題找到最佳的解決方案。而絕大多數的解決方案最終都需要某個地方的某些人改變他們的某種行為。不管你是不是在這一行工作，我都想把這些知識整理好分享給你，讓你了解廣告人是如何運用這些技巧影響別人的。

其實，我們每個人，不管你是誰，天天都在做著改變別人行為的工作：母親要影響孩子的行為、弟弟想說服哥哥不要再揍他、老師要學生乖乖坐好、經理要保持員工的向心力、廣告公司要賣創意給客戶……所以，並不是只有廣告這行在影響人與說服人，我們每個人天天都在玩一樣的遊戲。所以我們越有辦法改變他人的行為，就能更成功、更快樂。

接下來，我即將掀開廣告的神祕面紗，把用來控制這一切的心理學原理找出來，交給你。請你把這當中的力量，緊緊地握在手中。

我何德何能，敢對廣告說三道四？

十七歲時，我實在想不明白自己將來要做什麼，於是拜訪了一位職業規劃顧問金・索亞（Kim Soia）。金問我對哪些事情比較有興趣，我盡力表達了一番，然後她做出這樣的總結：「嗯，所以你喜歡金錢，也喜歡和人打交道。我覺得你應該做個消費心理學家。」我也不知道當時金是怎麼得出這個結論，不過現在看來，她好像是對的。

我在大學取得商業學士學位（行銷）和人文學士學位（心理學）。之後為了成為註冊心理師，我拚了三年，拿到了心理學的學士後學位（Postgraduate Diploma in Psychology）和臨床心理學碩士學位（Master of Psychology〔Clinical〕）。所以目前我依然是註冊心理師，也是澳洲心理學協會（The Australian Psychological Society）的正式會員。

司法心理學（forensic psychology）是我開始工作時接觸的領域，那時候我有機會見識到一大堆非常極端的人類行為。在轉入私人心理諮詢之前，我在矯正署（The Department of Corrective Service）工作了幾年，當時打交道的對象全是犯罪嫌疑人。我的工作就是在他們上法庭前對他們進行心理評估，而我主要負責的是對具有性侵犯行為的嫌疑人進行心理評估（更多這方面的內容，後面會談到）。那時我總覺得自己像是被扔到人性最黑暗的角落，不得不去搞清楚到底發生了什麼事，同時還要確保自己不會溺斃其中。不過後來我漸漸發現，研究性機能失調與傷害行為，原來是一個了解人類行為的絕佳機會。透過探究機能失調的背後誘因，我見識到人們是如何認知這個世界的；當然，我看到的是最誇張與極端的版本。我學習過的各種關於人類行為的準則，在那幾年裡一直跟著我，並逐步沉澱為你將讀到的這些觀點。

過了一段時間，我決定調整職業發展方向，找回初心：成為一名「消費心理學家」。我做了很多功課，完成了碩士論文〈界定構成酷人物的潛在要素〉（Indentifying the Underlying Constructs of Cool People）。於是我自然而然地從研究犯罪行為轉向研究消費者行為，並且成為附加價值品牌諮詢公司的一名全球酷獵人（cool hunter）；酷獵人的工作就是研究全球酷人物之所以酷的原因，以及他們會選擇推動或忽略哪些世界上的潮流。於是我得住進最酷的飯店裡，觀察人們如何被時尚與潮流迷住，這和研究犯罪心理學實在有天壤之別。離開附加價值品牌諮詢公司之後，我加入了上奇廣告（Saatchi & Saatchi）這家全球最負盛名的廣告公司之一，在那裡我學到如何做廣告，見識了品牌的力量。再後來，我和兩個朋友開了自己的廣告公司，即奈科傳播。

之所以用「Naked」（原意為「赤裸」）作為公司名稱，是想表達我們對更先進、更前衛的廣告作品的追求，以及以消費者為核心的廣告與媒介規劃理念。我們連續幾年拿下了「年度最佳代理商」的榮耀，也贏得許多世界頂尖的廣告獎項，從業界眾人垂涎的坎城金獅獎，到全球廣告資源中心（World Advertising Resource Centre, WARC）的全球創新大獎（二〇一三）。我們成了澳洲乃至全世界炙手可熱的廣告公司之一。《華爾街日報》（*The Wall Street Journal*）稱我們為「全世界最有看頭的五家廣告公司」之一。根據行業組織傳播委員會（Communication Council）的評估，我們位居二〇一三年全澳洲最具實效性的廣告公司第五名，但規模比其他榜上有名的公司小得多。

幾位創始人和我最後決定把公司賣掉，而我又加入另一家廣告代理商，擔任合夥人與股東，就是現在的卡明斯夥伴廣告（Cummins&Partners）。這家廣告公司的特色在於它兼具媒體公司與廣告公司的功能。我們喜歡稱呼它是「創意媒體代理商」，這其實是二十年前廣告公司最原始的組織模式，直到後來媒體公司從廣告公司中分離。我們只是重新「把精靈塞回了瓶子裡」。

在我的職業生涯裡，曾經領導過好幾個獲得全球聲譽的創意作品專案，其中包括好幾座艾菲獎金獎。前文提到，艾菲獎是一個針對廣告有效性設計的獎項，評估的遠不只是作品的創意是否獨特，要贏得艾菲獎，需要精心撰寫案例分析報告。在這本書裡，我也會在適當的地方列舉曾獲得艾菲獎的一些案例（對於想了解廣告如何才能有效的人來說，這些是非常棒的參考資料）。二〇一四年，我還贏得了坎城創意怪獸（Cannes Chimera）[2]的獎項。我們針對舒緩世界貧窮問題所設計的創意方案，贏得了比爾及梅琳達·蓋茲基金會（Bill and Melinda Gates Foundation）的肯定，方案名稱叫做「行動按鈕」（The Act Button）。除了這些，我還得過差不多全世界所有廣告組織的獎項，包括坎城國際創意節（Cannes Lions）、克里奧大獎（Clios）、D&ADs、紐約廣告節（New York Festival）和 LIAs；還有澳洲本地獎項，包括ADMA大獎（二〇一二、二〇一三）、AIMIA（澳洲數位行業協會）以及CommsCon（澳洲公關溝通大會）的大獎（二〇一三）等。

這一堆用字母縮寫而成的名稱，可能對很多行外人沒什麼意義，但如果你是廣告人，相信你會覺得有點意思，而且可能會願意繼續讀下去。二〇一三年，《澳洲人日報》（*The Australian*）曾經這樣介紹我：「澳洲廣告業裡最有創意且最具策略性的人之一。」我也曾經名列在其他行業媒體的一些榜單：

- 《廣告新知》（*AdNews*）：不到四十歲的四十位業界名人（二〇一二）
- Mumbrella 廣告獎❸：七大頂尖策略大師（二〇一一）
- 澳洲創意人（Australian Creative）：創意影響力二十人（二〇一二）
- 安可（Encore）：影響力一百人（二〇一二）
- 澳洲創意人：創意影響力二十人（二〇一三）

我還參與了廣告行業裡許多消費者行為改變模型工具的開發工作，並投身於多項相關學術研究中。我同時還參與美國廣播公司（ABC）專門探討廣告與溝通話題的系列節目，長期擔任嘉賓。而在廣播方面，我也作為訪談嘉賓，固定出席ABC本地台的節目。除此之

❷ 譯註：坎城創意怪獸是坎城國際創意節攜手比爾及梅琳達．蓋茲基金會合作推出的一個創意競賽獎項，旨在鼓勵創新傳播手段，以解決全球的各種發展問題。

❸ 譯註：以澳洲市場為主並延伸至亞太地區的一個國際廣告獎項。

外，我經常應邀參與各種媒體以及全球大型會議的訪談或論壇。另外有點奇怪的是，我還主持尤里卡的澳洲民主博物館（Museum of Australian Democracy, Eureka; M.A.D.E.）舉辦的一項名為「影響的力量」的常設互動展覽，本展覽也包含一些本書中提及的主題。這是一間很有意思的博物館，很值得從墨爾本做個一日遊。

從以上這些事應該看得出來，我真的非常非常熱愛廣告，也一樣熱愛心理學。

行為改變態度，遠快於態度改變行為

這幾年，我總是騎著一輛青檸綠的電動車，在墨爾本的大街小巷穿梭。這輛車很漂亮，時速大約二十五到三十五公里，騎起來基本上不用踩。回到家，我就會拿出電池，充一整晚電。到了早上，我只要把電池塞回去就能輕鬆出門。好，對於我和我的電動車，你怎麼看？你會不會覺得我很懶？在什麼情況下，你會拿我和騎普通自行車的人比較？你知道那些人的，他們穿著萊卡運動服，身材緊緻，閃耀著至高無上的道德光環。跟他們比，我在你眼中搞不好只是個不願意運動的懶蟲。但是，你也可能覺得我很重視環保，相較於那些天天開車燒汽油的人。

人類並不擅長做出「絕對」的判斷。相反地，我們會拿要評判的東西與其他參照物比較。我之所以提到這點，是因為你從什麼角度來看這本書，會直接影響本書對你產生的效果。寫到這裡，我得交代清楚：雖然這本書結合了廣告與心理學，但本質上這是一本從實務出發的指南。這裡面的知識來自我十一年的廣告從業經驗，以及五年司法與臨床心理學上的經驗。我將實務中學到的東西，從科學的角度深入探討它們為什麼有效，以及如何發生效果。但這始終不是一本「科學」著作，也不是一份研究報告，再說，我也不是個學院派；這是一本以廣告從業者身分**探討廣告如何發揮效果**的書籍。綜合廣告和心理學這兩種專業給了我一個獨特的視角，得以解析廣告發揮作用的原理。如果你想從學術層面多了解一些關於行為改變的觀點，我建議你從安德魯・丹頓（Andrew Darnton, 2008）的文獻綜述開始讀起，內容包含不同行為改變學說的方法論，全面而精闢（本書部分章節也加入了一些丹頓引用的模型）。

我希望你會喜歡這本書，並且覺得它有用。對於身為消費者的你，我希望這本書能開闊你的視野，讓你停下來思考，並且能說明你的購買行為背後的邏輯。同時，對於在做著改變他人行為相關工作的你（其實所有人的工作都與改變他人行為有關），我希望你覺得這本書具有實際應用價值。

如果你要我說本書最值得牢記的一句話是什麼，我認為是：行為改變態度，遠比態度改變行為來得快。只要想辦法讓人們朝向你的目標行動，你就能夠成功，並且創造出巨大的影響力。在廣告界，這還是一條新思路，並且尚未得到業內人士的廣泛認可（行業裡太多人還是喜歡做動之以情的廣告）。如果你想知道更多的玄機，請繼續讀下去。

第1部

要改變什麼行為？

1 暗黑藝術：廣告概論

廣告背後存在著一種哲學，它來自古老的觀察：每個人其實都是兩個人——他自己和他想要成為的那個自己。

——威廉·費瑟（William Feather），美國作家

我終於認識到，寫一篇談好廣告的演講稿比寫出一則好廣告容易多了。

——李奧·貝納（Leo Burnett），李奧貝納廣告公司創始人

福斯汽車之一：玩樂理論

走出斯德哥爾摩的奧登普蘭（Odenplan）地鐵站，與走出任何一個現代城市的地鐵站沒什麼不同。走上月臺之後，穿過旋轉閘門，順著貼滿瓷磚的明亮隧道走到盡頭，你會看到並排著的一道樓梯和一道電扶梯。兩者任擇一條都可以帶你到地面的大馬路上。二〇〇九年十月，經過這裡的通勤者遇到一個意想不到的抉擇時刻。

走到隧道盡頭，他們發現，原本大約四十階左右、向上通往馬路的樓梯與平時不太一樣。原本咖啡色的臺階不見了，整道樓梯變成一排巨大的鋼琴琴鍵。當你的腳踩在白色或黑

色的琴鍵上時，會發出不同音階的聲音。

當樓梯變成大鋼琴，通勤者的行為也發生改變：不同於往常習慣性地選擇電扶梯，更多人決定爬樓梯。有些人快跑著通過樓梯，創造了一陣亂彈琴音；也有人選擇在黑琴鍵間蹀步，或者組合幾個音符來創造一種曲調。一整天下來，不分男女老少，都出現在樓梯的琴鍵上，甚至有一次有兩隻狗在琴鍵上「演奏」了起來。統計下來發現，當樓梯變成大鋼琴，六六％的人會捨棄電扶梯而選擇走樓梯。你可以在YouTube的網站上欣賞到這個案例影片（參QR Code 1）。

更多的通勤者在那一天選擇改走樓梯，其實並不讓人意外。這是一個為了改變他們的行為而設計的事件。改變從何而來？其實是把一個日常生活中的平淡片段變成一場好玩的小遊戲。這是由瑞典恆美廣告公司（DDB）為福斯汽車（Volkswagen）舉辦的一場活動，為的是啟動福斯汽車「玩樂理論」（The Fun Theory）的宣傳活動，背後的理念是：「要改變人的行為去做些有益的事，往往用單純如遊戲的方式最容易達成目標。只要是想朝向更好的目標前進，不管是為了自己、為了環境或其他什麼，道理都是一樣的。」

福斯汽車之二：過時的AIDA模型

你能想到這個巨大鋼琴把戲的幕後操盤者是一家廣告公司嗎？廣告公司為什麼要做這麼一件事？通常一個品牌要吸引我們的注意力，它就會直接打廣告。比方說福斯汽車可以直接用廣告告訴你車子的最新功能，例如自動停車系統，並希望讓觀眾看了心裡會想：「哇，這

QR Code 1

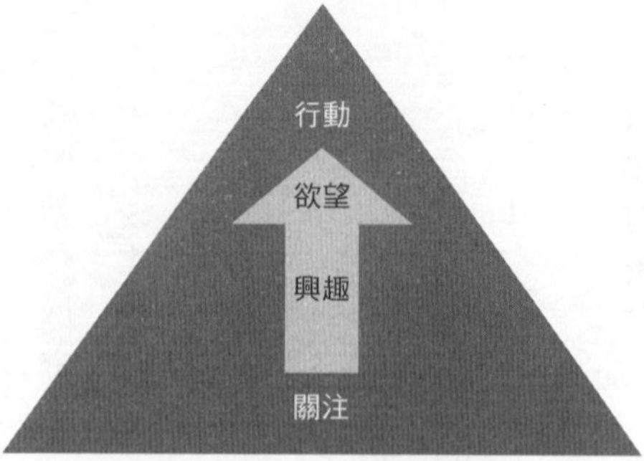

圖 1-1　AIDA 模型示意圖

資料來源：Lewis 1903

看起來好方便！」或者，它也可能運用動聽的音樂在情感層面打動你，也許演出的劇碼是，隨著車子自動停車的動作，一名女子正隨著音樂翩翩起舞；車子輕巧熟練地自動滑進車位，觀眾可能會感到一陣雀躍以及一種自由自在的感覺。這一切的目的是為了讓觀眾對福斯汽車產生不一樣的看法與感覺。最終，有一天他們要買新車時，就可能會選擇福斯汽車——理論上就是這麼回事。

這就是廣告根深蒂固的思考模型：關注（attention）、興趣（interest）、欲望（desire）、行動（action），或稱為AIDA模型（圖1-1）。

這模型是在一八九六年，由一名挨家挨戶推銷保險的業務員艾摩．路易斯（E. St. Elmo Lewis）總結自己的經驗而設計出的。他當時是這麼說的（Lewis 1903）：

> 廣告的任務是吸引讀者，讓讀者看到廣告並且開始閱讀。然後設法吸引他，讓他繼續讀下去。接著要說服他，讓他相信所讀到的東西。能夠做到這三件事的廣告，就是一則成功的廣告。

有點難以置信的是，這個模型到今天仍是許多市場調查公司用來衡量品牌健康程度的標準，也是很多行銷人士用來談論品牌與溝通的思路。雖然很多人還在用著已然過時的模型，而且廣告效果很有碰運氣的成分在裡面（很多廣告實在教人不敢恭維），但事實是，廣告還是有一定的效果的（Sethuraman, Tellis & Briesch 2011）。如果不是，不會有這麼多公司年年投入這麼大把銀子——廣告的確能夠改變行為。對於這個模型，我的問題倒不是它有沒有用，而是可能有更多其他的選擇會更好用。這個模型是一百多年前提出的，當時廣告的形式還非常被動，消費者完全無法參與其中。反觀今天，互動行銷與溝通環境早已非常成熟，廣告人能做的已不只是對人們喊話，他們完全可以讓消費者參與活動。這就像一位老師不能只是透過和學生說話就期望改變他們的行為，她必須想辦法讓他們參與學習活動。

福斯汽車之三：看不見的廣告也有效

想像一下，從公司開車回家的路上，你總會經過三面大型戶外看板，而你對它們一向視若無睹——它們正好是福斯汽車的看板。回到家，你在一個新聞網站上閒逛，這時你也沒留意到，新聞右邊有福斯汽車的廣告。如此看來，福斯汽車根本就是在虛擲廣告費？根據羅伯·希思（Robert Heath）的研究，這並沒有浪費。希思在英國從事影響力學說方的學術研究，他在著作《廣告的隱藏威力》（*The Hidden Power of Advertising*, 2001）裡面提到，廣告的效果不在於資訊傳達的深度，也不在於觀眾吸收了當中理性或感性資訊的多少，很大部分來自「低涉入處理」（low involvement processing）。

在希思的研究出現之前，大家都認為，只有在人們有意識地注意一則廣告，或者最起碼知道自己看過這則廣告時，廣告才會有效。希思的論點是，廣告一直在發揮作用，不管我們是否留意它；每當我們看見一則廣告，都會在腦中留下印象。希思的解釋是，廣告會在我們的心智中創造長久的「品牌聯想」，即使我們對它視而不見。久而久之，這些印象會漸漸累積，引導我們發生行為的改變，從而選擇A品牌而非B品牌。這在心理學上稱為「單純曝光效應」（mere exposure effect; Zajonc, 2001），大意是，我們喜歡某些事物，往往只是因為我們對它比較熟悉。對一個品牌感到越熟悉，我們就會越喜歡它。而且沒錯，即使我們對廣告視而不見，也不妨礙它對我們產生這種作用。對一個品牌越喜歡，我們就越可能去買它的東西，因為喜好程度與購買行為是高度相關。這聽起來像不像在說「潛意識廣告」？

廣告就是要改變行為

廣告這一行，做的就是改變他人行為的生意。廣告人收到的工作指令，無一不是需要讓某個地方的某個人改變某種行為。世上沒有一位行銷總監是被請來讓他好好維持現狀的，也沒有一家廣告公司會接到「你做的廣告不需要有任何效果」的指令。我們都身處改變他人行為的行業裡，然而改變他人行為是極其複雜的一件事。假設你是福斯汽車的行銷總監，你會選擇以下三種廣告的哪一種來改變消費者的行為？

一、可以和消費者互動又足夠好玩，有可能在社交媒體上流傳開來的東西。

二、同時訴諸理性與感性利益點的傳統廣告。

三、用低涉入處理的方式，慢慢在你的顧客心中占據位置。

其實這正是當前眾多廣告公司面臨的難題，看似有好多能做的事，但到底哪些是應該做的事？

在過去十五年裡，網際網路、新科技、社交媒體、大數據以及智慧型手機的發展已經將廣告徹底改變，把廣告變得可參與了。在新媒體時代，廣告人將能更有效地影響與改變消費者的行為。如何做到這一點？就是要想辦法讓消費者參與。

如果一位老師想要影響學生的行為，他就不能只說教。荀子說：「不聞不若聞之，聞之不若見之；見之不若知之，知之不若行之；學至於行而止矣。」對站在課堂上的老師和要教孩子踢足球的爸爸來說，最有效的教學方式就是讓孩子完全參與這個教學過程。在一個可以互動的行銷時代，廣告要遵循的是一模一樣的道理。今天，所有的行銷活動都可以是互動的；身為消費者，我們也不會乖乖地被動接收資訊。所以廣告公司必須懂得這個原理：行為改變態度，比態度改變行為來得快。

改變他人行為和你的日常生活

想影響別人的可不只廣告人。你相信的每一件事，你做的每一個選擇，在某種程度上都受到他人的影響。試想：一位招攬客人的咖啡館老闆、一位要求病患多做運動的醫師，或是一位想讓員工減少在辦公室用電的經理，還有要你投票給他的政治人物、希望大家做垃圾分類的街坊鄰居、想說服孩子吃蔬菜的父母……上述的每個人都在試圖改變別人的行為。

也有一種被廣泛接受的說法：一個人是無法改變其他人的。我在讀心理學時聽過這麼一則笑話。問題：「要更換一顆電燈泡需要多少個心理學家？」答案：「一個也不需要。前提是電燈泡想把自己換掉才行。」這笑話雖然不太好笑，但讓我想起青少年時媽媽給過我的忠告。當時，我被一個我很喜歡的女孩子「拋棄」了。我在床上心碎啜泣時，媽媽走進來跟我聊天。「我只是想要她喜歡我。」我泣訴。媽媽告訴我：「亞當，我們是沒法改變別人的。」

果真如此，怎麼會有心理學、教育學、廣告學等這麼多的專業都在研究如何改變別人的行為？心理師要說服病患採取一種新的行為模式、老師要說服學生學習、廣告人要說服消費者購買某個品牌的產品。我們都參與了這些說服遊戲。如同那場巨大鋼琴樓梯實驗所展示的，你的確有可能影響他人，讓他們做出你所期望的行為。

學會如何影響與改變他人的行為，對你非常有用。事實上，我覺得這是能夠創造成功與快樂的最重要的技巧之一。在廣告業，這道理當然不言自明；你的廣告能讓人們做出你期望的行為，你自然會更成功。而這對想要病患鍛練的醫師、快要被吵鬧的鄰居逼瘋的人或想督促孩子吃蔬菜的媽媽，也同樣適用。對於在尋求捐款的慈善機構負責人、想要減少暴力犯罪的警官、想讓學生堅持把高中讀完的教育局長，或是要國人支援醫療改革的總統，以及想要女朋友搬來跟他一塊兒住的男朋友而言，道理也都相通。我們每個人都在做著改變他人行為的工作。如果能把它做得更好，我們自然就會感到更成功和快樂。

心理學是科學，廣告是藝術

關於廣告，有一段流傳已久的名言：「我的廣告費有一半是浪費掉的，只不過我不知道是哪一半。」這段話究竟出自何人之口一直眾說紛紜：包括來自零售業的約翰．沃納梅克（John Wanamaker）、福特汽車（Ford Motor）的創始人亨利．福特（Henry Ford）、聯合利華（Unilever）的創始人之一利華休姆（Leverhulme）勳爵（也許他們剛好都困惑於廣告如何才能有效——英雄所見略同），這幾位的名字都曾與這段話聯繫在一起。這句名言想表達的是，很多廣告人其實並不太清楚他們的作品為什麼或如何產生效果，他們只知道，結果這廣告是見效了。在我離開心理學界開始做廣告、發現這個事實時，我驚呆了。廣告圈外的人都以為廣告是被當做一門科學來操作，但事實上並非如此，甚至有時候南轅北轍。

廣告的科學性大多只是被塑造出來的假象。麥可．舒德森（Michael Schudson）是一位研究廣告公司與廣告效果的美國社會學家，在他的著作《廣告，不簡單的說服》（*Advertising, the Uneasy Persuasion*, 1984）中是這麼說的：「廣告的力量遠遠不如廣告人與廣告評論文章所說的那樣強。廣告公司並不像公眾所以為的，如同進行微創手術般地精準行事；反之，它們更像是揮刀在黑暗中亂砍亂刺。」在多數的廣告公司裡，只有一位上帝——執行創意總監，而這尊大神只尊崇著一個終極信仰：創意。要將科學注入這個信仰一直很困難，結果是，很多廣告公司都非常精於創作，但與此同時，它們並不完全知道作品為什麼有效。

廣告公司如何運作？

大致說來，一家廣告公司裡有四種角色：

一、**客戶服務人員**：他們有個親切的稱呼，像是「穿西裝的」（suits），或者比較不親切的版本如「拎包包的」（bag carrier）。他們負責維護與客戶之間的關係，確保事情執行到位；通常這些人也負責廣告公司裡的日常工作。

二、**策劃人員**：他們是公司裡的核心與靈魂人物。我剛剛加入上奇廣告做一名策劃人員時，我老闆給的第一個忠告是：「亞當，記著，別礙別人的事。」廣告公司雇用策劃人員來扮演核心角色，但實際上，公司裡的人還是不太知道該怎麼跟他們合作。有一則在廣告公司流傳的老笑話是這樣說的：問題：「客戶服務人員和策劃人員有何不同？」答案：「策劃人員知道自己何時在說謊。」

這則笑話呈現的是一個（錯誤的）理念：廣告公司裡的每個人為了推銷他們的創意作品，總是合夥來見人說人話、見鬼說鬼話。

三、**創意人員**：他們就是負責產出具體創意的人。

四、**製作人員**：他們是負責作品製作的人員，負責把創意變成作品，並協調外部其他人員（如演員和導演），將創意具體實現。

除了廣告公司之外，傳播業裡還有另一種重要的代理公司，即媒體代理商（media

agency）。媒體代理商會購買與銷售媒體版面，並向客戶推薦，建議它們應該使用哪些媒體管道。在一九八〇年代末以前，這兩種服務（創意與媒體）原本都裝在一家公司裡。到今天，兩者早已分道揚鑣，這是非常糟糕的事，因為想要改變消費者行為，廣告與媒體兩者就必須放在一起考慮。

所以有極少數的廣告公司正在嘗試回到從前，將媒體與創意服務重新合而為一。

比稿

我在上奇廣告工作時，通過比稿贏得了一個知名啤酒品牌客戶。廣告業界都喜歡做啤酒的廣告，因為預算多，比較有機會做點真正有創意的東西（關於啤酒行銷有個說法：「關於啤酒，你喝到的是廣告。」意思是廣告做得最好的啤酒品牌就能成為市場贏家）。很多人認為，能贏得一位啤酒客戶，對一家廣告公司而言是最棒的一件事。近幾年來，各大啤酒公司與廣告公司越玩越瘋，有人將一家酒吧整個從紐西蘭渡海航行到英格蘭，有人在澳洲近海買下一整座小島，有人甚至把一個人家裡的水管全部換掉，讓每根水龍頭流出來的都是啤酒……這些宣傳活動全是為了吸引人們買更多啤酒。那麼廣告公司是如何想出這些創意？或許最能清晰呈現這個過程的方式，是示範一家廣告公司如何參與一次新生意的比稿。在比稿的情況下，廣告公司對創意的發展方向比較有完全的自主權，因此在廣告公司的工作中，比稿往往是最好玩、最具挑戰性也最有機會發揮創意的一類工作。為了贏得比稿，廣告公司總會拚盡全力；公司裡的所有資源都會優先投入比稿。誠如莫里斯・上奇（Maurice Saatchi，上奇廣告共同創始人）所言：「我們不需要贏，只要讓對方輸就行了。」以啤酒業務的比稿為例，過程是這樣的。

第一步是比稿簡報，即詳細陳述這個案子的任務。裡面包括一份約四十頁的幻燈片演示文稿，有啤酒業的發展趨勢（像是主流啤酒成長停滯、手工啤酒發展迅猛之類的）和目標消費者的特徵描述，還會有一篇「人群畫像」，比如：「史蒂芬是一個典型的澳洲佬，他是做貿易的，其實他胸無大志，最喜歡的無非是跳上他的小皮卡，跟死黨一起去衝浪。然後在回家陪女友之前，他總會走進當地的小酒吧，跟幾個朋友閒聊，來瓶啤酒。接下來的老戲碼就是，女友因為他太晚回家而嘔氣，史蒂芬向她保證明天一定準時回家……」

第二步，廣告公司裡的策劃人員（在這個例子裡，就是我啦）會消化掉這四十頁的簡報，把它精練成一張紙。精練後的東西會填在圖1-2的圖表裡，這與那些知名的世界級廣告公司所用的真實簡報格式大同小異。要決定把客戶提供的哪些資訊放進這一頁簡報裡，考驗的是策劃人員的功力。有時候，這份簡報會扮演讓創意起飛的跳板角色，但也有很多時候會被完全忽略。

第三步，簡報寫好後會分享給創意團隊。直到今天，一支創意團隊往往還是沿襲著傳統的配對方式：由一位美術指導（從視覺出發的創意人員）和一名文案（從文字出發的創意人員）組成。於是，文字與畫面在一起了。在這次比稿時，我們把這份簡報一次發給八支創意團隊。進行簡報時，大家一起坐在公司的酒吧裡，一面喝著啤酒一面聽我講，我們需要他們產出的創意。

第四步，我會給他們一段時間，讓創意團隊各自去想創意（這次比稿的一段時間是指兩個星期）。怎麼拿出創意，他們各有各的套路：有些人拚命看 YouTube 的影片找靈感；有些

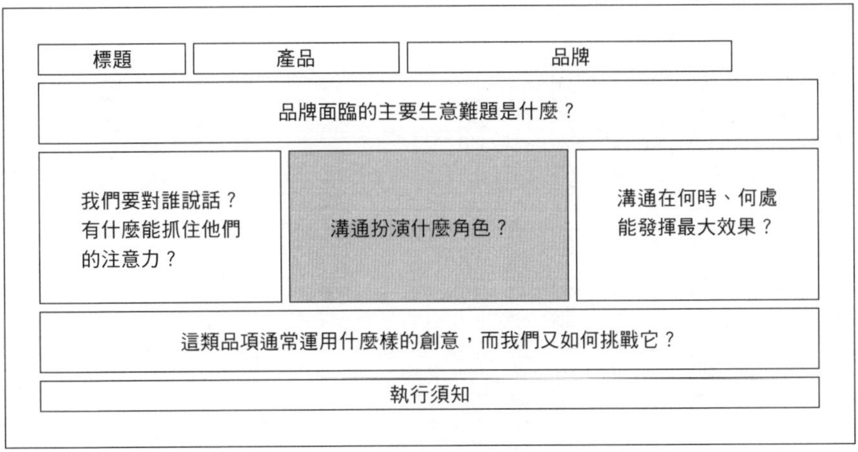
標題
產品
品牌
品牌面臨的主要生意難題是什麼？
我們要對誰說話？有什麼能抓住他們的注意力？
溝通扮演什麼角色？
溝通在何時、何處能發揮最大效果？
這類品項通常運用什麼樣的創意，而我們又如何挑戰它？
執行須知

圖 1-2　廣告公司簡報模版

人到處翻看那些收錄大量廣告案例的書籍，看有沒有什麼可以借鑑；還有人選擇去散散步（或者泡泡酒吧），等著靈感從天而降。後來我檢視大家提出的創意，大多符合簡報的要求，但有一些與簡報不太搭。不過，如果有些創意真的很棒，即使不符合簡報要求，我們還是會選中它。

第五步，經過兩週時間，我們把全部創意團隊的創意都看完了，當中有四、五個不錯的想法，我們決定挑出來好好討論。討論的過程往往需要幾個小時。這個步驟有點像客戶在看創意提案，然後提出各自的看法。這次比稿時，我們最後決定了三個大家最喜歡的創意，把它們拿到澳洲各地的酒吧做焦點團體（focus group）測試。

第六步，測試完後如果有一、兩個創意最受歡迎，我們就得寫出一篇策略說明，論證為什麼這些創意會有效。這份說明文件大概會包括：一、為什麼消費者會喜歡這個創意；二、為什麼這個創意能幫到品牌。

第七步，我們就要進行比稿提案了。提案時，我們會先對客戶說明策略，然後和客戶分享我們最喜歡的創意。在提案中，我們會用大量的手法進行包裝。通常在有希望最後贏得比稿的那一個創意提案上，我們準備的材料包括電視廣告腳本、戶外廣告舉例、諸多廣播廣告，以及一些「賺噱頭」的創意。

最後，客戶宣布我們的那個創意提案獲得的評價最高，於是我們公司贏得了這門生意。每當廣告公司在這種比稿上獲勝，就會辦一場盛大的慶祝活動。一般情況下，老闆會把他的信用卡扔在吧檯上，讓全公司員工到馬路對面的酒吧開懷暢飲，好好慶祝一番。

當廣告遇見心理學

二〇〇五年，上奇廣告執行長凱文・羅伯茲（Kevin Roberts）出版一本關於如何創造成功品牌的書《愛的印記》（*Lovemarks*）。我在上奇廣告工作時人手一本，而且熱情地討論著它的內容。書裡有不少有意思的話，像是「品牌應該創造盲目的忠誠度」之類的，但很少談到與廣告有效性相關的科學，事實上，也沒提到我們該如何創造一個「愛的印記」。

我在心理學方面經歷的則完全是另一個世界。心理學一向被認為是「軟科學」，亦即不是以事實為基礎的科學（不像數學和生物學），所以在扎實度、可信度、準確度都被認為比較有限。這對許多心理師而言一直是心頭恨：他們覺得自己並不被認同是一種醫學專業，反而被歸類於支持醫學專業的「護理體系」的一部分。醫療系統的核心是醫師，而在心理健康領域被視為專家的是精神科醫師。一位合格的精神科醫師必須經過醫學培訓才能有資格開藥單，而且收入不菲。然而多數的心理師並沒有經過醫學培訓，不能開藥單，收入也不是特別好。這就導致心理師努力致力於做研究的習性，我相信這是因為他們急於在精神病學界面前證明自己的價值，因此造就了一個現象：心理學家總是以極其嚴謹的態度對待科學研究。他們多數遵循「科學與實務整合模式」[4]，也就是說，在沒有經過科學驗證前，他們不可以提出任何建議。

雖然許多學術界的心理學家都研究過廣告，但這些研究大多停留在學術理論層次，無法應用到實務層面。做了十四年廣告和五年的心理學工作，讓我自認比較有資格討論廣告與心理學的交互作用，以及如何運用兩者來改變行為。

當然，我不是第一個做廣告的心理學家，更不是第一個出書討論廣告的心理學家。約翰・華生（John Watson）是這方面的先驅，或許他的信念（與自大）可以用他最有名的一句名言代表：「任何人，無論本性如何，都能培養成我們所期望的任何其他人。」華生是一位行為學家，他堅定推崇「刺激—反應」（stimulus-and-response）的學習模式。根據他的說法，人類其實沒有什麼自由意志，我們的行為不過是對獎賞與懲罰的各種反應。在開始從事廣告業之前，華生和他的研究員羅瑟莉・瑞納（Rosalie Rayner）已因他們的一項實驗而聲名大噪。實驗主角是一名十一個月大的男嬰，被大家叫做「小亞伯特」（Waston & Rayner, 1920）。他們的實驗簡單來講是這樣的：他們給小亞伯特看一個兔寶寶，與兔寶寶同時出現的是一聲巨大的聲響。實驗的目的是想知道，小亞伯特是否一見到兔寶寶就會感到害怕（在巨大聲響還沒出現時）。結果，沒花費太多時間，可憐的小亞伯特一看見兔寶寶出現就開始

[4] 譯註：「科學與實務整合模式」是指在心理學培訓上整合科學與實務，力求兩者隨時互相對照的體系與模型。

號啕大哭。

這個實驗構成了古典制約理論（classical conditioning）的論證基礎；也就是說，如果我們將某個東西（就像一隻可愛的兔寶寶）與一個非制約刺激（也就是某種我們天生就會喜歡或討厭的事物，在此案例中是巨大的聲響）配對在一起，就能讓人們對變成制約刺激的某樣東西（可愛的兔寶寶）產生反應。在廣告裡，這個原理是這樣發揮作用的。一則啤酒廣告中，展示了一個傢伙坐在沙灘上喝啤酒，身旁依偎著一名美女的情景。最後，這個啤酒會與一個非制約刺激（美女）配對在一起，啤酒本身則變成制約刺激，於是，受眾會跑去買這個制約刺激（啤酒），因為它與非制約刺激（美女）強烈連結在一起。

後來因為一樁醜聞，華生的心理學教授生涯提早結束。於是，又一位優秀心理學家拋開道德包袱，華生離開學術界後走入廣告圈，加入智威湯遜廣告公司（J. Walter Thompson, JWT）。在那裡，他創造了人生事業的頂峰，參與了很多非常著名的廣告專業，包括麥斯威爾咖啡的廣告。

過了大約二十年，心理學在廣告上能發揮的關鍵作用再次進入公眾視野，就因為《隱藏的說服者》（*The Hidden Persuaders*, Packard 1957）這本書的誕生。這本多次重印的暢銷書談的是廣告如何運用潛意識，透過各種操控手段觸及我們最深層的動機，以改變我們的行為。書中很多內容其實過於誇張，例如書中堅稱廣告裡呈現的每個細節，都是某一種深深埋藏的、未被表達的欲望的象徵。雖然如此，這仍是一本挺有趣的書。

近來，人類行為的心理學理論和行為科學再一次走進廣告、經濟學和消費者研究等領域。開創此一浪潮的是心理學家丹尼爾・康納曼（Daniel Kahneman），他在行為經濟學上的成就，讓他贏得了二〇〇二年諾貝爾經濟學獎的肯定。他的研究專注於探討人們究竟如何做決定，以及獲取價值；而英國廣告從業者協會的領軍人物羅里．蘇德蘭則一直在努力，希望廣告業能夠擁抱康納曼的研究成果，讓這個行業的作為具備更強的科學性。最近，蘇德蘭發表了一系列報告，闡述廣告在行為經濟學中扮演的角色，像是《行為經濟學：亮點還是盲點》（*Behavioural Economics: Red Hot or Red Herring*, IPA 2012）等。另外，艾瑞利與諾頓（Ariely and Norton, 2009）也提出不少有趣的觀點，討論人們應該如何消費，以透過消費選擇獲得價值（諾頓也是本書中的「行銷創意人」之一）。

有時候，我覺得這一切只是應驗了那句老話：萬變不離其宗。例如，華生和派卡德（Packard）當年提出的學說，到今天與我們依然息息相關。讀下去你會發現兩個重點：第一，行為心理學正大行其道，基於行為理論設計的活動，以及以促成行動為導向的廣告，正證明它們非常有效（一如華生多年前發現的）；第二，許多廣告正用我們完全意識不到的方式影響著身為消費者的每個人，一如派卡德從前說的。

行銷創意人

羅里．蘇德蘭

首先，想在生意上成功，你不需要永遠做對，只要不比你的對手笨就行了。

無論如何，你永遠無法在預測人類行為上保持完全準確，就如同你不可能完全準確地預測天氣一樣，它的確太複雜了。我能夠傳授給你的獲勝絕招是，比其他任何人錯得少一點。

我覺得，至少有三個關於人類行為的主要假設瀰漫在我們行業的思考裡，它們在某種程度上已經被視為理所當然，然而這些假設往往從根本上就是錯的。所以，如果你能拋棄這些假設，或至少驗證一下拋棄了這些假設會發生什麼，你就可能比對手少做錯事，並得到大幅的進步。這三個假設如下：

一、我們假設人們對於他們行為背後的原因能夠提出準確的解釋，並且明確告訴你他未來會選擇什麼。這一點構成了行銷界依賴消費者市調的基礎。然而，越來越多對於人腦的科學研究告訴我們，對潛意識的運作我們根本無從知曉。當我們在解釋或預測所做的決定時，往往不是錯誤的事後合理化（post-rationalisation），就是錯誤的事前合理化（pre-rationalisation），這其實沒有什麼價值，甚至是非常糟糕的誤導。

二、關於主流經濟學的微觀經濟學（microeconomic）假設，常常被當做理所當然，但是與這些假設完全矛盾的各種證據正如雨後春筍般出現，好比說，有時候你可以透過提高某些產品的價格來增加市場的需求。

三、我們往往假設人類行為也遵循著牛頓式的物理原則，但這個複雜系統其實很不一樣。最重要的是要理解，你投入的大小與成本並不直接決定效果的好壞，兩者甚至可以沒有關係。相反地，蝴蝶效應在行銷上一樣會出現，所以試試從小處著眼吧。

●●●●●●●●

羅里．蘇德蘭是英國奧美集團的副主席，也是倫敦 OgilvyOne 的執行創意總監和副主席，身兼英國廣告從業者協會總裁一職。他對行為經濟學的熱情，以及他致力於將行為科學引進廣告業、希望在廣告專業上創造新價值的這份執著，深深影響了我。

行銷創意人

伊凡．波拉德

隨著年紀漸長，我終於了解，人腦的運作方式在很大程度上像是九歲在學校美式足球隊裡擔任中鋒的那個我，又懶又自私。幾乎每要做一個決策，我的腦子都會叨唸：「這多麻煩啊，對我有什麼好處？」現在的我比較能自我控制了，但是在那些很小的、無意識的決定上，這種默認設置的自動反應依然存在（甚至在一些大的、需要思考的決定也會出現）。從這個角度看，要讓我改變自己的行為是挺有挑戰性的，但這也並非不可能。

基於我個人與那個懶惰的九歲小中鋒打交道的經驗，我的建議是：如果你要我改變行為，你必須讓我非常容易做到這件事，而且事後真的給我獎勵。對了，還有，當我真的做到了你所期望的改變，你必須讓我把它變成新的默認設置，以防止它又變回去。當然，關鍵還是在於「怎麼做」……還是那句中國古諺語：「不聞不若聞之，聞之不若見之；見之不若知之，知之不若行之；學至於行而止矣。」

●●●●●●●

伊凡．波拉德任職於可口可樂公司，在喬治亞州亞特蘭大市工作，領銜可口可樂的全球溝通策略，被很多人認為是全世界最厲害的溝通策略家之一。我認識伊凡，是因為在奈科傳播時和他有好幾年的合作關係。他是我遇見最有趣的人之一，能成為他的朋友，我感到很榮幸。

2 定義：界定一種你想改變的行為

子曰：射有似乎君子，失諸正鵠，反求諸其身。

——孔子，中國哲學家

我從來沒有見過一位客戶的生意問題光靠廣告就解決得了。

——李．克勞（Lee Clow），TBWA Worldwide 廣告公司董事長（蘋果電腦廣告「1984」和品牌口號「非同凡想」〔Think Differnet〕的創造者）

界定要改變的行為

對我而言，這件事再明顯不過：我們想實現自我的成功與快樂，就要成為改變他人行為的專家。但是社會上充斥著很多說法，認為我們無法改變他人。這可能是因為，自詡要改變他人聽起來就是件不太禮貌的事；也可能因為我們都比較願意相信自己擁有充分的自由意志，不希望像那些行為理論所宣稱的：我們很容易成為某人的行為改造計畫的受害者。既然如此，要改變他人的行為的確應該很困難。不過我是這樣看的：就跟所有神話存在的原因一樣，人們會接受這個神話，就是因為裡面含有些許的真實成分。沒錯，要改變他人行為可能是一件難事，因此你必須謹慎界定你要改變的是哪種行為，這是邁向成功的重要開始。

讓他人去做你要他做的事不是一蹴可幾的。這個過程的第一步是先**決定你要改變什麼行為**。你可以要別人去做什麼？簡單來說，只要具備下面兩個條件就能影響他人，改變他們的行為：他們有**動機**去做我們要他們做的事，以及我們要他們做的事是相對**容易**的（「動機」與「容易」這兩個概念是行為改變的核心，也是後面討論的行動刺激的全部基礎）。例如，如果我要兒子艾斯特瑞克斯張開嘴巴吃點冰淇淋，他的動機當然很強，而且很容易就能做到。反過來講也許更清楚：某人對於做某種行為越沒有動機，以及做這件事的難度越高，你就越難讓他們就範。如果我是要艾斯特瑞克斯把垃圾拿去屋外，他不但沒興趣，而且他也很難做到，因為他還不會走路（我寫這段時他才十八個月大）。

KISS 原則

丹尼爾．康納曼（2012）建議，如果你想要人們接受並相信你的資訊，你必須讓這個資訊非常直觀且易於了解。這就是一般戲稱的「KISS 原則」（Keep It Simple Stupid，保持簡單直白）。在這本書裡，我是這樣運用這個原則的：

一、所有關鍵字與關鍵句都以粗體字標示。

二、行文盡量用大白話。因為研究發現，學問淵博的人如果用通俗語言與人溝通，會比總是咬文嚼字拋專業術語的博學之士更受人信任（Oppenheimer,

2006，這篇報告為他贏得了「搞笑諾貝爾獎」（IgNobel Prizes）❺。

三、大量使用故事和趣聞來解釋觀點，因為有意思的內容更便於記憶。

KISS 原則運用在廣告上也是一樣的道理。比方說，一個啤酒品牌的廣告商要改變消費者的行為，它會比較傾向於（以優先程度遞減順序排列）：

一、讓喝自家品牌啤酒的人嘗試該品牌的另一款新產品。

二、讓喝競爭品牌啤酒的人嘗試自己的品牌。

三、讓喝啤酒的人買更多的啤酒。

四、讓不喝啤酒的人開始喝啤酒。

越是後面的選項，廣告商負擔的任務越重，因為我們在要求消費者逐漸拉大與他們原本已經形成的消費模式之間的距離。同樣的道理，一般狀況下，廣告人比較可能更容易把人們引導去他們的網站，而不是去門市（因為比較容易實現）；環保人士也更容易說服人們離開房間時隨手關燈，而不是要他們過一種全方位的「綠色生活」（因為更有動機也比較容易）。

❺ 編註：「搞笑諾貝爾獎」是對諾貝爾獎的有趣模仿，主辦方為美國科學幽默雜誌，評委有真正的諾貝爾獎得主。該獎項的目的在於評出「乍看之下令人發笑，之後發人深省」的研究，入選的科學成果必須不同尋常，能激發人們對科學、醫學和技術的興趣。

法則1
如果你要改變某人的行為，當他有了動機且很容易就能做到時，改變最有可能發生。

來點「薯片」當早餐？

當廣告只是要你稍微改變自己的行為時，它比較容易有效，比方說，要你把早餐從吃玉米片換成麥片。但是，想像一下，如果廣告人要你用薯片替換原本的穀物食品會怎麼樣？從此你的日常早晨不再是拿一個碗倒進一些穀物脆片，再倒上一些牛奶，而是要撕開一包薯片，在去上班的路上享用。這個要求需要你在行為上做出很大的改變，自然比較難實現。這件事是我的親身經歷，因為我真的曾經從一家食品公司那兒接過這樣一個工作指令。

我的客戶其實是找到了一種新技術，通俗來講就是把穀物放進製造薯片的機器裡，產出的就是一包包的「薯片」，我們暫且叫它穀物片。由於是由穀物製成，這種穀物片吃起來還是像穀類食品，看起來是個挺有趣的點子。這些穀物片吃起來味道真的不錯，而且帶給消費者一個看得見的好處：吃起來比傳統的穀物食品方便得多，撕開包裝就可以吃了！因此，人們不一定非得在家裡吃早餐，大可以在上班或上學的路上吃。這聽起來很不錯吧？

這個產品的研製花了好幾年時間，透過稱之為「感官研發」（sensory development）的過程，力求產品的味道與口感臻於完美；產品名稱也經過深度的市場調查，可以說是經過千挑萬選而來（共進行了十四場焦點團體，評估命名以及其他包裝元素）；更在廣告上砸下重金，將產品推向市場。

但結果很不幸，這產品失敗了，購買這個穀物片的消費者寥寥無幾（我甚至懷疑有人知道這產品曾經出現在超市貨架上）。雖然穀物片吃起來更方便，但缺少讓人們想吃的動機。在這個層面上，我們期望消費者做出一個太大程度的行為改變。

假如現在我們手上有更多的錢及資源，也許還是有辦法說服人們吃穀物片當早餐的。我們可以：

一、全天用廣告轟炸，宣傳穀物片的優點。
二、找一位營養學家來介紹穀物片的健康之處。
三、打折，讓穀物片比一般穀物早餐食品便宜。
四、提供超級大獎給支持穀物片的人。
五、來個大優惠，用任何穀物早餐食品空盒就能免費兌換一包穀物片。
六、聘請明星代言人推廣穀物片。

我的意思不是說一定需要大筆的行銷預算才能改變消費者的行為，重點是，有些行為就是比其他的更難改變。如果你選擇了一個比較難改變的行為，就需要花更大的力氣和更多的資源讓改變發生。這就是為什麼法則1如此重要——想要影響某個人，請挑選一個他比較可能出現的行為。

那麼，我們怎麼知道哪些行為比較容易發生、哪些又不容易呢？回答這個問題，我們需要進入心理學領域找答案。

行為傾向

當我還在司法心理學領域工作時，其中一項工作，就是對被控告性侵犯的人進行心理狀態評估並撰寫報告，以供原告或被告用來支持他們的論點，並供法庭用以進行判決[6]。一般來講，法庭對犯罪行為的三個層面特別關心：

一、被告有沒有**動機**去犯罪？
二、被告有沒有**能力**或技能去犯罪？
三、被告有沒有**機會**去犯罪？

如果能夠證明被告有動機、有能力、有機會去犯罪，那麼定罪的可能性就比較大。

好玩的是，這三個要素正好與在華盛頓進行的國際行為改變學術研討會（Fishbein et al., 2011）所產出的成果不謀而合。這樣的盛會只開過這一次，會議的目的是集合當代最頂尖的社會科學家，一起找出在了解、預測、改變一般人類行為上的共通要素。為了確保研討會的全面與周延，所有主流的行為改變理論（階段改變理論／跨理論模型〔stages of change/transtheoretical model〕、健康信念模型〔health belief model〕、社會學習理論〔social learning theory〕、計畫行為理論〔theory of planned behaviour〕等）都有代表出席會議。換句話說，這是為了探討人類行為成因以及該如何改變人類行為而舉辦的有史以來最權威的會議。

這些頂尖心理學家經過數日討論，列舉出影響人類行為的八大因素。如同會議總結報告強調的：「前三項公認為人類採取某種行為必要且充分的條件。而另外五項則被認為會影響人們意圖的強烈程度與方向。」（Fishbein et al., 2001）前三項條件包括：

一、一個人形成了強烈的正面意圖去進行此行為（即**動機**）。

二、一個人具備實施此行為所需的技能（即**能力**）。

三、環境中不存在造成行為無法實施的限制條件（即**機會**）。

動機、能力、機會這三個詞在這裡再次出現。我們可以將動機視為個體想做某一件事的主觀意圖或欲望，能力和機會則與動機不同，它們是行為能否發生的客觀衡量指標，也就是行為能夠進行的難易程度（即「容易」與否）。所以還是回到我們前面提到的，影響行為發生的兩個關鍵變數：動機與容易（後者包含機會與能力）。

再回到早餐穀物片的例子。早餐穀物片吃起來比一般的穀物早餐食品方便，但是消費者

❻ 作者註：我從事司法心理學的工作時，其實挺開心的，我擔任的是專家鑑定證人（expert witness）的工作，服務於支付我酬勞的任何一方。直到有一天，我讀到瑪格麗特．哈根（Margaret Hagen）博士著作的《法庭娼妓：精神採證的騙局與對美國公義的侮蔑》（*Whores of the Court: The Fraud of Psychiatric Testimony and the Rape of American Justice*, 1997）。哈根博士清楚說明了，為什麼當心理師或精神科醫師受雇於控方或辯方時（他們是為法庭提供報告的最大來源），很難給出完全獨立與客觀的意見。說直白點，如果你覺得廣告有點不道德，就看看專家鑑定證人吧。

做出如此改變的動機卻非常小。如果同時存在很強的動機和很高的容易度，行為發生改變的可能性就會提高。接下來，我們再深入討論動機與容易這兩件事。

動機

動機是個很複雜的東西。在心理學上，它代表的是讓某人朝著某個目標前進，或讓某人花力氣達成某個目標。它與生理學相關（我餓了，所以有吃東西的動機）、與自我認知相關（我要在學校有好表現，所以有學習的動機），也可以和社會地位相關（我想融入某社群，所以有動機去喜歡他們所喜歡的東西）。假如你獨自活在沙漠或孤島，你的動機只會有一個決定性的考慮：這對我有什麼好處？而現實中，我們都是社會性動物，需要借助其他人才有辦法生存與發展，所以，關於動機還有另一個決定性的考慮：其他人怎麼做？因此，動機由兩種不同的因素組成：**個體激勵**（individual incentive）與**社會規範**（social norm）。

● 個體激勵

根據行為學家的解釋，一個人會做出一種行為有兩個關鍵的成因：愉悅與痛苦。我們追求愉悅（獎勵——讓我們感覺好的東西）並迴避痛苦（懲罰——讓我們感覺糟的東西）。在最根本的層面，人類為趨吉避凶所驅動；如果做某種行為能帶來好處，這個行為就比較容易發生。好處可以是金錢、食物、獎勵，或者像榮耀、愉悅、興奮這些感覺，也可以是有趣或好玩的資訊。要判斷讓一種行為發生需要多大的好處，首先要思考有哪些獎勵與懲罰會與這個特定行為有關。其次要找出這些賞罰背後的價值觀，也就是這個人對這些獎勵與懲罰有多在乎。

基於這些概念，我們就能大概衡量刺激行為發生需要給出多大的好處。好處越大，動機就會越大。把一般穀物早餐食品換成早餐穀物片，有什麼好處？看起來似乎沒什麼足夠清晰的利益，能讓早餐穀物片成為更好的選擇。

關於動機與個體激勵最有名的實驗，應該是來自史金納（BF Skinner）；他在實驗中曾經使用許多用來改變行為的道具，比如他的「史金納箱」（Skinner box, Evans, 1968）。史金納箱裡的鴿子（他還用過很多其他動物，但以鴿子為主）每次做出特定行為時，盒子就會給出獎勵。基於這個原理，史金納成功地訓練各種動物完成了非常複雜的任務。

以華生和巴夫洛夫（Pavlov，創造了知名的「巴夫洛夫的狗」實驗）的理論為基礎，史金納堅信人類並不享有自由意志，並且無法明確決定我們要做什麼。相反地，他相信所有的人類行為都只是被行為結果強化或弱化。如果結果是好的，我們就會更常做這件事；結果是壞的，我們就會放棄。史金納可能是最廣為人知也最有影響力的行為心理學家，你可以透過任何一本好的心理學入門書籍，或是閱讀丹尼爾．比約克（Daniel Bjork）所著《史金納傳》（*B. F. Skinner: A Life*, 1993）一書，對史金納有更多的了解。

●社會規範

話說回來，我們不是鴿子，也並非活在沙漠或孤島上（更不是活在史金納箱裡），我們身邊圍繞著其他的人。心理學家亞伯特．班杜拉（Albert Bandura, 1977）相信，觀察他人的所作所為，對人類行為的影響力遠大於內在動機或個體激勵。每當決定如何行事時，很多人會不自覺地問：「如果我這樣做，看起來如何？」「這個行為相關的社會規範是怎樣的？」「我敬重的人會做出這樣的行為嗎？」菲什拜因和阿耶茲（Fishbein and Ajzen, 1975）這兩位心理學家在行為改變領域研究多年，他們對社會規範在人類行為動機上的影響力是這樣描述的：「是一個人的感覺，即覺得對他而言重要的多數人會不會覺得他應該做這種行為。」

再回到早餐穀物片的例子。你覺得多數人對在上班路上吃「薯片」當早餐的人怎麼看？在你早晨上班的路上，坐在地鐵裡嚼著一袋早餐穀物片，你會感覺如何？我能想像，看起來像一大早做的第一件事就是拿起垃圾食品啃，這種在社會規範層面非常負面的聯想，正是早餐穀物片失敗的關鍵原因。

以上談到的是動機，這只是促成行為改變的第一大因素。接著看看第二個因素：容易。

容易

一直以來，多數廣告人影響消費者行為的方法，是致力於改變他的想法，也就是強化動機。在傳統觀念中，廣告就是要提高動機以帶動購買。我如何讓人們買我的巧克力棒？我會在電視廣告上讓它看起來很美味，並且保證它會帶給你一整天的充沛能量。

通常當你要改變其他人的某種行為時，會從動機開始著手。試想如果你女兒把家庭作業寫得亂七八糟，而你想要她寫整齊點。這時你可以告誡她外觀的重要性，一份整潔的作業如何得到較高的評價；或者，你可以叫她不要再躺在床上做功課，因為好好坐在書桌前寫作業更容易讓它保持整齊。

想要改變行為，「容易」往往是一個被遺忘的要素，因為我們總是把焦點放在強化動機。其實只要把一種行為變得容易發生，就能創造顯著效果。如前面所提，容易包含兩部分：

一、能力：這個人是否確實具備完成這個行為所需的資質，或者其他內在要素？（他能不能做？）

二、機會：這個人所處的環境是否有助於這個行為發生？（這個環境或狀況是否允許他去做？）

想想現代最困難的行為挑戰之一：減肥。有些人可能很有動機想減肥。比方說，他們可能是第二型糖尿病患者，但是缺乏減肥所需的技巧，他們不知道能怎麼做，有時候所處的環境也造成他們不容易減肥。

二〇一二年，我和一顆綠豆公關公司（One Green Bean，我不知道為什麼取這個名字）合作時，為一家減肥公司「體重管家」（Weight Watchers）設計了一個實驗。我們邀請了二十位美食記者和部落客，參加一場自助午餐。他們到達會場後分別被隨機帶到兩個不同的房間，每個房間裡都擺滿各式各樣的自助餐點（我們分別稱其為自助餐A區與自助餐B區）。會場的設計刻意讓與會者無法得知另外半邊自助餐的存在（見圖2-1）。兩邊的食物品類一模一樣，關鍵的區別在於食物擺放的方式：

- 在自助餐B區，有一個身材窈窕的女子不斷地往盤子裡添加食物。根據麥克費倫

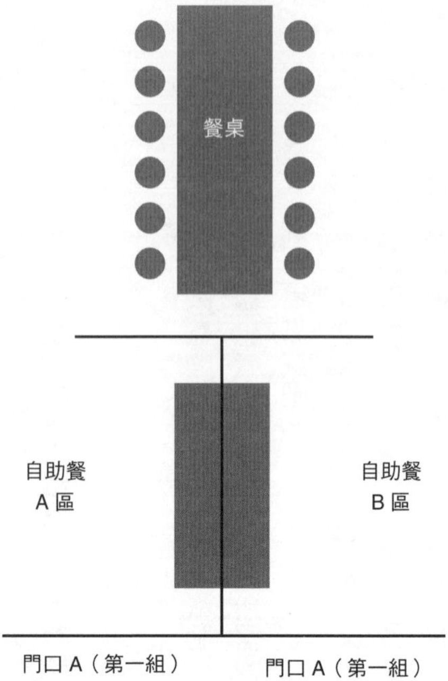

圖 2-1　體重管家用餐實驗會場設計平面圖

（McFerran, 2010）的研究，如果身邊有瘦的人在吃東西，人們就傾向於吃更多。

- 自助餐B區所使用的都是大尺寸的盤子與容器，大過於自助餐A區。萬辛克（Wansink, 2006）研究發現，如果使用的盤子和容器比較小，人們會裝比較少的食物。萬辛克還發現，如果食物的顏色與盤子一樣，人們會吃更多。
- 自助餐B區的食物在盤子裡都堆得高高的。馬薩洛夫和布洛克（Madzharov & Block, 2010）發現，人們看見大量供應的豐盛食物景象時會吃得更多。
- 自助餐B區把比較健康的食物放在後面，不健康的食物則放在前面。當不健康的食物比較容易取得時，人們更傾向於選擇它們。潘特、萬辛克與希蓋爾克（Painter, Wansink & Hieggelke, 2002）的研究發現，如果巧克力被放在員工桌上的大碗裡，而不是放在兩公尺外的桌上，他們每天會多吃五、六塊巧克力。

在自助餐A區或B區挑選好食物後，兩組人被帶到同一張餐桌前，對他們拿的食物進行分析。兩組的差異讓人嚇一大跳：平均而言，B組拿的食物比A組多五〇%；不僅如此，B組選擇的食物也比較不健康，有更多人選擇了易發胖的食物。這些行為的結果與動機無關，而純粹是由機會造成。自助餐A區的人選擇了比較健康的食物，只是因為更容易做到。

Google是一家以對待員工優渥聞名的公司，它在每個辦公室裡提供免費自助餐及很多其他福利。二〇一一年，Google的主廚史考特・吉姆巴斯提尼（Scott Giambastiani）弄懂了這些原則，重新設計他們的自助餐，希望「讓員工很容易做出健康的選擇」（Nestle, 2011）。於是Google的自助餐開始改為健康食物陳列在前，不健康的藏在後面。食物擺盤的容器變小，把健康與不健康的食物用不同顏色標示，還在自助餐的最後提供磅秤，讓員工知道食物的重量。據他們說，Google人（Googlers，Google對員工有點拍馬屁嫌疑的暱稱）現在吃得更健康了，因為這變得比較容易做到。注意，他們所做的僅僅是改變擺放方式，就能讓人們更容易選擇健康一點的食物，用改變環境的方式創造了更容易吃得健康的機會。

另一個鼓勵行為改變的方式，是提高一個人進行這項行為的能力。與前一點相同，這是關於「容易」而非「動機」的問題。當消費者成為體重管家的會員，他們會得到如何吃得健康，以及如何管理自己攝入食物的祕訣；他們會知道為什麼吃香蕉比吃香蕉麵包好。同時，體重管家採用一個積分系統，來持續追蹤吃下肚的熱量。積分系統增加了人們追蹤與管理熱

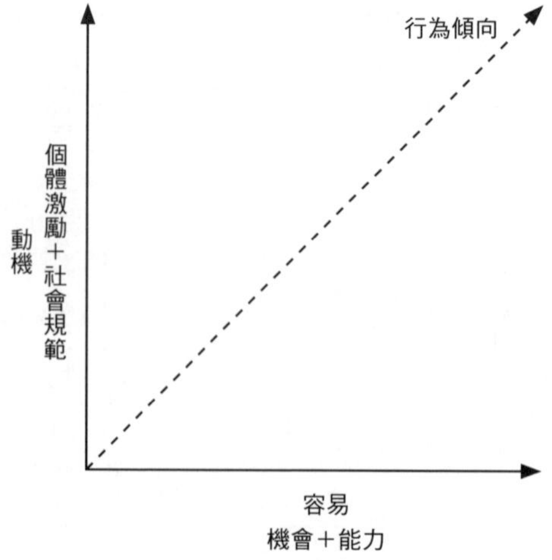

圖 2-2　行為框架矩陣

量攝取的能力，於是讓減肥變得更容易。

綜上所述，要讓人們改變行為變得更容易，你可以增加行為發生的機會，以及提高他們進行該行為的能力。機會與能力能帶來容易。

將動機與容易結合

福格（B.J. Fogg）是在全球行為改變領域中最有趣的思想領袖之一。他創建了史丹福大學的說服科技實驗室（Persuasive Technology Lab），並提出了分析行為改變的三個要素：動機、能力和觸發（motivation, ability, triggers）。本書中的模型借鑑了福格的一些想法，但我將之簡單清晰地區分為動機與容易兩者。簡單來講，動機是一個內在的指標（「這個人是不是確實有動機做某件事？」），而容易是比較客觀的指標（根據這個狀況與這個人的能力，這項行為容易做到嗎？）。另一方面，如前面所講，根據菲什拜因和阿耶茲的理性行為理論（theory of reasoned action approach, 2010），動機又可區分為個體激勵與社會規範。所以，我們現在可以把動機（及其組成部分）和容易（及其組成部分）結合在一起，形成一個行為框架矩陣，以便於我們評估行為被改變的可能性（見圖2-2）。

這個行為框架矩陣大致可分為四個區塊。比方說，想像我們要改變的行為，是讓某個人吃一根火星巧克力棒（類似士力架巧克力）。這個人會不會產生這種行為，關鍵在於他有多大動機要去吃這根巧克力棒（如饑餓程度），以及這根巧克力棒在什麼地方（離他很近或很遠）。看看以下不同的可能情況：

一、行為具備高動機與高容易度：行為很可能發生（比如一個饑腸轆轆的人吃一根放在他眼前的巧克力棒）。

二、行為具備高動機但容易度低：行為也許會發生（比如讓一個饑腸轆轆的人下樓去買一根巧克力棒吃）。

三、行為動機低但容易度高：行為同樣是也許會發生（比如讓一個不餓的人吃一根放在他眼前的巧克力棒）。

四、行為動機低且容易度低：行為不太可能發生（比如讓一個不餓的人下樓去買一根巧克力棒吃）。

有了這樣一張框架圖，就能標示出我們想改變的行為的落點，預估它發生的可能性。我們再回到早餐穀物片的例子。你覺得「讓人們在早上吃早餐穀物片」會落在哪個位置？如先前討論的，吃它的動機只是一般般，也許有點個體激勵，但非常不符合社會規範。相反地，

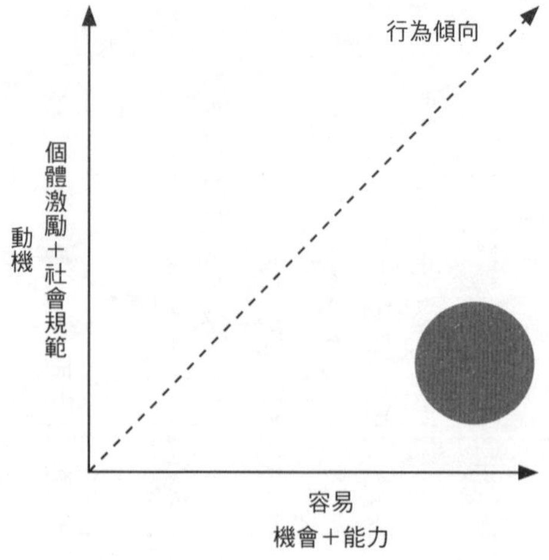

圖 2-3 「讓人們吃早餐穀物片」的落點

在容易上應該表現不錯，因為人們既有能力也有機會（假設產品在超市有好的鋪貨）去消費這個產品。因此，我們可以把這個要改變的行為放在行為框架矩陣的右下角，如圖2-3所示。

這個框架可以作為判斷該改變哪一項行為的第一步。想改變人們的行為，先回答下面四個問題。

動機：

一、個體激勵：這到底對他們有什麼價值？他們會不會得到好處？好處有多大？

二、社會規範：他們如果這樣做，其他人會怎麼看？

容易：

三、能力：他們是否具備做出這行為所需要的資源、能力與技巧？

四、機會：他們所處的環境是否允許行為發生？

這四個問題能夠幫你了解，要影響或改變某個行為的可能性有多大。我們在後面會介紹，這些問題也可以作為診斷工具，用來探索改變一種行為的潛在切入點與障礙何在。比方說，這是一個動機問題還是容易度問題？問題出在社會規範還是個體激勵方面？接下來，還有最後要考慮的一步：你要改變的行為是否對你想達成的整體目標有所助益？

做最有效的行為改變

我有個朋友擁有一家小小的釀酒廠，生產一些很棒的高級淡啤酒。在啤酒廠上投入一筆可觀的錢之後，他需要創造更多銷量，於是問我的意見：「我該把酒賣給誰？或者再明確一點，我要改變什麼行為，讓啤酒能賣得更好？」我告訴他，至少有四種群體的行為是他可以考慮去影響的：

一、讓已經愛上他的啤酒的朋友和親戚推薦給其他人。
二、讓不喜歡喝啤酒的朋友和親戚嘗嘗。
三、讓原本就愛喝啤酒的人試試他的啤酒。
四、讓已經愛上他的啤酒的朋友和親戚買更多的啤酒。

我把這四種行為根據動機與容易放進矩陣裡（見圖2-4）。據我的估計，最有可能發生的行為（所以應該是要去推動的行為）是第一項：讓已經愛上他的啤酒的朋友和親戚推薦給其

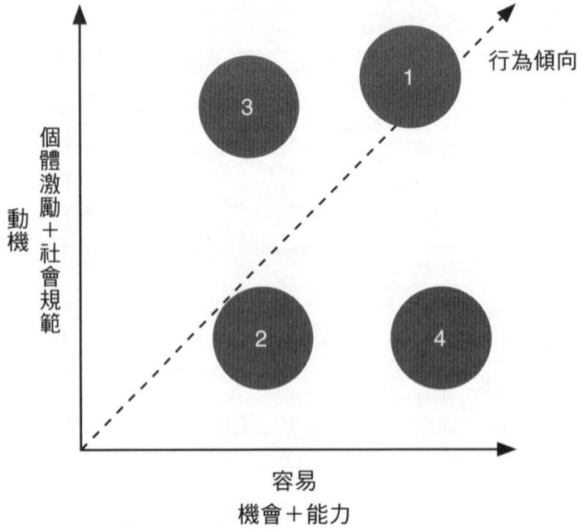

圖 2-4　四種行為在行為矩陣框架內的落點

他人。

如果我朋友只是想要賣出一萬箱啤酒，問題應該不大，但是如果他想賣出一百萬箱啤酒，就是另外一回事了。這時候，「衡量行為規模」（sizing a behaviour）就得登場。意思就是，你得選擇一個能夠匹配目標的策略。有五個問題可以幫你衡量行為規模：

一、我會影響多少人？

二、這些人又能夠影響多少人？而這群人有多大的影響力？

三、行為發生的頻率有多高？

四、可能的普及率多高？多少人可能被改變？

五、這個行為對我的目標有多大助益？讓人們正面談論我的品牌，是否與推動銷量一樣重要？

再把這些問題列入考慮，我把原本四種可能的行為又看了一遍，大概估算了一下它們的規模。於是在圖2-5裡，這些行為除了相對位置之外，還加上

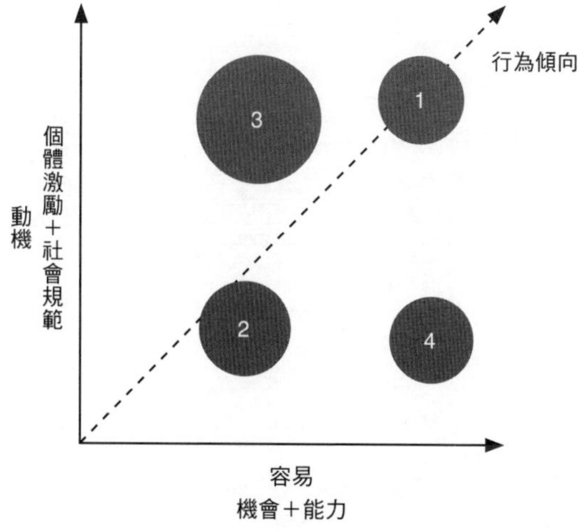

圖 2-5　以行為規模衡量銷售貢獻的大致估算

大小的差異（圓圈越大，對啤酒銷量的潛在貢獻就越大）。你會看到，我朋友如果鎖定第三類群體效果會更好，即愛喝啤酒但還不曾試過這款啤酒的人，他們原本就喝啤酒，所以更有可能嘗試我朋友的啤酒。

我們用前面五個問題來做個檢視。第一，有機會影響的人數很多，因為雖然愛喝啤酒的人到處都是，然而知道我朋友啤酒的人卻少之又少。第二，我們可以假設愛喝啤酒的人屬於早期採用者（early adopter），他們應該會接著再去影響其他人。第三，啤酒愛好者當然會常常喝啤酒。第四，假設喝啤酒的頻率高，樂意嘗試新啤酒的意願應該也高。只要我們的啤酒夠好，我預期可以達到合理的普及率；也就是說，讓他們嘗過我們的啤酒之後，有相當數量的人會變成忠實顧客。第五，我們可以用派發試飲來鼓勵行為改變；最好讓人們試試我們的啤酒，比只是正面談論我們的啤酒更重要。於是，我的朋友決定選擇這一項行為去著手改變。

後來，我朋友做的唯一的行銷行為，就是在啤酒的鋪貨管道進行大規模的樣品派發，消費者可以先試喝啤酒再決定是否購買。結果試飲活動帶來不錯的拉動力，最後造就了一個成功的啤酒品牌。

法則2
去改變有助於你達成目標的行為。

重點回顧

毋庸置疑，影響和改變他人的行為不是件容易的事，但遵循幾個簡單原則，你就比較容易做到。首先選擇一種發生可能性比較大的行為。要找到答案，必須檢視人們有多大動機以及多容易去做出一種行為以及多容易，然後研究哪一種行為與你的整體目標最契合。一旦做好選擇，接下來就是用一些技巧提高動機與容易。可選擇的技巧很多，後面會一一揭曉，告訴你如何讓人們朝著你的目標行動。

一、改變行為是困難的，所以要選擇改變的可能性比較大的那一種行為。
二、具備較高的動機和較高的容易度，行為比較可能發生改變。

三、動機是由個體激勵與社會規範兩部分構成。
四、容易由能力（一個人的技能與資源）與機會（環境是否許可行為發生）構成。
五、衡量你要改變的行為規模，選擇既有可能改變又有助於達成目標的行為下手。

克勞迪烏．迪莫夫特

行銷創意人

要促成行為改變，我們可以先界定它的範圍。

其中有兩個重要的層面：一、要改變行為的程度（一點點還是徹底改變）；二、希望改變延續多久（短還是長）。如果想讓決定、選擇或行動發生小幅度或短期的改變，可以用不太會被意識到的情境暗示方式進行操控，而且能夠非常有效。但另一方面，要想達成長效或劇烈的行為改變就困難得多。這種改變通常牽涉個人特質的變遷（學術界稱為「個體差異變項」〔individual difference variable〕）或是強大誘因發揮作用。

在今天這個人與人之間緊密相連、社交媒體普及的世界裡，對於獲得他人的認同、興趣或尊重的需求，往往是驅動巨大行為改變的決定性誘因。把期望促成的新行為（像是大張旗鼓地將商品、概念、主張進行市場化的包裝），塑造成一個有助於達成這些目標的自我效能（self-efficacy），會是一個成功的策略。就像多數豐田普銳斯（Toyota Prius）的車主開混合動力車上路不是為了環保，而是為了讓其他人覺得他們很環保……

克勞迪烏·迪莫夫特是聖地牙哥州立大學副教授，在MBA和EMBA課堂上教授核心行銷課程，同時也是《消費者心理學期刊》（*Journal of Consumer Psychology*）的編輯委員會成員。我是在二〇一三年聖地牙哥消費者心理學年會參與演講時遇見並認識他。

3 思考、感覺、行動：用行動改變行為

行動，是一切成功的根本之鑰。

——畢卡索（Pablo Picasso）

在進入本章主題之前，我想請你幫我一個忙。如果你願意這樣做，將有助於你獲得更多書中的精髓。我保證，只是舉手之勞。我真的希望你能幫幫我，做下面這件事：直接把書翻到三百九十七頁，讀一讀該頁的文字。我在這兒等著。

謝謝你完成了這個動作。有點意外，是不是？我想用這件事小小示範一下，推動別人朝你的目標行動的重要性。（提示：如果你沒做，現在還是請翻到全書的最後一頁讀一讀方框裡的文字。如果你已經做了，就請繼續往下讀。我不是故意要騙你在這裡兜圈子玩啊！）

當我還在當心理師時，主要工作之一就是說服病患朝一個目標「行動」。在我簡簡單單的辦公室裡，只有放在一塊毛茸茸的白色地毯上的書桌、書架和兩張椅子。在那裡，客戶可以安心地與我分享內心最深處的問題。在牆上還掛著這麼一句名言：「人生的成功不在於攀登的高度，而在於跨越的障礙。」這句話來自專注於美國奴隸制度研究的作家布克・華盛頓（Booker T. Washington）。我很喜歡這段話，它有助於釋放壓力。在辦公室的左邊還放了一塊小小的白板。如果你來就診，我會將你迎進辦公室，讓你坐下，然後把我的治療方式畫在

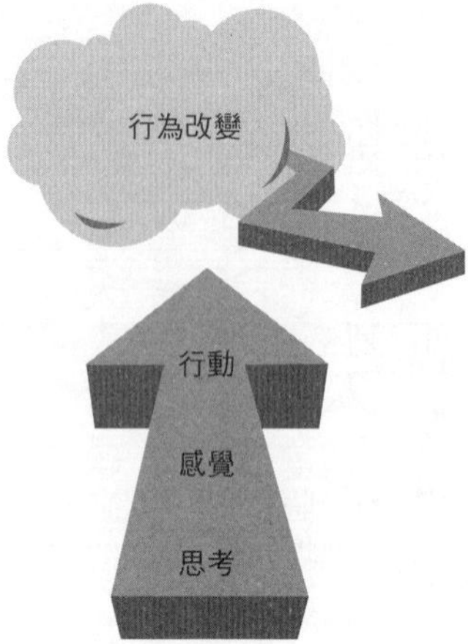

圖 3-1　思考、感覺、行動之間的相互關係

白板上向你說明。

我通常會先畫給你看的，會是這樣的一張圖（見圖3-1）。

這張圖是我根據過去三十年來最具影響力的兩位心理學大師亞伯特・艾利斯（Albert Ellis）和亞倫・貝克（Aaron T. Beck）的研究成果調整而來。我曾有幸見到亞伯特，是那次參加他在紐約市上西區亞伯特・艾利斯研究院（Albert Ellis Institute）舉辦的團體治療研討會。雖然亞伯特在二〇〇七年過世了，但該機構仍然在進行團體治療研討會的活動。如果你對人類與行為改變很感興趣，這個研討會一定要參加。

亞伯特的獨斷專行是出了名的，對病患也相當霸道，有時候還會強迫他們做出改變。他與名叫格洛麗亞的病患在YouTube上有一段很棒的影片，值得看看（參QR Code 2），不過，請忽略其中一切屬於那個時代的不恰當語言。你也可以閱讀《亞伯特・艾利斯精選》（*The Albert Ellis Reader*, Ellis and Blau, 2001）這本書，對他的研究成果做更多

QR Code 2

了解。

我見到亞伯特的時候，他已經九十多歲了。他問我的第一句話是：「嗯，你為什麼要見我？」當時我有點吃驚，但還是向他表達了在專業層面與個人層面他的觀念是如何深深影響我。然後我問他，那個關於他如何解決自己見到女人就害羞的問題的故事到底是真是假。亞伯特十九歲時，讀了行為心理學家約翰．華生（見第一章）的著作，然後就給自己下了一個任務：要跟一百個女人交談，並邀請她們跟自己約會。這故事原來是真的，而且對他的人生帶來巨大的影響。他說，當時他每天就在紐約布朗克斯植物園徘徊，見到獨坐在公園板凳上的女子就過去攀談。他說他總共接近了一百三十名女性，並和當中大約一百人說上話，邀請她們和自己約會。這當中沒有一次真的成功。只有唯一一次約成功了，但那女子並沒有出現。無論如何，這個經歷對他有一個更重要的影響：他戰勝了自己對女性的恐懼與害羞，再和別的女性說話時，他能夠表現得很好。就這樣，透過給自己設定一個行動導向的任務，讓自己真的去跟她們說話，他戰勝了對女性的怯懦。可以說，他的行動改變了他的態度。

我好像離題了。讓我們回到我掛著白板的諮詢室。假如你是我的病人，我會跟你解釋，「思考」影響「感覺」，接著影響「行動」，結果就變成行為，這稱為認知行為療法（cognitive behavioural therapy, CBT）。它是透過三種刺激（思考、感覺、行動）來觸發**行為**的改變。想像你正在開車，前面突然有車插進來。這時你可能冒出這樣的**思考**：「這傢伙是存心的。」這會讓你**感覺**如何？你可能會覺得生氣，於是你的**行動**也許是猛踩油門超過他。你的行為讓你變成怒氣沖沖的司機。你的思考、感覺、行動一起糾纏在整個事件中。

認知行為療法會要你想像一個截然不同的情境，比如原來那名司機剛剛得知他的孩子發生車禍正躺在醫院裡，造成他失魂落魄的開車狀態。你現在對那名司機的感覺如何？你的感受可能轉化成為他擔心，而不再是生他的氣。一旦考慮到不同的合理化解釋時，你會產生不同的反應。對外界行為的詮釋，影響了你如何感覺與行動。

再回到我的諮詢室，接下來我要幫助你了解思考、感覺、行動之間的相互關係，然後我們就可以談談如何改變你自己的行為。

我們都喜歡思考、感覺、行動保持一致

思考、感覺、行動是強大的心理迴路（psychological loop）的一部分。如果三者無法保持一致，我們會覺得不自在和難受，也就是心理學家所謂的**認知失調**（cognitive dissonance; Festinger, Riecken & Schachter, 1957）。例如我可以想像，假如有一名環保主義者在一家伐木公司上班，她的感受會是如何？她的思考與感覺肯定無法與她的行動協調。矛盾感會讓我們覺得不舒服，這種內在壓力會推動我們做出改變。這名環保主義者為了紓解她的認知失調，會很想採取一些行動（比如換工作），或改變她對環境的思考與感覺（比如認同人們還是需要木材造家具、蓋房子）。我們會改變行為，以跟隨自己的思考和感覺。但有意思的是，我們同樣也會改變思考和感覺以合理化自己的行動。以公園裡的亞伯特·艾利斯為例，羞於和女性說話的他採取了相反的行動，主動去跟一百名女子攀談，直到他對女性的思考與感覺發生改變，然後就再也不會覺得害羞了。以我的觀點，要改變行為當然要改變思考和感覺，但真正關鍵的是要有所行動。

越來越多的證據證明，行動是撬動行為改變最重要的槓桿。要解釋其重要性，我們得回到過去，理解《認知失調理論》（*A Theory of Cognitive Dissonance*, 1957）一書的作者里昂・費斯汀格（Leon Festinger）的研究。他終其一生致力於認知失調研究，最大的名聲來自他進行的那些證實了認知失調效應的實驗。他是這麼做的（注意：以下內容有些違反直覺，請務必仔細閱讀，因為當中包含了重要原則）：在一項稱為「表現評估」（Measures of Performance）的研究裡招募了七十一名參與者，要求他們做兩件極端無聊的工作：第一項，他們必須把十二個棉線卷軸放在一個托盤上，然後清空托盤，接著再放上卷軸，不斷重複三十分鐘；第二項，他們拿到一塊板，上面有四十八個木頭方塊，他們要把這些方塊按順序一個接著一個順時針轉動九十度，持續三十分鐘。工作完成後，參與者以為實驗已經結束，此時研究人員會要求他們幫個忙。研究人員說，他的同事今天沒來上班，問受測者能不能幫忙補位。他們被告知，剛剛參與的實驗是在測試心理準備與工作表現之間的關聯性，所以他們只要做一件事，就是把這項實驗介紹給接下來的參與者，並告訴他們實驗非常有趣又好玩。協助做這件事，他們將得到酬勞。

這些不知情的受試者向下一批人說謊的酬勞是不同的，一半人是一美元，另一半是二十美元。當一天結束，在對許多人一次次吹牛、謊稱這項工作多麼有趣和好玩之後，這些受試者全部接受了一次訪問。他們被問道：「你們覺得原本做的那個放卷軸（或轉木塊）的工作（很明顯，既蠢又無聊）有多有趣或好玩？」猜猜看，誰會覺得這些工作比較有意思？是得到一美元的還是二十美元的？（請停下來想想這個問題和你的答案再往下讀。）

誰會覺得這些工作比較有趣或好玩？

A. 得到一美元的

B. 得到二十美元的

為什麼？

這些工作其實是故意設計得既單調又無聊。如果非說它有趣，就只能說謊。對他人說謊的行為，在一定程度上會造成這些參與者的認知失調（因為他們謊稱這工作很有趣，但其實親身體驗過這工作非常無聊且長達半小時）。你可能會猜，相對於那些拿一美元酬勞的人，拿到二十美元的應該更容易改變評價，說他們還挺享受這些工作。然而，費斯汀格的估計恰恰相反。他認為獲得二十美元報酬組的人，讓自己的行為合理化的需求沒那麼迫切，因為他們得到較多的酬勞，內在衝突感比較弱。也就是說，他們是收了二十美元來說謊的，所以相對不會有失調感。只收到一美元的人會感受到比較嚴重的認知失調，所以需要合理化自己的說謊行為，改變他們對這些無聊工作的評價，以匹配他們告訴別人的話。費斯汀格說對了。一美元組的人為了舒緩認知失調，在那些無聊工作的有趣與好玩程度上給予明顯高得多的評分。獲得較高報酬組的人則沒那麼強的失調感，因為金錢合理化了他們的行動。

這個研究結論徹底顛覆了我的觀念，這時我才理解到思考、感覺、行動三者的一致有多麼強大。關鍵在於，如果有辦法干預這個一致性，你就能改變行為。你可以在 YouTube 上看看這項實驗的影片資料（參 QR Code 3）。

如前所述，認知失調發生在思考和感覺與行為存在矛盾時，每逢此時就必須做出改變，

QR Code 3

以消除或減緩這種失調（Cherry, 2006）。假如你做了一件自己不想做的事，就有一個落差出現在你的思考（「我不要做這件事」）和行動（「我剛做了這件事」）之間。你如何調解這個矛盾？嗯，你改變不了行動，它已經發生。你能改變的是對行動的思考和感覺。因此，如果你有辦法讓人們採取行動，他們就會改變思考與感覺，讓自己的行動變得有道理（以確保三者的一致性，從而避免認知失調）。這就要談到我們改變行為的第三條法則了。

法則3
行動改變態度快過態度改變行動。

過去在做「戀童癖」患者的心理評估時，我見證了認知失調的作用有多麼強大。那些性侵者可能與你所想像的不一樣，他們多數並非生來就有摧殘生命與製造傷害的欲望。在很多案子裡，他們在童年就遭受虐待或生長在非常不健全的家庭裡。他們多數不曾學習過如何與人形成親密、和諧的性關係。這不是為了替他們的行為找藉口，或是把責任推到別人頭上；只是要說明，根據我的經驗，性侵者並非生來邪惡，只是他們多數不認為自己給別人帶來嚴重的傷害。

當我聽他們描述自己的行為說法時，我簡直目瞪口呆。他們會坐在我面前正經地說：「我愛那個小孩。讓小孩從真心愛他們的人那兒知道性這件事是很重要的。」也有人會說：「這是你情我願，是他們想跟我發生性行為。」這些人很清楚，我對他們的評估將用作呈堂證供，而他們真的相信這些道理完全「站得住腳」。在他們心裡，這些想法是說得通的；但對其他任何人，這些想法根本是完全扭曲而錯誤。他們花了很多年時間，讓自己的思考和感覺變得與邪惡的行動一致，於是在他們看來，這些行為變得可以接受。

關於認知失調對行為影響的例子很多。它可以發生在你得到一家競爭對手公司所提供的工作機會時，他們一度被視為敵方，與一些負面的思考和感覺連結在一起，但你現在可能覺得他們沒那麼討厭了（他們如果想要你去工作，這些人應該沒那麼壞）。也許你很討厭一個電視節目，直到有一天你發現你的一位好朋友很愛看，結果你也開始看了。當你越看越喜歡它時，你會改變你的思考和感覺，讓你的行動變得合理，以避免認知失調的問題。

如前所述，一旦行動已經發生，唯一能夠減緩認知衝突的方法就是改變你對這個行動的思考或感覺。哲學家威廉・詹姆士（Willian James, 1884）曾說，並不是我們的感覺在引導行動，而是我們的行動在引導感覺。「如果你想具備一種特質，就要一舉一動都表現得如同你已經擁有。」他寫道。直到今天，其實一切都沒變。如果你表現得似乎很開心，臉上掛著微笑，你就會感覺比較開心（一個行動改變態度的例子，Duclos & Laird, 2001）。心理學家理查・懷斯曼（Richard Wiseman）以此為題，著有《如是這般法則》（*The As If Principle*, 2013）一書，並提供了以下例子：

- 如果你要求年紀大的人舉止變得年輕些，他們的記憶力與認知能力會增強。
- 如果你要某人握緊拳頭，他們的意志力就會變強。
- 如果你讓做事習慣拖泥帶水的人，花三分鐘假裝他們覺得某件工作很有趣，他們很有可能會完成這件工作。

美國社會心理學家艾咪·科迪（Amy Cuddy），在職業生涯中花了大量時間致力研究行動如何改變我們的感覺。她尤其專注於研究當人們擺出某些標誌性的動作時，會如何改變自我觀感。艾咪的驚人發現讓她聲名鵲起。《時代》雜誌（*Time*）還將她列為二〇一二年「改變全球遊戲規則人物」之一。

多年來，研究人員早已發現，如果你擺出一個強悍的姿勢（比如兩腿站開，伸展雙臂，昂首挺胸；或是站著雙手撐在桌上；或是坐下把腿抬到桌上——想像董事會裡強悍的大男人形象），人們會覺得你更強大、更有影響力。我們的身體語言透露了我們很多事。不過，艾咪與她的團隊發現，就算這些姿勢是偽裝的，你也會感覺自己更有力量且能承受更多風險（Carney, Cuddy & Yap, 2010）。如果人們擺出權威與強勢的姿勢，就算只是短短兩分鐘，他們也會出現明顯的雄性激素上升與腎上腺皮質醇下降的現象。這是權勢與領導能力的神經內分泌表徵。

艾咪的研究顯示，如果你表現得比較強勢，你就真的會變得比較強勢。這是行動引導感覺的一個很有力的範例。

何不現在就試試？擺出一個強悍的姿勢，過個幾分鐘，看看你的感覺。也許下次開會時你也可以這樣做（或用來對付你那正處青春期的叛逆兒子）。記住，**行動改變態度快過態度改變行動**。

洞見，還是行動？

如果你在廣告這行工作，肯定知道大家對於發現「洞見」的過程有多麼看重。洞見是對人性的某種理解，可以用來幫助品牌打開成長的機會。其實我認為這樣依賴洞見的做法已經過時。這很像一名躺在沙發上的病患身後的心理諮詢師，要病患描述關於他母親的一些故事。這些故事可能包含豐富的洞見，而治療師時不時會來一句「啊哈！」，然後這走進患者「潛意識」的旅程會繼續下去。這種類型的心理學理論（佛洛伊德學派〔Freudian〕、精神動力學〔psychodynamic〕或你想怎麼稱呼都行）其實已經被科學界拋棄了（Webster, 2005）。讓患者躺在沙發上談論過去，改變不了任何事。洞見與行動之間的距離似近實遠。

心理學家保羅．瓦茲拉威克（Paul Watzlawick, 1997）寫過一篇很棒的論文：〈洞見可能造成盲點〉。在論文裡，他描繪了一位虛擬的病患走進治療師的辦公室進行治療的情形。每隔二十秒，病患就會使勁拍手。治療師問：「你為什麼要一直這麼使勁地拍手？」病患答道：「讓大象走開啊。」治療師告訴他：「你周圍並沒有大象。」他回答：「你看，拍手管用吧。」

治療這名病患有四種選擇：

一、花一段時間和他建立信任關係，最終說服他這裡沒有大象。

二、分析此人的過去，找出行為的潛意識原因，然後把它們帶到意識層面來解決。

三、找一頭大象進來，讓他看見拍手並不會讓大象走開。

四、抓住他的胳膊，讓他拍不了手，直到他發現並沒有大象走進房間。

最有效的治療方式其實是第四種。答案往往來自行為，只要讓人開始照你的意思行動，就能創造行為的改變。要改變行為，行動前並不需要有洞見的存在。

洗澡請洗快一點

一九九二年，加州大學的克里斯．迪克森（Chris Anne Dickerson）做了一個實驗，想知道認知失調能否鼓勵人們縮短洗澡的時間。這個研究以研究人員在游泳池找到的八十名女性為對象。在這些女子游泳完來到更衣室後問其中某些人一些問題，包括：是否支援節約用水、在塗肥皂或使用洗髮水時會不會關掉水龍頭、會不會盡量控制洗澡時間、她們覺得洗澡應該花費多少時間等。另一些人則被要求在一張宣傳頁上簽字，上面寫著：「請節約用水。洗澡洗快一點。塗肥皂時關上水龍頭。我能做到，你一定也能。」第三組人則既被問到那些問題，又需要在宣傳頁上簽字。這些女子以為這就是實驗的結尾了，她們不知道的是，在淋浴間有另一項實驗在悄悄進行，研究人員正記錄她們洗澡的時間長度，以及她們塗肥皂或使用洗髮水時有沒有關水。

結果，洗澡時間最短的是第三組。原因是她們既表達了自己的洗澡習慣，同時也簽署了要別人洗澡省水的承諾。這樣的雙重行動（有了對自我行為的意識又要求別人省水）創造了認知失調感，導致這組人洗澡的時間比其他組短。經證明，公開聲明支持節約用水加上簽署鼓勵他人也這樣做的宣傳頁，最能有效改變行為。實驗者期望的行為改變（縮短洗澡時間）會出現，是因為人們已經採取支持一個主張的行動，他們需要讓自己的思考和感覺與之保持一致。創造認知失調是一種強大的影響力工具，尤其是當你能讓人們朝著你要的目標有所行動時。

狂熱教派的把戲

一九五九年，心理學家艾略特．阿倫森（Elliot Aronson）研究了狂熱教派（cult）如何利用認知失調維繫對追隨者的強大掌握力。他進行的最有名實驗，是要求女性參與者在獲准加入一個團體之前，必須完成一項尷尬的任務。阿倫森的理論是，任務越令人難堪，這個人需要投入越多的精力，她就越想成為該團體的一員（Aronson & Mills, 1959）。

在這項實驗裡，一些女性被要求加入一個討論性心理學的團體。她們分成三組。安排給第一組參與者的尷尬任務，是在一大群人面前大聲朗讀一些與性相關的字眼，以及一篇繪聲繪影描述性愛的文章。第二組也需要朗讀類似的內容，不過是較溫和的版本。第三組則是控制組，完全不接觸與性有關的話題。之後，每一組都聽了一段她們想參加這個團體的會議錄音，然後針對這段錄音給人的愉悅程度打分數。結果第一組打的分數最高，然後是第二組，控制組則給出最低的評分。我們對完成一件事情付出越多心力，就越會無法自拔地認同這個團體。雖然這項實驗的手法有點古怪，但它提供了很好的證據，證明我們在加入教派或團體時所付出的努力會讓我們更喜歡這個團體，並且感受到一種更強烈的歸屬感（Lodewijkx &

Syroit, 2001）。

許多狂熱教派或類似的組織，都會安排新人入會之夜活動，讓新加入者與組織成員了解彼此。多數教派做的第一件事，就是要求新成員站起來，告訴大家他為什麼來到這裡。有好幾年，我對狂熱教派如何運作非常好奇，因此實地觀摩了多場入會之夜活動，觀察當中用來吸引人們入會的技巧。有趣的是，我就是在其中一場認識我老婆安娜。她誤以為她參加的是一場「冥想週末」活動，原來那只是一個狂熱教派打出的幌子。

在這場集會上，「靜修」的方式倒是很可愛而平和的。教派成員穿著白袍，新生則是各種人的混雜組合。有些人發出咯咯的笑聲，因為儀式確實有點怪異；其他人則認真地跟隨著穿白袍信徒的指令。在我遇見安娜的那場活動上，「講師」說道：這個星球只能容納七十億個靈魂，只要超出一個，世界就會終結，除了這個教派的信徒之外。會上有人挑戰這個說法，說地球上的人口早已超過七十億。於是講師開始辯解，要維護他的主張，轉而批評世界上有太多不近情理的統計學家！就在此時，安娜和我有了眼神接觸，我倆同時會心地露出嘲笑的表情，就從這個表情開始，我們墜入愛河。不過那是另一則故事了。

我也對「科學教派」（Church of Scientology）招募信徒的技巧做過一番觀察，並撰寫了報告（Ferrier, 2010）。一個公開的「入會儀式」是招募程序的一部分，新成員被要求與大家分享他們參加該教派的原因。

他們被告知這是個自我剖析的行動，雖然當時有點尷尬與困難，但能夠幫助他們從苦痛中解脫。有些人說「我想找到快樂」，也有人分享了他們從小受到虐待以致至今憤恨難平的經歷等。可惜的是，自我剖析並不能讓人解脫，甚至會帶來反效果。但分享內在焦慮拉近了這些人與團體或教派。分享各自的難題形成一個積極的行動，引導他們產生對這個團體的正面思考和感覺。正如我們所見，行動指引了思考和感覺。

還有一個狂熱教派「預告」了世界末日的到來。結果世界末日沒來，但信徒並不感覺困窘，反而對教派更為癡迷，因為他們合理化了這件事：他們認為是他們的堅定信仰拯救了這個世界。這正如費斯汀格（1956）說的：「告訴他你不同意，他拂袖而去；給他看證據或資料，他質疑來源；訴諸邏輯，他對你的重點視而不見。」

捐款跟著行動來

我做過一項實驗，用來測試我的論點：「行動改變態度快過態度改變行動」。這項實驗是與迪肯大學（Deakin University）和一個全球兒童慈善專案「救助兒童會」（Save the Children）共同合作。實驗中，我們測試了在慈善專案上的幾種不同捐款模式。

一般來說，公益組織有兩種方式來打開人們的錢包：一是透過理性資訊，用統計資料呈現這個公益專案有多麼重要、生命如何危在旦夕、多少人已經死亡、地球已經升溫多少度，諸如此類；二是透過感性資訊，展現悲慘事態令人動容的畫面（斷垣殘壁的景象、非洲饑餓兒童深陷眼窩裡的蒼蠅），或是慈善專案可以帶來的效果（快樂、微笑的人們）。恐懼、希望與喜樂，這些都是明顯可資利用的情感。除此之外，其實還有第三種方法正在形成，這種方法需要善心人士不只是捐錢，還要真正地為慈善專案做點事情。比方說，「鬍子月」（Movember）就不只是要人們回應與捐助金錢，還要求男人在每年十一月的整個月中蓄

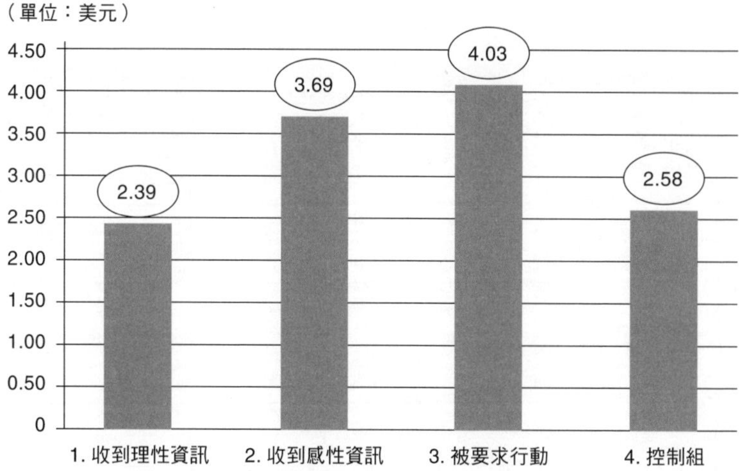

圖 3-2　收到資訊的類型與捐款金額

翳，以展現他們對這個活動的支持。

實驗中，我們把參與者分為四組。第一組收到理性資訊（事實與資料），第二組收到感性資訊（開心微笑的孩子，配上動人的音樂），第三組則被要求設計一個針對慈善專案的廣告方案，第四組是控制組（玩一個完全不相關的拼圖遊戲）。之後，四組人分別收到捐款的請求。

如圖3-2所示，願意捐最多錢的是第三組，採取行動為救助兒童會設計廣告的那一組。

他們為什麼捐得比別人多？第一，他們對慈善專案有了參與感，他們覺得這件事與自己息息相關。第二，「認知失調」出現了。幫忙設計一則廣告的積極動作帶動了思考與感覺的改變。第三，這些人得到一種「自主感」（autonomy），也就是說，他們是受邀用自己的方式做一次互動，而不是被迫，這麼一來，對慈善資訊的抗拒煙消雲散，這讓他們更願意付出。

也就是說，當慈善活動讓捐助者參與其中，而不只是向他們要錢，成功的可能性會大得多。

這背後的原理是什麼？讓人們用行動參與你的使命，他們的思考與感覺就會被統一，以合理化他們的行動。假如你還是沒有被行動帶來的力量說服，你可不可以再幫我一個忙？請看看班傑明・富蘭克林（Benjamin Franklin）的故事，他發現了要求別人幫忙這個動作所能帶來的效果。這是我所聽過最有意思的事情之一。

富蘭克林效應

富蘭克林是美國建國史上的偉大人物，他集投資人、科學家、出版人、政治家、音樂家、郵政局長、外交官（還有很多很多）等身分於一身，在各個領域都有所成就。當他競選連任賓夕法尼亞州議會議長時，他的一名政敵做了一次攻擊他的冗長演說。在《富蘭克林自傳》裡，他未提及這名政敵的姓名，只描述他是「一位富有而有教養的紳士」，並認為假以時日這人必將成為美國政壇的風雲人物。

富蘭克林對此人的演說非常不爽——任誰都會。但還有一個令他非常生氣的原因：富蘭克林和這名政敵素未謀面，更沒說過一句話。我不確定富蘭克林的第一反應是不是想以牙還牙，狠狠地反駁這名政敵。不過他沒有這麼做，而是採取另一種完全讓人意想不到但有效得多的辦法：他寫了一封信給這名政敵，請他幫個忙，希望他能借一本書給自己。你應該永遠想不到他會出這一招。

這名政敵大感意外，不過還是同意了富蘭克林的請求，將這本稀有藏書送到富蘭克林府上。一週之後，富蘭克林將書歸還，並附上一封感謝信。這距離他們之間發生衝突其實沒多久。你猜結果如何？《富蘭克林自傳》裡寫道，在那之後，這名政敵的態度出現一百八十度大逆轉，用「非常禮貌」的態度與他交談。不僅如此，後來他們變成終生的好友。

對此，富蘭克林如何解釋？「我學過一句格言，當中的真理又一次驗證在這件事上。它是這麼說的：『比起接受過你恩惠的人，那些曾經施予你恩惠的人更願意再幫你一次。』」（Franklin, 1791/1988）換句話說，如果你想要某個人喜歡你，就想辦法讓他幫你一個忙，就像富蘭克林做的。我知道這聽起來有點違反常識，但重點是，如果一個人已經做了某些事來幫助你，他會比較難再討厭你。借給富蘭克林一本書這個正向行動，會帶動對富蘭克林這個人的正向思考與感覺。還是這句話，行動改變態度快過態度改變行動。

回想一下，上一次你被別人要求幫忙的情景。你可能一方面因為覺得自己受重視而有點飄飄然，另一方面也感受到能助人一臂之力的成就感。也就是說，你把心力投入到對方身上的行為會調整你對這個人的態度。

我們把這種情況總結為富蘭克林效應：「讓一個人喜歡你最有效率的方式是讓他幫你一個忙。」這個道理適用於個人生活，同樣適用於品牌與企業。如果你能讓別人投入點什麼在你身上，他們會更喜歡你。這可能是我在大學裡學到的最有趣的一件事，也是這本書的一個核心內容。如果你正在經營一個品牌，或者在從事廣告工作，我建議你不要再去想能為你的消費者做什麼，反之要問的是：「我的消費者可以為我做什麼？」如果你是消費者，要為品牌做任何事時請務必當心，那只會讓你喜歡上它。

有行動力的廣告

消費者參與度何以重要，也是同樣的道理。如果你想影響別人的行動，就要讓他們參與你的使命。對很多廣告人而言，這是根本觀念的改變。一直以來，廣告人專注於如何引起消費者注意或娛樂消費者，還時不時用廣告拍消費者的馬屁。廣告人滿腦子想著做好玩的廣告，努力使自己變得有趣和搞笑。然而，現代的廣告人要問的不再是「我們可以為消費者做什麼」，而是「我們的消費者可以為我做什麼」。找個朋友的臉書看一看，他對多少個品牌按過「讚」？這正是見效的品牌推廣結果。你曾多少次為一個品牌無償完成一份市調？品牌請大家幫忙，消費者也會真心願意投入其中。

廣告要開拓的新疆界是要讓人們先行動，再讓思考與感覺跟上來。在有了像智慧型手機與社交媒體這樣的互動科技的今天，這件事才終於變得容易達成。過去，廣告改變人們的行動總是從試圖影響思考與感覺開始。在一九八〇年代，耐吉（Nike）會透過以下這些方法吸引你買它的球鞋：

一、透過理性廣告訴求影響你對耐吉產品的看法。廣告可能說「新上市」或「只要五九．九五美元」或「有史以來最舒適的球鞋」。

二、透過感性廣告訴求影響你對產品的感受。廣告會配上令人熱血沸騰的音樂，呈現人們克服萬難勇攀高峰的故事。

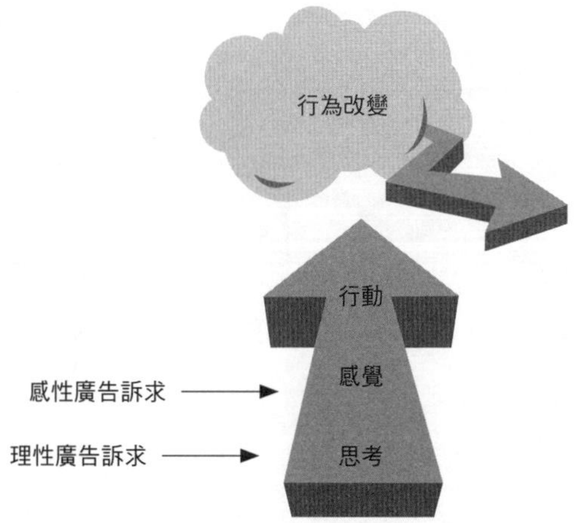

圖 3-3　被動廣告的資訊切入點選擇

如圖3-3所示，這些方法滿足了我畫的白板圖的前兩步，耐吉希望以此啟動消費者行為的改變。

這兩種方法都能有效地影響行為，然而現在廣告能做的早已不只是單向溝通，更是與消費者互動。在今天，七七%的電視節目收視管道，掌握在你手中的手機和腿上的筆記型或平板電腦裡（Google, Sterling Brands & Ipsos, 2013），這是個多螢幕與充滿互動的時代。在促成行為的改變上，如果廣告人能讓你採取行動，你就會改變思考與感覺來配合你的行為，從而對品牌多一點喜愛。

今天的耐吉如何影響你的行為？它讓潛在消費者參與它的行銷活動。已經有超過五百萬人透過 Nike+ 的應用程式檢視自己的跑步成績，或是透過耐吉運動手環追蹤能量的消耗。許多使用者都與朋友或在社交媒體上分享關於這兩款工具的資訊。耐吉再也不需要把那麼多的行銷經費投在廣告上，「在它眼前已經拉開一個互動戲碼的全新序幕。」（Cendrowski, 2013）比方說，它利用互動的戶外看板，讓消費者的推特（Twitter）資訊即時顯示。它舉辦「快樂跑」等僅限女性參加的活動，並創造專為臉書設計且吸引大家分享的好玩內容。雖然耐吉過去是傳統媒體時代的「宣傳之王」，但現在它已成功轉型成「互動媒體之王」。森卓斯基（Cendrowski, 2013）這樣評價耐吉：「在又一個十年的成長之後，其銷售額達到兩百一十億美元，成為世界上最大的運動品牌，超過最接近的對手愛迪達（adidas）整整三〇％。」像耐吉這樣的品牌，現在都開始讓消費者先跟品牌一起行動，然後影響他們的思考與感覺。為什麼它要這樣做？因為行動改變態度快過態度改變行動。

重點回顧

改變行為最有效的方式是促成行動，讓人朝向你的目標採取行動。有效的原因來自心理學的法則，尤其是認知失調；我們喜歡我們的思考、感覺、行動三者保持一致，否則會很不自在。當你透過行動讓人們參與你的使命，他們會調整自己的思考和感覺來合理化自己的行動。這是促成改變最快的方式。

一、改變行為有三種方式：思考、感覺、行動。

二、創造或舒緩認知失調，是個強大的改變行為配套手段。

三、假如人們有所行動，他們會調整思考與感覺以符合行動。

四、過去的廣告僅聚焦在思考與感覺層面。

五、現在的廣告機會來自互動科技，推動人們行動，創造認知失調，進而形成有益於品牌的思考與感覺。

行銷創意人

西蒙・柴契爾

我們對行為改變的抗拒，源於一種更深層次的抗拒，一種必須被尊重的抗拒。正如所有的自我防衛機制，抗拒能夠保護我們遠離未知所帶來的困惑。只要是企圖改變行為，不管是哪一方面的行為，往往都會啟動這種自我防衛，因為改變意味著我們必須用一種不同且不熟悉的方式行事。

因此，關於行為改變，我的忠告是：與其批判、挑戰或設法重塑改變所帶來的抗拒，不如接受它並順勢而為，即便它變成一股怒氣。愛它，就如同面對一個小孩子，因為它就像個小孩子，更像年輕的你。跟小孩子一樣，我們的恐懼應該被包容與傾聽。也許，你已經遺忘了童年的這種感覺。終究，最重要的是，這種情緒應該被好好感覺。

當你的抗拒背後的感受有機會浮出水面，請靜靜地觀察它。我不是說這些恐懼不會再回來，我的意思是，你越能夠感知自己深層的情緒世界，它們再起波瀾時你越能從容應對。你對改變行為的抗拒是如此美好與聰慧，正如你對這些改變的擁抱。

●●●●●●●

西蒙‧柴契爾是一位個人執業的心理師。我們相識好多年了。我們是大學同學，還曾短暫住在一起。他是我所認識最好的臨床心理師，也是一位最棒的朋友。話說，他對蝙蝠俠心理的了解，遠遠超過任何一個正常人！

4 行動刺激：有時候就是要推一把

人類行為的柔軟可塑，不可思議。

——菲力浦．忍巴度（Philip G. Zimbardo），因史丹福監獄實驗而惡名昭彰的心理學家

一匹好馬，應由名為「自私」的馬刺所驅使。

——湯瑪斯．富勒（Thomas Fuller），十五世紀英國作家

我們去兜個風

你有沒有騎過馬？就算你不曾坐在馬背上馳騁，我相信腦海中也能浮現那個畫面。我要你想像，你想影響的那個人就是一匹馬，而你是馬背上的騎師。這匹馬你已經騎過好幾次，彼此配合也很默契。這匹馬吃得很好，也獲得悉心照料。在一個美好的日子，你決定騎牠出去兜個風。可是此時出現一個問題：你的馬一動也不肯動，這時你該怎麼辦？

這正是多數人想影響其他人時會遇到的狀況。我們已經選擇好想要改變的行為，也認識

到相對於思考與感覺，行動是該啟動的最強大扳機。雖然我們已經營造好一個讓行動發生的理想環境，馬兒就是不肯動。怎麼辦？

我給你一個解決方案：踢你的馬一腳。

我相信你見過馬刺，就是騎師的馬靴上裝著的金屬配件，用來提醒或刺激馬匹行動。馬刺給了我靈感，讓我總結出十種能夠刺激人們行動的方法，我稱之為「行動刺激」。事實上，這十種行動刺激也是我廣告生涯所創造出來的各式各樣創意的基礎。在接下來的幾章，我會一一介紹每種行動刺激的由來、它們為何有效（背後的心理學原理），以及你該如何運用。在十種行動刺激中，前七種是透過提高人們的行動動機來產生效果，後三種則在於把行為變得容易以見效。

刺激產生行動

這十個行動刺激是如何總結出來的？它們提煉自相關的學術實驗和實踐經驗，橫跨說服研究的領域：認知、行為與社會心理學、廣告學以及行為經濟學。有些參考資料，特別是與社會心理學有關的部分，來源可追溯到一九五〇、六〇年代，當時許多人類行為理論剛剛形成。在那個年代，大學裡的道德委員會還不存在，所以有許多實驗在今天是不可能獲准進行的。另一部分參考資料來自比較新的人類行為研究領域——行為經濟學，你會在後面的幾章讀到。還有，其中有幾章的參考資料很少，像是關於「實用性」那一章，大多來自近幾年廣告業一些令人興奮的發展。

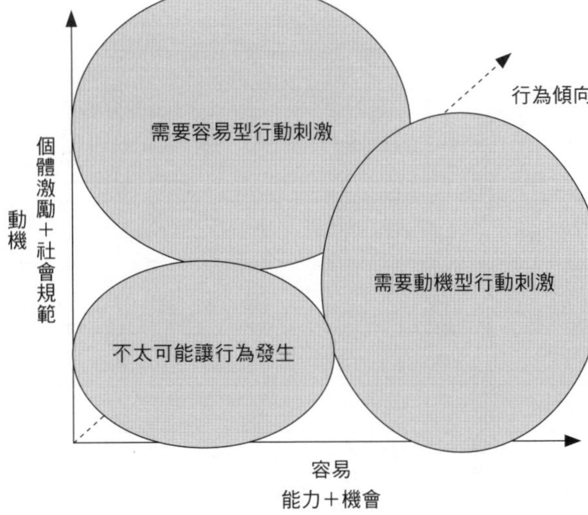

圖 4-1　行為框架矩陣與行動刺激

改變他人行為是一門藝術，也是一門科學。當科學還不夠精準或完整時，就因此放棄它的一些洞見，等於白白浪費了可能的機會。在我的廣告從業生涯中，我發現有太多這類洞見其實是無價之寶，我也會在書中一一介紹。

法則 4

有（至少）十種行動刺激能夠讓人行動起來。

刺激的兩種類型

如前所述，我相信行為的改變有兩個關鍵驅動因素：動機與容易。如果進行一項行為的動機太弱，有七種行動刺激可以用來激勵它。容易也是一樣，如果太低，有三種行動刺激供你運用（見圖4-1）。這些行動馬刺的討論占據了本書後面的大部分章節，針對每一種行動馬刺都有一整章的詳細介紹。下面是對這些刺激的一個快速流覽。

●動機型刺激

刺激1號：重塑（第五章）

這是什麼？重塑是把既有的行為用一種不同且更有吸引力的方式重新包裝。它聚焦於所帶來的好處而非商品特點，並利用那些影響我們做決定的心理假設與心理暗示。

何時使用？需要開創行動所帶來的個體利益時（就是回答「這對我有什麼好處」時）。

例子：在功能表設計中，故意把高價、高利潤的菜品塑造得比低價菜品更有吸引力。即重塑整本菜單，以確保食客盡可能多掏錢。

刺機2號：動之以情（第六章）

這是什麼？動之以情是藉由觸動強大的情感來達成行為的激勵。一旦能動之以情，人們採取行動的可能性會變大。

何時使用？當行為已經根深蒂固、而人們不自覺地在做某種行為時，動之以情可以帶來當頭棒喝的效果。

例子：勸人戒菸廣告裡的恐怖畫面。

刺激3號：集體主義（第七章）

這是什麼？我們往往透過觀察別人怎麼做來決定我們應該如何行事。如果感覺周圍其他人都採取某種行為，你比較可能會追隨主流。這是來自「社會規範」，即那些對於什麼是恰當行為的明文規範與潛規則。

何時使用？需要創造社會規範時（即讓被改變的人考慮「別人會怎麼看我」時）。

例子：戴上一條粉紅絲帶，象徵對乳腺癌治療研究的支持。

刺激4號：歸屬感（第八章）

這是什麼？與其告訴人們做什麼，歸屬感是反過來詢問人們覺得什麼是該做的。歸屬感是邀請人們參與問題的解決。當他們參與其間，會更容易發生你所期望的行為，因為他們成了共同創造者。

何時使用？如果讓人們對某課題擁有歸屬感和使得上勁的感覺會有助於你的任務時。

例子：麥當勞邀請大家為一款新推出的漢堡命名。

刺激5號：玩樂（第九章）

這是什麼？透過利用人們喜歡玩耍與遊戲的天性，把你期望發生的行為變成令人享受的玩樂。

何時使用？當你能充分掌控行為發生所在的環境時。

例子：拿對超速駕駛的罰金獎賞遵守速限的駕駛。

刺激6號：實用性（第十章）

這是什麼？實用性是透過提供額外的好處與服務來鼓勵行為的發生。

何時使用？需要提升個體利益時（就是回答「這對我有什麼好處」時）。

例子：在客場賽事期間，用應用程式將球迷團結在一起；或是一款為跑步者提供即時運動資料的APP。

刺激7號：樣板化（第十一章）

這是什麼？人們觀察行為，於是複製行為。看別人如何行事，決定了我們如何行事。樣板是借助一個高知名度、高信賴度的人，來啟發或傳遞某種行為。

何時使用？能找到具備相關性的樣板人物，且有助於強化你所期望的行為時。

例子：喬治．克隆尼（George Clooney）推廣Nespresso咖啡機。

●容易型刺激

刺激8號：賦予技能（第十二章）

這是什麼？賦予技能是教人們如何去做一種行為。你也許對某種行為具備高度意願，只是缺少執行的技巧或能力。賦予技能，就是要讓人們更容易做出你希望他們做的行為。

何時使用？當人們說他們不知道怎麼做某件事時。

例子：舉辦威士忌品嘗之夜活動，讓初學者對點威士忌以及喝威士忌感到自在和自信。

刺激9號：化繁為簡（第十三章）

這是什麼？化繁為簡是盡可能去除阻擋行為發生的障礙。人們通常只會用最小的力氣與精力做一件事，所以你要預見障礙並消滅它們。

何時使用？當你的環境可控且能移開阻礙、讓行為易於發生時。

例子：在撲克機（poker machines）上裝設大按鈕，把每一手之間的時間壓縮到最小；將螢幕設計為傾斜角度以減少視覺疲勞。千方百計讓機器用起來更容易。

刺激10號：承諾（第十四章）

這是什麼？承諾是個強大的影響力工具，是改變行為時重要的第一步。從幫一個小忙開始，會讓對方同意隨後一個大要求的可能性大增。

何時使用？當需要改變的行為幅度很大、整個改變不可能一蹴可幾時。

例子：要人們承諾在美國總統大選時會去投票。

選擇適用的行動刺激

如同前面章節提到的，如果你能找到一種比較有可能改變的行為，你就能更成功地影響他人。比方說，相較於讓一個從不喝啤酒的人開始喝啤酒，去說服一個原本就愛喝啤酒的人喝更多可能容易得多。你可以將想改變的行為放進行為框架矩陣，以便於判斷該用哪一種行為刺激來改變他人的行為。下面這些問題有助於你進行評估：

關於動機：

一、**個體激勵**：這對他們有什麼好處？他們會不會得到獎勵？獎勵到何種程度？

二、**社會規範**：他們如果做出這種行為，別人會怎麼看？

關於容易：

三、**能力**：他們是否具備做出這項行為所需的資源、能力與技巧？

四、**機會**：所處環境是否允許這種行為發生？

透過回答這些問題，你將能看見行為改變所面臨的障礙，並選擇一種行為刺激清除之。例如在第二章，我們談到要將早餐的新選擇早餐穀物片引進市場。我們來看看如何用這些問題評估這種想改變的新行為：

關於動機：

一、**個體激勵**：這對他們有什麼好處？他們會不會得到獎勵？獎勵到何種程度？能帶來適度的利益——這項產品堪稱便利，能夠幫消費者節省時間。

二、**社會規範**：他們如果進行這項行為，別人會怎麼看？社會接受度低——因為看起來像薯片的食品會被視為不健康的食物，消費者食用時會擔心周遭人的負面觀感。

關於容易：

三、**能力**：他們是否具備做出這項行為所需的資源、能力與技巧？具備高度能力——差不多所有人都有能力食用，且吃起來比一般早餐穀類食品更容易。

四、機會：所處環境是否允許這項行為發生？

具備高度機會——環境並不限制人們食用早餐穀物片。

透過這個快速分析，我們得知要讓人們吃早餐穀物片的容易度很高，但動機相對偏低，如圖4-2所示。審視過四個領域的障礙我們看到，在這個案例中，社會規範是需要克服的最大障礙（因為人們會覺得讓別人看見自己一大早就大嚼薯片真的很蠢）。

行動刺激選擇矩陣（見圖4-3）可以為你提供一個全貌，判斷要克服不同的障礙時哪些行動刺激比較有用。比方說，如果你想影響的行為容易度很高（有機會與也有能力），就像是要讓人們早餐吃穀物片，但動機平平（好處是有一點，但現在沒有人會這樣做）時，你便需要從社會規範的角度改變這種行為。在早餐穀物片的例子裡，可以看到這個模型會建議我們運用「集體主義」與「樣板」這兩種行動刺激來跨越障礙。有可能「重塑」與「玩樂」也幫得上忙（這兩種行動刺激橫跨「個體激勵」與「社會規範」兩個領域）。

在評估行動刺激的選擇時還有一個要考慮的變數，就是你對環境的掌控程度。想像你是一所監獄的典獄長，你想降低受刑人之間暴力事件的發生率。你對環境擁有十足的掌控權。於是你的其中一個選擇可以是設計一個積分系統，獎勵行為合規的受刑人。在每週結束時，得到的積分可以換取一些特別待遇。這樣的行動刺激屬於「玩樂」這個類型。能完全掌控環境的其他例子，還包括老師獎勵教室裡的好學生，或職場中老闆獎勵員工符合期望的行為。反過來說，當你對環境無力控制時又是另外一種狀況。像是慈善組織在街邊募集捐款，或是挨家挨戶推銷的銷售人員。圖4-3能幫助你判斷、應對掌控度高與低的不同環境時，該如何選

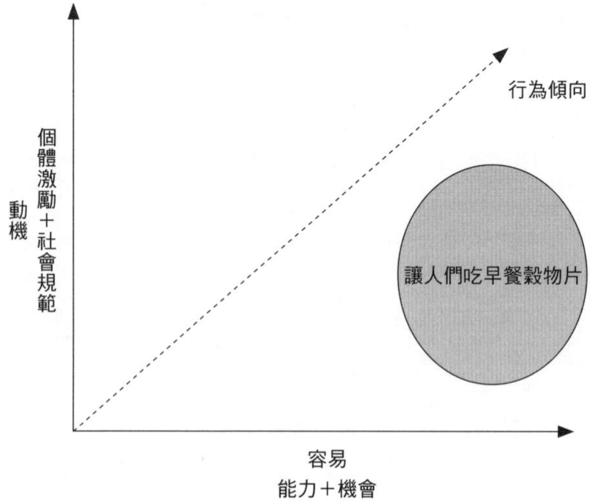

圖 4-2　人們吃早餐穀物片的可能性的落點

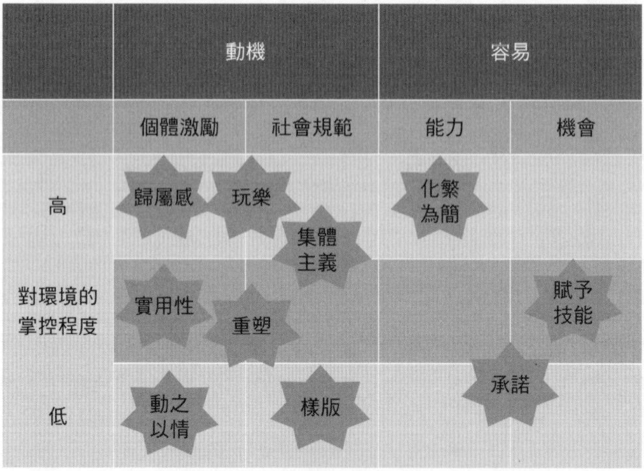

圖 4-3　行動刺激選擇矩陣

擇有效的行動刺激。

行動刺激如何帶來行為改變

我要說一個故事，你可能會覺得噁心或好笑——我當然是假設你會覺得好笑啦。二〇一二年，我和我的生意夥伴強．威金斯（Jon Wilkins）一起受邀在坎城國際創意節上發表演說。這可是在法國舉辦的廣告業一年一度的全球超級盛事，不用說，我們當然覺得無比興奮。演說的場所是至高無上的皇宮劇院（Palais Theatre），那年的演講嘉賓還包括美國前總統比爾．柯林頓（Bill Clinton）、臉書創始人馬克．祖克伯（Mark Zuckerberg），以及英國哲學家艾倫．迪波頓（本書的行銷創意人之一）。聽起來很厲害吧？

上臺前一晚，強和我在一家海邊餐廳用晚餐，順便把演說內容的細節又討論了一下。我點了一份鮮蝦義大利麵，一個幾小時後讓我後悔莫及的決定。你大概能猜到後來發生了什麼事。餐後沒多久我就開始覺得不舒服，而且是很不舒服。我應該是嚴重的食物中毒，造成嚴重的腹瀉。經過一整晚幾乎都待在廁所裡的不眠之夜，我掙扎著到用早餐的餐廳找強。他一看到我的樣子，就叫我趕快回床上躺著休息，以確保我下午兩點上臺之前能好些。

我回到床上，結果多數時間還是耗在廁所裡。到了差不多下午一點，我們開始擔心了。我的腹瀉毫無緩解的跡象。最大的問題是，我的演說內容只有我自己知道，而少了我這部分，整個演講就不成形了。強建議不如打電話給主辦單位，看看能否改時間。結果答案是不行。強要我再多吃些止瀉藥，然後上臺賭賭看。我說我才不要在眾目睽睽之下冒這種險，我

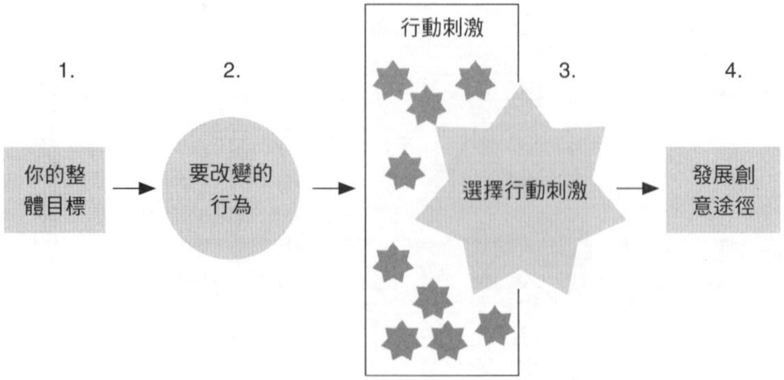

圖 4-4　根據目標選擇相應行動刺激的過程

寧可取消演講，也不要讓自己在臺上難堪。這時候，靈感突然來了，強冒出一個點子，一個讓我能夠零風險上臺的法子：穿成人紙尿褲！

於是，在前往皇宮劇院對著各國朋友演說的路上，我買了一包成人紙尿褲，並穿上一條。終於，危機解除。如果你想瞧瞧這段過程驚險的演說，可以在 YouTube 上找到（參 QR Code 4）。

我分享這則故事只是想說明一個事實：無論計畫如何縝密，只要有人這個因素參與其間，就一定存在不確定性。相同的道理，前面介紹的行動刺激只是創意發展的起點，創意仍然不可或缺，就像強的紙尿褲提議。

在接下來的幾章，你將了解如何運用每一種行動刺激，以及各自背後的創意與心理學原理。創意這件事是個無比美妙又幽暗神祕的過程，沒有所謂萬能的方法。可能性很多，我沒辦法給你一個點子幫你影響所有人，這得靠你自己。但我希望藉著許多廣告案例，你能洞悉思考的過程。圖 4-4 展示的就是這個過程的步驟：

一、設定你的目標。

QR Code 4

二、選擇要改變的行為。

三、選擇行動刺激。

四、發展應用該刺激的創意途徑。

行為改變的複雜性

你很快就會意識到，每一項想改變的行為都不一樣。有些改變相對容易，有些卻極端複雜。有些目標可以很快達成，而有些可能耗時數年。對比較複雜的行為改變，你可能需要運用一系列的行動刺激才能實現。

一九八二年，詹姆斯．普羅查斯卡（James Prochaska）和卡羅．迪克萊門特（Carlo DiClemente）發展出一個行為改變的五階段模型。雖然這個模型是圍繞妨礙健康的行為（如酗酒）而設計的，但同樣適用於與消費習性相關的行為改變。這五階段分別是（Prochaska & Norcross, 2013）：

一、思慮前期（尚未準備）：「一個人並不打算在可預見的未來採取行動，也尚未意識到自己的行為是有害的。」

二、思慮期（開始準備）：「一個人開始認識到自己的行為有害，並開始審視接下來可能帶來的利與弊。」

三、預備期（準備好了）：「一個人打算立即採取行動，開始朝著行為改變一點一點推

圖 4-5　行為改變的五階段模型與行動刺激

進。」

四、行動期：「一個人在調整其不良行為或採取新的健康行為上，已經做出明確而公開的改變動作。」

五、維持期：「一個人已經能夠維持新行為一段時間且致力於防止故態復萌。」

我們可以把行動刺激整合進這個五階段模型中（見圖4-5）。假如要促成的行為改變非常複雜，你可能需要先規劃一個針對整體的行動刺激，用它來引領整個進程。然後用比較小的刺激，根據目標對象所處的行為改變階段，持續推動你所期望的行為改變。

改變行為六步驟

下面是一個完整的改變行為六步驟的介紹。我借用自己真實生活中遇到的一個事件來講解：為我兒子上的托兒所募款。

第一步：設定目標——你想達成什麼？

要確定你的目標是明確且可評量的。給目標的達成設定一個時間表。目標必須聚焦在結果而不是行為，就是你希望透過改變他人的行為而達成的目標。

比方說，我設定的目標是：「在三個月內為兒子所在的托兒所募到兩萬美元。」

第二步：選擇一個有助於目標達成的行為去改變

這一步至關重要。首先，把所有符合目標且有可能改變的行為列出一張清單。接著以動機和容易為座標，描繪這些行為的相對位置，評估它們實現的可能性。最後，選擇一種行為做出改變。

在我的例子裡，我有能力做出的行為包括：

一、鼓勵家人和朋友捐款。
二、鼓勵托兒所裡所有孩子的家長，去動員他們的家人和朋友捐款。
三、鼓勵托兒所裡所有孩子的家長自己捐款（注意二和三之間的重要差異）。
四、讓托兒所的孩子要求他們父母捐更多的錢（這就有點激進了）。
五、要求本地社區為「屬於他們的」這一家托兒所捐款。

這份清單當然可以更長，但這樣已足以呈現確實有不同的選項存在。

接著，我們要以動機和容易為座標，描繪這些行為的相對位置，如同前面提到的。

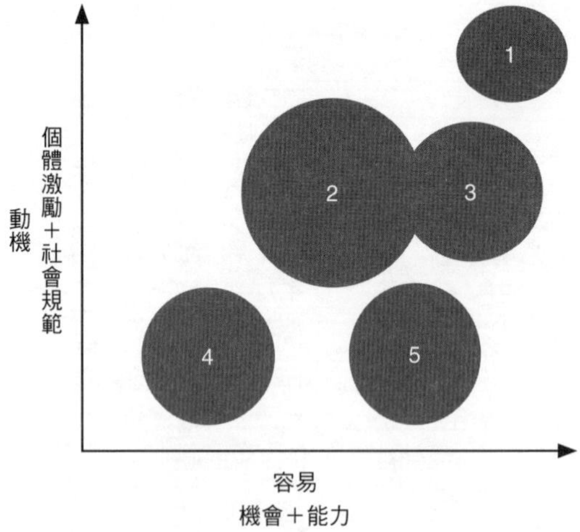

圖 4-6　為托兒所募款的潛在行為選項落點

關於動機：

一、個體激勵：這到底對他們有什麼價值？他們會不會得到好處？好處有多大？

二、社會規範：他們如果做出這種行為，其他人會怎麼看？

關於容易：

三、能力：他們是否具備做出這個行為所需要的資源、能力與技巧？

四、機會：他們所處環境是否許可行為發生？

接下來，我們需要知道這些行為能將目標達到什麼程度？這時我們就要「量一量行為的大小」了，就是在第二章解釋過的步驟（小圓圈代表對目標的幫助有限，大圓圈則代表能帶來大的幫助）。我們把這些選擇標示在行為框架矩陣中（見圖 4-6）。

做完這項評估，就能判斷我們要影響的行為是二：鼓勵托兒所裡所有孩子的家長，去動員他們的家人和朋友捐款。雖然這個行為會比選擇一稍難一些，但更能達成我們的目標。

第三步：選擇行動刺激

一旦鎖定了要影響的行為，就要看清楚它位於行為矩陣方框中的哪個位置，以及為什麼是這個位置。這會有助於你挑選最有效的行動刺激。比方說，你該提高的是動機還是容易？如果是動機，該著手於個體激勵還是社會規範？而如果是容易，應針對的是能力還是機會？

回到我的例子，要這些父母鼓勵親友捐款，動機方面肯定沒有問題，麻煩的是容易，尤其是捐款的機會問題。我需要想辦法讓捐錢變得容易。在這個案例中，最佳的行動刺激是「化繁為簡」。

第四步：想出改變行為的好點子

化繁為簡，就是要找出行為的障礙。在這個案例中，有什麼阻礙了人們捐錢給托兒所？可能是支付方法（能不能使用電子銀行支付）、需要與親友溝通的資訊（這些錢會如何使用），或是捐款金額（希望我捐多少）。

於是我決定建立一個群眾外包網站，讓親朋好友輕鬆就能捐款。

第五步：形成計畫，將點子付諸執行

推動事情發生吧。你必須把計畫寫出來，並詳列過程中的每個細節。在廣告業，這就成了「比稿」的內容。手上有計劃，你的目標才比較有可能實現。

第六步：計量與評估

你有沒有真的改變了行為？它是否說明你達成了目標？如果沒有，你還有哪些策略可以採用？

沒錯，這個過程挺複雜，因為改變他人的行為本來就是件困難的事，不要把它看得太輕鬆。不過，行為的確能改變，你會在後面的章節裡看到更多例子。快騎上馬背，準備好好刺它一腳吧。

改變他人行為的四個法則：

- 法則一：如果你要改變某個人的行為，最可能促其發生的情況，是當他有動機採取這個行為時，以及當他很容易就能做到時。
- 法則二：去改變有助於你達成目標的行為。
- 法則三：行動改變態度快過態度改變行動。
- 法則四：有（至少）十種行動馬刺能夠讓人採取行動。

重點回顧

人類行為極其複雜，因此要改變行為並不容易；想要找到能夠改變行為的有效策略，是對我們能力的一大挑戰。為了克服這個難題，我總結了可用的行動刺激，這一系列的十種策略，可以用來滿足不同類型的行為改變需求。雖然我列出了什麼狀況下該用哪一種刺激的指導原則，但並非絕對，有時候你可能需要嘗試幾種刺激，看看哪一種最見效。還有，不要總是依賴單一刺激去改變行為，有可能組合幾種刺激打套組合拳，能讓改變更容易發生。

行銷創意人

鮑伯・加菲爾德

呃……這問題是圈套嗎？

刺激行為改變的唯一方法就是創造一個理由，讓行為得到激勵。歸根結底，就是創造赤裸裸的個體利益。當然，這正是心理學與藝術碰撞的地方，你必須設法抓住並溝通這個自我利益。行銷人員往往會不經思索地搖起煽動虛榮、訴諸恐懼、解決問題、直接賄賂等大旗，但是在今天這個後大眾媒體時代，在這樣一個網路連結起來的媒體環境裡，最聰明也最能夠走得長遠的途徑是讓自己獲得認同與信任，讓人們覺得跟你連結在一起時，他的自我感覺會變得更好。我說的不是Axe香體噴劑之類那種創造自我妄想的調調，而是豐田普銳斯式的路線：為人們帶來一種榮耀與驕傲。

拜託，別偽裝環保，或者把慈善當成花招使，結果到頭來只是赤裸裸的促銷手段：充滿偽善、意圖操縱，而且讓人一眼就看穿你想模糊的焦點。在今天這個社交網路全面覆蓋的世界裡，維繫品牌的關鍵，說穿了，就是要讓人覺得這品牌值得尊敬，你要始終為世界帶來高品質的產品與服務，而避免成為任何人眼中的混球。

●●●●●●●

我是在二〇一三年赴坎城演講時認識鮑伯的，當時他負責主持，我都還沒講完，他就突然來了一句：「我要訪問你！」結果，他確實如願了，我們完成了一場精彩的對談。鮑伯一直是美國廣告圈經典雜誌《廣告時代》（*Adage*）的編輯，也是電視節目《媒體線上》（*On the Media*）的主持人之一。一九九七年，他的「廣告回顧」專欄贏得傑西・尼爾商業報導獎（Jesse H. Neal Award）的最佳專欄獎。

第2部

動機型行動刺激

動機型行動刺激 >>	以下介紹的七個動機型行動刺激，都能夠提高人們進行某種行為的動力，包括：重塑、動之以情、集體主義、歸屬感、玩樂、實用性、樣板。如果你想要改變一種行為，而面對的主要問題是推動行為發生的動力不夠時，你可以在這些刺激中找一個試試。

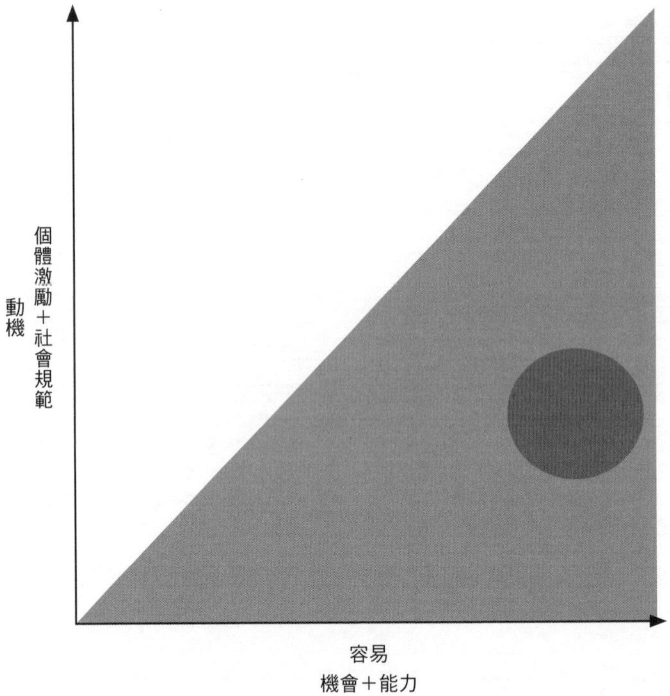

5 重塑：重點不是你說什麼，而是怎麼說

對著同一個人在同一個位置拍照，你似乎是拍著一張接一張相同的照片。然而我發現，每次捕捉到的畫面都是完全不一樣的。我被這個發現深深打動。

——安妮．萊波維茲（Annie Leibovitz），美國著名攝影師

廣告，是麥迪遜大道上那些「發掘心靈的蛙人」的精心設計，懾人心魄近於無形。

——馬歇爾．麥克魯漢（Marshall Mcluhan），美國傳播理論大師

冰淇淋效應

記得我小時候，買來的冰淇淋是裝在一個白色塑膠盒裡，能選擇的口味不多。一盒那不勒斯冰淇淋就足夠讓人興奮了，裡面草莓口味的總是先解決，然後是巧克力口味，剩下的香草口味那一塊則會在冰箱裡躺好幾個月乏人問津。能吃到哈吉波奇口味就更是難得的盛宴了。在那個年代，冰淇淋只是一種給兒童吃的甜品。直到十幾年前，有人決定讓冰淇淋不再只被認為是一團冷凍的牛乳製品，它搖身一變，成為人們放縱自己、需要關愛與獲得愉悅的

象徵。人們開始在感到孤單、思念情人或就者是想對自己好一點時來點冰淇淋。轉眼間，冰淇淋不再只是孩子的零食，而成了大人的一種高級消遣。冰淇淋的包裝盒也順應此新身分改頭換面：容器變小，格調變高。普普通通的配料重新取了雍容華貴的名字，當然產品價格也水漲船高（而且越來越高）。冰淇淋獲得了全新的涵義——它被重塑了。

重塑，是廣告常用的手段，也算是一種最低調的操控人心技巧。我們的大腦天生無法處理接收到資訊的所有細節。如果你不信，你此刻的注意力在哪兒呢？看看這個頁面上印著的字，看看「字」這個字。它的形狀設計是怎樣的？哪一筆劃最好看？印刷顏色是什麼？書頁用紙質地如何？或者它正從電腦螢幕上發出什麼樣的光？再看看你捧著書或平板電腦的手，你的指甲是不是該剪了？你的屁股坐在什麼東西上？覺得舒服嗎？我還可以不斷問下去。舉這個例子想說的是，我們不可能對接收到的每一資訊片段都進行思考或有意識地處理，你也絕對不會想要這樣，否則日子就過不下去了。相反地，你的心智會把事情變得非常簡潔，就像一個相框把照片框住，你的心智也會把一堆資訊「框」在一起。它會用刻板印象、預設立場以及經驗法則來判斷事情；它把資訊揉在一起，以便於在邏輯上偷吃步、跳躍。心理學家稱這個機制為「基模」（schema），就是我們大腦運用的一些模版，作為處理資訊時的捷徑。如果收到的資訊看起來似乎與某個模版吻合，我們的大腦就會為我們把相關的其他細節自動填滿。所以，當我們的大腦看見冰淇淋裝在比較小但比較高檔的容器裡，上面還印著優美的字體和天花亂墜的配料說明，就會自動抓取「高檔」這個模版，而接受更高的價格。

為了讓你感受一下重塑冰淇淋這件事是多麼聰明與狡猾，我們來看看下面這個例子。假設現在有兩款冰淇淋正在銷售，一款名叫 Frish，另一款叫 Frosh，你會想買哪一款？現在請先想想你的答案。

好，我打賭你的選擇是 Frosh。讓我告訴你原因。艾瑞克．約克斯頓（Eric Yorkston）和他的博士生導師格雷塔．梅農（Greta Menon）做過這個非常有趣的實驗（2004），他們創造了 Frish 和 Frosh 這兩個假的冰淇淋品牌名，除了名字，所有方面都一模一樣。艾瑞克和格雷塔想了解，品牌名的讀音究竟會不會對購買決策構成影響。他們的實驗結果證明，大部分受試者會選擇 Frosh 這個名字的冰淇淋，為什麼？因為他們感覺叫 Frosh 的冰淇淋會比 Frish 擁有更濃郁的奶味，而且品質比較好。很顯然，ih 這種母音的發音，會帶來像是小、輕、快這樣的印象（屬於「前母音」）；而像 Frosh 的 oh 這類「後母音」，則會傳達類似緩慢、厚重這樣的感覺。於是，一個使用後母音的冰淇淋品牌名稱會讓人感覺奶味更濃郁，因為這個發音讓人在潛意識中感到比較緩慢（似乎更濃厚），而且在你的嘴裡也感覺比較厚實。這只是大腦如何打包資訊並進行決策的一個小小事例。為產品命名究竟還有多少學問？那可多著呢。

而你要考慮的，可遠遠不只是命名問題！想做好一個產品的行銷策略，品牌中包含的所有元素都需要重新拆解與組合，以確保產品被正確地重塑，讓消費者能夠對它的品質產生適當的預期與假設。

泳池清潔鹽有多無聊？

早在一八八八年，就在今天澳洲維多利亞省哲朗市（Geelong）市郊，理查．奇坦

（Richard Cheetham）對海岸進行一番整理，然後開始生產海鹽。他創立的這家公司就是今天的奇坦鹽業（Cheetham Salt），是澳洲最大的製鹽企業。不管你需要哪種鹽（食用鹽還是工業用鹽），在奇坦鹽業的產品裡都找得到。一般而言，鹽是一門低利潤的生意。製鹽企業大量生產也大量銷售，但只能創造非常有限的利潤，工業用鹽每噸的售價大約只有五十美元。好幾年前，我們奈科傳播與一家管理諮詢公司愛德加鄧恩（Edgar Dunn）建立策略夥伴關係。愛德加鄧恩公司的執行長藍斯・布洛克利（Lance Blockley）是一位非常有錢的典型英國紳士，無比機智又具幽默感，總是操著皇室腔的英語，低調地開著他的捷豹車（Jaguar）。幾年下來，我們意外地成了好朋友。

後來，奇坦鹽業找上藍斯，提出他們的問題：他們希望能在鹽上創造更高的利潤。藍斯和他的團隊分析了澳洲各種鹽產品細分市場的規模（希望你還有耐心繼續把這個有趣的鹽的故事讀下去，我保證會漸入佳境），提議「泳池清潔鹽」是個有潛力的領域。泳池清潔鹽的市場正積極成長中，因為所有城市邊緣的郊區都在快速發展，許多新建私人住宅都擁有自家的游泳池。過去，多數泳池主人都使用氯來清除泳池裡的藻類與細菌，但現在越來越多的人開始用鹽。要讓水質清澈透明、清潔無菌，泳池清潔鹽是非常好的選擇。

在行銷上，一個好機會的生命力比一個好點子更強，所以**辨識機會比什麼都重要**。只要機會對了，你可以用各種點子去嘗試敲門，直到打開機會之門。為了找出泳池用鹽業可能存在的機會，我們回到原點，找了那些擁有私家泳池的人好好談談——沒人比他們更懂了。在行銷工作的標準流程中，一般會用焦點團體的方式挖掘消費者的資訊。所謂的座談，就是把八個陌生人塞進一間會議室，往往就著不太亮的日光燈問他們一籮筐的問題。

於是，好不容易穿越下班尖峰時段的車陣，第一組八名受訪者陸續進入位於雪梨市西邊帕拉馬塔區的明亮會議室。我安排了好幾場針對泳池主人的座談會，以蒐集他們的想法與感覺。與會者圍坐在一張大桌子旁，嚼著起司和餅乾，喝著濃縮還原的橙汁。我呢，則坐在桌子的一角，問他們各種問題，比如：「選擇泳池清潔鹽的時候，你們有哪些挑選標準？」

他們的標準答案永遠是：「我們那兒的店裡有什麼，我就買什麼。」

當問他們「你有沒有偏好的品牌」時，我陷入深深的無力感，根本沒人在乎泳池清潔鹽的品牌。事實上，沒有人能說出一個泳池清潔鹽的品牌名。我反覆聽到的是，這些鹽就裝在麻布袋裡，一袋大概十美元（他們猜想）。很多時候，會議室裡靜到只剩下嚼餅乾的聲音。

每晚我們安排兩場焦點團體，於是一個晚上我得持續花四小時和消費者討論泳池清潔鹽。聽起來很無聊吧？做起來更無聊。連續問了兩天問題，也就是討論了八小時以後，我只得到幾個新發現：有時候水氣跑進麻布袋，會讓裡面的鹽結塊變得很重很難搬運；還有，要把這袋東西從店裡搬到車上也是一件難事，有時飛出來的鹽還會讓眼睛感到刺痛。可想而知，主持這些焦點團體實在讓人覺得沒勁。而坐在單面鏡後面旁聽的客戶也只覺得昏昏欲睡。

某晚十點半，又結束了四個小時對泳池清潔鹽的討論之後，我一邊開車回家一邊想著還能怎麼做。我有責任讓客戶獲得一些對這群人真正有用的了解，畢竟拿人錢財替人消災。有一句話我一直很喜歡：「世上沒有關心度低的品類，只有關心度低的行銷人。」為了不辱話中的信念，我發誓要找到泳池能讓這些消費者興奮的清潔鹽。

預定好的還有另外四場焦點團體。為了不想繼續忍受無聊的折磨，我決定做些改變。每場焦點團體一開始，我就在桌上放了一大卷紙和許多彩筆。我要每位參與者畫一張圖，告訴大家擁有一座私家游泳池是怎樣的感覺。假如實在找不出泳池清潔鹽的有趣之處，也許從游泳池本身可以找到一些機會。

在紛紛表示自己的繪畫技巧差勁之後，一群人開始畫起關於游泳池的圖畫。一名五十多歲身材結實的男子，畫了一個驕傲的男人站在一座裝滿開心的孩子的泳池旁邊。我邀請他跟大家分享一下他畫的是什麼。

「在我們家泳池裡玩的不只是我的孩子，還有住在附近的其他小孩。」他這樣解釋：「天氣熱的時候，放學後他們全都會跑過來。我覺得自己像是社區裡的臨時保母。」

我問他，畫裡的男人為什麼站在池邊，同時胸脯挺得高高的？「那畫的是我。看著所有的孩子在我們家泳池玩得很開心，我覺得非常驕傲。」

忽然有東西閃過我的腦海。這群人開始熱情地談論他們的泳池，並分享身為泳池主人的驕傲。因為游泳池，他們認識了很多鄰居並交往頻繁。他們也談了很多關於在保養游泳池上付出的心力。另一個男人把他如何細緻地將清潔鹽均勻撒在泳池各處，再用一把刷子細細攪拌，以確保其完全溶解的整個過程，做了詳盡的描述。

機會找到了。雖然所有的泳池清潔鹽都被認為是一樣的，使用者在照料他的泳池上卻投入了深深的情感。我們該如何利用這個機會重塑泳池清潔鹽，把它變得不一樣？

你怎麼包裝，別人就怎麼判斷

假如你也喜歡看好萊塢災難電影，下面我要你做的應該難不倒你。想像一下，美國正在提防一次恐怖傳染病的大規模爆發。一旦爆發，預計將造成六百人死亡。我們把鏡頭轉到白宮戰情室，裡面坐著丹佐・華盛頓（Danzel Washington）、麥特・戴蒙（Matt Damon）、克萊兒・丹妮絲（Claire Danes），以及一大群穿著軍裝的人，人人表情凝重，你也是其中一員。隨即丹佐向大家宣布，目前有兩種對抗傳染病的方案，而你必須在當中選擇一個：

- 方案一：有兩百人能夠獲救。
- 方案二：有三三%的機會讓六百人都獲救，同時有六六%的機會無人生還。

你會如何選擇？

攝影機掃過整個房間，然後停在你的臉上。你的決定是什麼？在一九八六年心理學家阿莫斯・特維斯基（Amos Tversky）和丹尼爾・康納曼做的同類實驗裡，七二%的人選擇方案一，而二八%的人選擇方案二。

這時丹佐又發言了：在另一個地區還有六百人也受到相同的威脅。丹佐再次要你在兩個方案中做個抉擇。包括：

- 方案三：有四百人死亡。
- 方案四：有三三%的機會沒有一個人死亡，同時有六六%的機會六百人全部死亡。

一九八六年的研究結果裡，二二%的人選擇方案三，七八%的人選擇方案四。

這時候，看起來柔弱但十分好強的克萊兒‧丹妮絲把椅子向後一挪，走向一塊白板。她解釋，其實方案一和方案三根本一模一樣。在六百人中拯救兩百人，就等於在六百人中失去四百人──有兩百人能活下來。不僅如此，方案二與方案四也是一樣的，只是在計算方法上有點複雜。兩者的唯一差別只是語言的表述方式：當方案描述的是獲救的人命時，人們傾向於選擇安全的方案方案一；而當方案是從死亡（或損失）的角度表達時，人們則傾向於賭一把（方案四）。這是一個關於重塑效應的經典研究：問題如何表述，決定了答案如何被選擇。在康納曼和特維斯基對於「損失規避」（loss aversion）的相關研究（1984）中，對此現象背後的原因提供了以上的解釋。

另一位聰明絕頂的行為經濟學家科林‧卡默勒（Colin Camerer，他擁有本科學位、MBA和博士學位，都在二十一歲時拿到），則研究了紐約市計程車司機的行為模式，來證實損失規避如何在真實世界裡影響行為（Camerer et al., 1997）。當時計程車司機必須租用車輛，每天支付十二小時的租金，不管實際上開了多長時間的車。於是，多數司機心中都設定了一天要賺多少錢的生意目標。卡默勒發現，一般情況下，達成每日目標值之後，司機會收工回家。因此，在生意好的日子裡，他們就會早早收工，而生意不好時，他們會努力加班加點，直到賺到目標金額為止。你覺得這樣合不合理？

表面上看，這似乎是人之常情，例如你會工作到賺到一天該賺的錢為止，但仔細一想，如果在生意好的日子賺更多錢（拉長工時），在生意清淡的日子早點收工（縮短工時），不是更有道理？改用這種模式，計程車司機將能明顯提高收入。司機們習慣的工作模式看似不合理，但從損失規避的角度則顯得很可以理解：在生意清淡的日子，他們寧可更努力工作、做更長時間，以確保他們不會賠錢，而不是把期望放在忙碌的日子賺更多的錢。

廣告也經常用損失規避的方式包裝要傳遞的資訊，像是「不要錯過」、「只剩兩件」或「數量有限，欲購從速」等。廣告一向很懂得訴諸我們想規避損失的本能，這是廣告慣用的手法，與我們會選擇救兩百人而非冒險失去所有人的生命背後的原因是一樣的。損失規避只是人腦製造的有系統、可預測但似乎不理性的各種偏誤中的一類而已。其他的還包括「選擇性觀察偏誤」（observation selection bias），指的是你提高了對某種事物的注意程度，於是感覺它的出現頻率變高了，比如路上紅色汽車的數量。還有「熟悉路線效應」（well travelled road effect），也就是對你經常走的路線，你往往會低估路上所需的時間；相反地，對不熟悉的新路線則會高估所需時間。這些認知偏誤（cognitive bias）說明了我們為什麼這麼容易被操縱。有意思的是，這份認知偏誤清單還在繼續增加中。現在維基百科（Wikipedia）已經成了全球相關資訊匯總的平臺，你可以在裡面找到更多例子。

我們如何應付這個複雜的世界

前面提到，大腦沒有能力處理接收到的所有資訊，否則我們會勞累不堪。除此之外，我們會盡量節省用於認知的精力。思考是一件耗費力氣的事，因此我們被設置的運作程序，是把用在思考上的珍貴精力只保留給真正重要的事情。這一切要感謝先前提過的丹尼爾・康納曼，為我們揭開並解釋了人腦處理資訊方式的祕密。

康納曼是猶太裔美國人，他的家庭在二次大戰時的遭遇讓他開始對人類行為的複雜性產生興趣。他和另一位認知心理學家阿莫斯．特維斯基組成超級搭檔，在行為科學領域發表了大量學術報告，尤其在人類決策模式的研究上成就斐然。一九八〇年他們在史丹福大學任教時，結識了一位年輕且開始嶄露頭角的經濟學家理查．塞勒（Richard H. Thaler）。他們三個人的團隊將經濟學與心理學理論進行整合，開創了一個新的行為科學領域：行為經濟學。塞勒當時發表了一篇報告〈關於消費者選擇的正向理論〉（1980），被康納曼認為是行為經濟學的開山之作（Kahneman, 2003）。然而，直到康納曼在二〇〇二年贏得諾貝爾經濟學獎，行為經濟學才開始為全球學術界所認同；又再過了幾年，企業界與各種機構組織才開始對改變行為的理論產生興趣。

康納曼在他最具影響力的著作《快思慢想》（*Thinking, Fast & Slow*）中提到，大腦有兩種運作模式：系統一和系統二。系統一速度快、倚賴直覺、情緒化，並透過我們的感官與世界連結。系統一差不多每秒要處理一千一百萬位元的資訊，為了能夠應付如此龐大的訊息量，它會做出草率的判斷、以偏概全、形成刻板印象，並且依賴經驗法則（也就是前面提到的、心理學家所說的「基模」）。系統一整天都在進行這些不斷透過學習而修正的臆測，讓我們繼續生活。

另一方面，系統二則是緩慢、進行推理的那部分理性的大腦。這一部分負責讓你真的停下來好好思考。然而由於如此深入地處理資訊是困難的，系統二在一秒鐘只能消化四十位元的資訊，而且需要耗費更多精力，讓人覺得疲憊。當我們學習新事物時，比方說學開車，用的就是系統二。一段時間之後，像開車這種動作，當你越來越熟練，它就會自動跑進系統一裡。康納曼把系統二比喻為駕駛員，不過是一名懶得不得了的駕駛員，而且不喜歡出任務。

因此多數時候，我們用的是自動駕駛模式。如果你有興趣，可以進一步了解康納曼的觀點（參 QR Code 5）。

行銷工作經常訴諸系統一，所以掌握前面提到的那些認知偏誤對我們非常重要。由於我們的大腦多數時間運行著系統一，總是在做出各種假設並在邏輯上跳躍，它很容易誤判接收到的資訊。這就是為什麼我們可以提供給大腦很有限的資訊（就像印著優雅字體、黑色小巧包裝、價格高昂的冰淇淋），大腦就會直接形成假設，妄下結論（這冰淇淋肯定蓋高尚）。

重塑效應

有沒有想過，不同的用詞或表述方式能帶給你很不一樣的感受？看看這兩個說法：「戰力升級」與「戰力集結」，你覺得哪個說法比較容易接受？我猜是「戰力集結」。「戰力升級」感覺上更像是長期的，並且比較嚴重；而「戰力集結」則聽起來是短期的安排。「戰力集結」正是美國政府決定出兵伊拉克時採用的官方說法。再看看下面這些陳述：

- 「對抗恐怖主義」與「反恐戰爭」
- 「減稅」與「稅收優惠」
- 「待業」與「失業」
- 「全球暖化」與「氣候變遷」
- 「七五%瘦的肉」與「二五%肥的肉」

QR Code 5

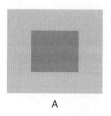

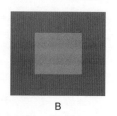

圖 5-1　康納曼對重塑效應的視覺化描繪

●「瑪芬」與「蛋糕」

每一組說法講的都是同一件事，但我們的看法與感覺會因用詞而異，也就是因如何「重塑」而異。再試試這個，想像一下，現在是早上七點半，你帶著小狗查理出外遛遛。在湖邊兜了一圈後，在回家的路上，你在街邊的麵包店點了杯外賣咖啡。等咖啡時你聞到並看見一些又好看又香、剛出爐的小東西。櫃檯後的店員問你：「要不要嘗嘗我們的胡蘿蔔香蕉瑪芬？早上剛剛烤好的。」你會不會決定買一個？現在再想像一下一模一樣的情境，但這次店員問你的是：「要不要嘗嘗我們的胡蘿蔔香蕉蛋糕？味道很好喔。」我猜比較容易成功誘惑你的是瑪芬而非蛋糕。一句老話說得好：「瑪芬把吃蛋糕當早餐變得可以接受。」其實是同一個產品，但重塑後給人的感覺不一樣了。

康納曼對重塑效應做了視覺化描繪（見圖5-1）。看起來，兩邊方塊中間的小方格呈現的是不同程度的灰色。方塊A裡的小方格顏色看起來比方塊B深。但如果你遮住兩邊的方框，會看到中間小方格顏色其實一樣。根據康納曼與特維斯基的研究（1984），「參照物決定了認知」。這就是為什麼傳統觀念裡說「寧可在最好的街上買最破的房子」雖然在經濟學上是合理的，但住在「最破街上的最好房子」裡會讓你過得比較開心，因為你一定會跟鄰居比較。我們的很多

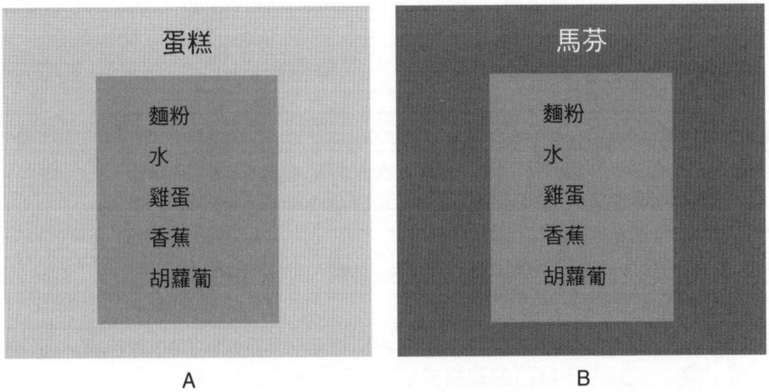

圖 5-2　相同的烘焙成分如何重塑成不同的認知

認知是透過與參照物對比得來的。

到底是蛋糕還是瑪芬？

回到蛋糕與瑪芬的話題。兩者的原料其實差不多：牛油、麵粉、水、雞蛋，以及這個例子中需要的胡蘿蔔和香蕉（我可能還漏了什麼，請原諒我不懂廚藝）。但因為某些原因，瑪芬被塑造成一個比蛋糕更好、更健康的選擇，就像圖5-2所示。

這個模型是受到費爾・巴登（Phil Barden）及其著作《解碼》（*Decoded*）啟發而來。

我與喬治威斯頓食品公司（George Weston Food）合作時，親身見證過重塑效應的力量。喬治威斯頓食品公司的產品「小口吃」（Little Bites）當時正面臨銷售下滑的壓力。希望你願意忍受接下來的一些行銷術語，因為在告訴你我們如何重塑了小口吃之前，我得先介紹點背景知識。

從表5-1可以看到，在打造一個可能打動你的品牌時，行銷人員有三種類型的品牌需要考慮。第一級叫做**背書品牌**（endorsement brand），通常是品質保障的代表，為下一級的**購買品牌**（purchase brand）提供背書。背書品牌往往

表 5-1 品牌的三種等級

品牌等級	它是什麼	例 A	例 B
背書品牌	一個為品質保障背書的品牌，通常屹立在數個購買品牌之上，讓消費者在選擇購買品牌時得到充分的信心。	家樂氏	福特
購買品牌	消費者與之真正發生關係的品牌名稱，也是消費者會在架貨上伸手去拿的品牌。	Cone Flakes	Focus
導航品牌	一個購買品牌旗下不同選擇的辨別標示，協助消費者找到適合自己的規格或版本。	500 克包裝	四門轎車

是一個企業的名稱（例如家樂氏〔Kellogg's〕或福特）；背書品牌要能夠替旗下的購買品牌傳達一些有用的意義，否則反而可能成為負擔（比方說，捷豹汽車是由福特生產，但福特不會讓福特品牌出現在捷豹產品的周圍，因為它無助於支撐捷豹品牌的高端水準）。購買品牌就是你在超市貨架上接觸到的品牌，是你與之發生關係的品牌，也就是你真正購買的品牌，就像你可能會買一包 Corn Flakes 或一輛 Focus，這就是這一級品牌的例子。最後一級叫做**導航品牌**（navigation brand），其目的單純是協助消費者在購買品牌當中選擇適合自己的規格或版本（如五百克或七百五十克包裝、五門掀背車或四門轎車等）。

在我們接觸這個案子時，小口吃的包裝上呈現的背書品牌是 Top Taste。Top Taste 這個牌子一直給人這樣的印象：一個專門生產能在貨架上放很久的帶包裝蛋糕的品牌（也就是說，產品中使用防腐劑來延長產品的貨架保存期）。於是，背書品牌帶給小口吃塑造了一個「充滿防腐劑的小巧蛋糕」的形象。當時我們的結論是，無論花多少廣告費，也無法彌補 Top Taste 帶給小口吃的終極殺傷力。所以在開始做廣告之前，先和我們頭腦清晰、動作俐落的客戶布朗恩・海斯（Bronwyn

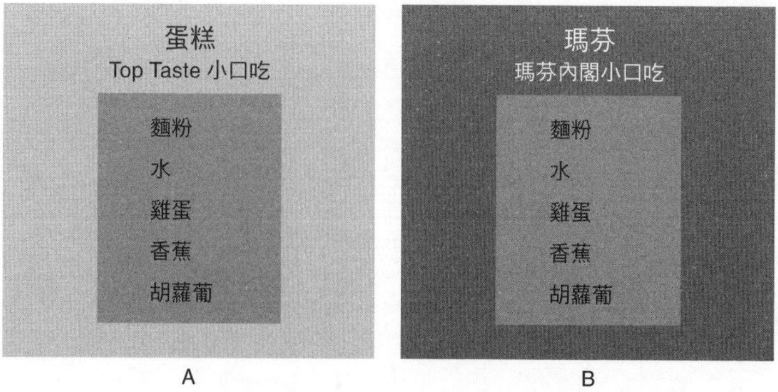

圖 5-3　相同產品的重塑示意圖

Heys）以及包裝設計公司朗濤（Landor），一起著手調整小口吃包裝上的背書品牌。幾週之後，經過好幾輪的設計修改，我們為小口吃開發了一個新的背書品牌，叫做「瑪芬內閣」（Ministry of Muffins）。這個新的背書品牌將小口吃進行重塑：小口吃從此成為瑪芬，與蛋糕脫離了關係（見圖5-3）！

除了電視廣告（你可以在YouTube找到，參QR Code 6），我們與朗濤公司一起設計了產品的新包裝，展現全新的背書品牌「瑪芬內閣」。這些改變帶來顯著的成效。產品銷量增加了11%，人們也開始在點心時間吃瑪芬而不再吃蛋糕（Ferrier, 2010）。在這個案例中，新品牌名和重新設計的包裝將一個產品成功進行了重塑。

價格扮演的角色

雖然聽起來有點奇怪，但事實上，售價提高要比降價容易得多。讓我告訴你為什麼。如果你喜歡的一個產品有一天突然大降價，你會怎麼想？可能會猜產品品質下降了，或者它賣得很不好。反過來說，同一種產品有一天漲價

QR Code 6

了，暗示的是它很受歡迎，以及需求量很高。這個現象稱為「價格安慰劑」（price placebo），而且其力量大到令人驚訝。

史丹福大學的巴巴．希夫（Baba Shiv）做過這樣一個測試（Shiv, Carmon & Ariely, 2005）：在人們相信他們正喝著昂貴或廉價的葡萄酒時，使用核磁共振掃描他們的大腦。他觀察到兩組人的腦部變化。一組人被告知他們喝的酒價值五美元，另一組則被告知喝的酒價值四十五美元，但其實兩組人喝的酒一模一樣。酒是一樣，兩組人的腦部反應卻大不相同：喝著「高價」酒的人腦部與愉悅感相關的部分，如同聖誕樹般大片地亮起來。他們不但相信杯子裡的葡萄酒很高級，大腦也進一步強化了這個信念。所以，**如果你想推廣一個高端產品，記得抬高價錢**。人們支付越多錢，往往越相信它值得。

定價可以帶來的另一種塑造效果叫做「**價格定錨**」（Price Anchoring）。這指的是你評定一個東西昂貴或便宜、值或不值的基準點。但你如何判斷多少錢算是正確的定錨價格？在多數情況下並不太容易。想像你走進一家店，看到一件很喜歡的外套。你試穿了一下，發現無比合身，於是看了一下價格牌，寫著一千兩百美元。店員親切地問你要不要買，你說太貴了。他們又告訴你，你今天運氣可好了，因為這件外套今天打四折，只要五百美元。雖然這還是超出你的預算，但你還是決定買下來，因為你心中的定錨價格已經被設定成一千兩百美元。有趣的是，定錨價格是可以任意修改的。買一組燒烤爐具，多少錢是合理的？一百美元？五百美元？當你走進一家燒烤爐具專賣店，一進門看見的第一組爐具往往就是店裡最貴的一套，可能高達五千美元。於是這個金額就變成你心中的定錨價格，再看到五百美元一套的爐具時，就覺得一點也不貴了。你的選擇就這麼受到影響。

重塑泳池清潔鹽

我們又是如何重塑泳池清潔鹽的呢？我們建議客戶，要像經營高檔冰淇淋那樣對待泳池清潔鹽產品。到目前為止，這些鹽的銷售邏輯都是基於體積、重量和價錢等純理性特質，從來沒有人想過創造產品正面的形象，或者用更特別的方式塑造這些鹽的價值。我們重塑它的策略，來自於在焦點團體中挖掘出的機會，例如游泳池主人所感受到的驕傲。這個重塑策略就是要快速傳達這樣的資訊：我們這一款泳池清潔鹽，就是泳池主人確保所有孩子都能安全地在他家游泳池裡玩耍的最佳選擇。我們做了下面這些事。

將品牌名從原本的「美人魚」改為「美人魚頂級精品」（Mermaid Finest），透過「頂級精品」，我們傳達了產品的高端性，以及產品高品質的精細結晶，使清潔鹽能快速溶解在泳池中。產品包裝從原本的麻布袋換成塑膠袋，以確保不會受潮，同時用手提起來更容易。我們也在包裝上設法強調生產商對這些鹽的用心：包裝一側放的圖片是一個穿著紅色泳衣的開心小孩，漂浮在清澈透明的水裡，雙眼睜得大大的（這暗示你如果使用美人魚頂級精品，可以連泳鏡都不用戴）；在包裝袋的正面，我們建議開個透明視窗，讓顧客可以看見裡面的鹽（這也是高端品牌常用的一招）。整個包裝做了全面翻新，但是裡面的內容物——鹽——其實一模一樣。還有一件可能讓人意外的事。我們把產品容量減少了大約三〇％（便於消費者拎起來更輕鬆），價格提高二〇％，以強化高品質鹽的形象（見圖5-4）。

另外，我們決定讓美人魚頂級精品只放在泳池用品專門店管道銷售。只在高端管道銷售能夠強化一個品牌的高端屬性，同時也有助於泳池用品專門店將自己與超級市場或百貨公司

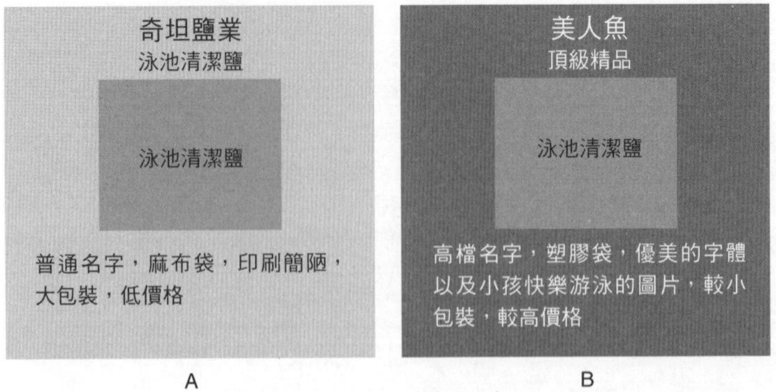

圖 5-4　用常規角度與高端角度塑造游泳池清潔鹽的對比分析

區隔開，進一步支撐我們較高的產品價格。美人魚頂級精品價格高，因此能夠帶來更大的利潤空間，這就是史諾與班佛德（Snow and Benford, 1988）主張的「**框架校準**」（frame alignment）。他們強調，「重塑所投入力量的力度、廣度與深度」將決定性地影響重塑工作最後能否成功。在我看來，這正是為什麼「占領華爾街行動」會失敗，這場運動一直欠缺一個統一、完整的訴求框架。

美人魚頂級精品後來成功成為一個高端品牌，雖然裡面裝的其實是和以前一模一樣的鹽。我們成功地讓忙碌的消費者用上他們腦袋裡的系統一，快速認定「這個牌子就是最好的泳池清潔鹽」。這個銷售佳績一直延續到今天。

亞當，你未免太壞了！

看到這裡你可能會想：亞當，這太可惡了！你把東西的分量變小，還把價錢提高；你賣的是同一種東西，卻故意讓消費者認為它不一樣！你這不是操縱人心嗎?!在我看來，把同一種東西用不同方式包裝、要人們多花一點錢來買，並沒有什麼不對。就像把蛋糕當瑪芬賣，也沒有什麼

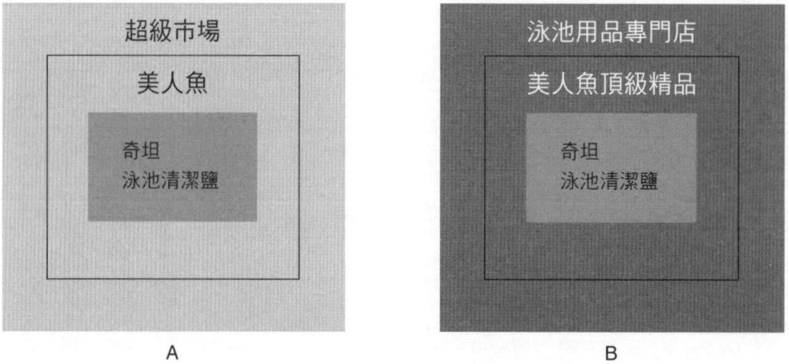

圖 5-5　支持品牌形塑的配銷策略

不應該。這就是廣告與行銷工作天經地義的責任。正如行銷大師塞斯．高汀（Seth Godin）在其著作《行銷人是大騙子》（*All Marketers Are Liars*, 2005）裡說的：

> 所有成功的行銷人之所以都愛講故事，正是因為消費者喜歡聽故事。消費者習慣於對自己講故事，也習慣於對彼此講故事，所以也會理所當然地向對他們講好故事的人買東西。如果一切只剩事實，世人將無力面對。

高汀接著以 Riedel 玻璃器皿為例，說明行銷人之所以「欺騙」我們，只因為我們就是希望「被騙」。科學家進行實際的測試，證明把葡萄酒裝在 Riedel 的高檔玻璃容器中，與裝在其他一般的器皿中味道一模一樣。然而，人們就是能夠接受 Riedel 的玻璃杯定價比他牌貴上十倍。不管科學家怎麼解釋，對消費者而言，我們就是願意相信這些高檔器皿能讓葡萄酒變得更好喝，因為我們心裡相信。

廣告人天經地義的使命，就是改變消費者的認知和行為。廣告形塑商品，一方面讓商品更吸引人，另一方面也創造商品的價值。讓我們來看看啤酒。對啤酒採取不同的形塑手法，就能創造產品的差異性，並勾起消費者完全不同的欲望：一款大眾化的啤酒，可能被塑造成工薪階層弟兄「辛苦一天後的暢快釋放」；而同一家製造商生產的另一款高端啤酒，則可能裝飾著金碧輝煌的瓶標，品牌名稱用最優雅的字體書寫，以彰顯其蓋高尚。但說實在的，兩款啤酒喝起來真有那麼不同嗎？

當你要著手影響他人的行為時，有件事不要忘記：你可不是唯一想要他們做出行動的人。比如：

- 慈善活動：有一大堆慈善組織也在尋求捐款。
- 約會：和你條件差不多的大有人在。
- 求職：市場上有很多人具備與你相似的技能。
- 買書：選擇可不止成千上萬（不過這一本你可選對了）。

你希望人們發生的行為，很可能與你的對手大同小異。你唯一能夠創造差異的機會，在於如何找到不一樣的角度形塑你的論點、產品或訴求。

透過形塑影響他人

說來說去，形塑仍然是個有點難以捉摸的概念。這個領域的研究不曾間斷，研究者發現越來越多觸發行為的新方法。這研究可能永無窮盡之日，但目前我們已經知道，如果要有效地形塑一個資訊，你需要：

- 訴諸自動運行的系統一思考。確保你的資訊做到全方位的框架校準，讓各方面都與你要塑造的形象一致。
- 在形塑的設計上，好好利用認知偏誤。同一個選項被說成有得或有失，人們的反應可以完全不同。當對選項進行正面描述時，我們會傾向避免風險；而聽到負面描述時，我們則寧可冒險。

列文、施耐德與蓋斯（Levin, Schneider & Gaeth, 1988）在他們的研究中，觀察到不同的訴求方式能對行為帶來的不同影響。研究的行為包括行車要繫安全帶、曬太陽要擦防曬油以及要守法納稅等各種行為。他們發現，強調不遵照要求會帶來的負面後果，比訴諸遵守要求能得到的正面結果能帶來更好的效果。比方說，與其告訴你在車上綁好安全帶比較安全，真要讓你有所行動，還不如警告你，沒繫安全帶出了意外可以讓你一命嗚呼。這些發現再次印證損失規避的心態：我們不喜歡損失東西，心裡深深埋藏著負面偏誤（negative bias）[7]。

[7] 作者註：認知偏誤中最有趣的（也是廣告人經常利用的）就是負面偏誤。這種偏誤指的是，我們對負面資訊關注的程度會高於正面資訊（Baumeister et al., 2001）。背後成因可從演化角度找到答案：一個負面事物的出現（比如樹林裡走出來一隻劍齒虎），其重要性會遠遠超過身邊的一個正面事物（比如天上的雲朵形成美麗圖案）。人類的這種本能到今天仍然儲存在我們的基因中。這正是為什麼政客總是喜歡運用負面訴求，言辭之間總是玩弄著人們的恐懼感。

形塑可以這樣做

想要孩子把碗裡的蔬菜吃光？許多父母讓孩子就範的方法就是不斷強調吃蔬菜的好處（比如「把蔬菜乖乖吃完，你會長得高又壯」）。這類說法對孩子不太有說服力，因為他們絕大多數對營養既沒興趣也不在乎。依照列文的研究，讓孩子吃蔬菜最有效的方法，是放大不吃蔬菜會帶來的負面後果。「如果你不把蔬菜吃光，你就會生病、變得瘦小，別人就不愛和你玩了！」如果這種訴求方式對你而言還不夠顛覆，看看這個：把蔬菜重塑成垃圾食品吧，讓孩子對它完全無法抗拒。

這是美國廣告公司 Crispin Porter + Bogusky 做過的真實案例。它們接到來自博爾豪斯農場（Bolthouse Farms，其執行長曾服務於可口可樂公司）客戶的工作任務，要推廣「小胡蘿蔔」這種產品。它們的策略是什麼？就是把小胡蘿蔔當成垃圾食品。它們使用類似薯片的膨脹塑膠袋包裝，再將產品放進經過特別設計的自動販賣機銷售，然後用誇張的廣告詞進行宣傳。宣傳的主題是「小胡蘿蔔：垃圾食品級的過癮」。廣告裡刻意模仿許多垃圾食品慣用的橋段，非常有趣。你可以上 YouTube 看看這個案例（參 QR Code 7）。

這個耗資兩千五百萬美元的企畫活動，讓整個胡蘿蔔生意起死回生，扭轉了這個品類銷量一直以來的下降勢頭（在博爾豪斯農場的測試市場中，銷量較前一年成長了十至十二％），同時也點燃了社會上對「健康零食」的話題討論。基於這些原因，這個案例在北美的艾菲獎上獲得一座金牌獎（另外再加上一座銀牌獎與一座銅牌獎）。

QR Code 7

重點回顧

我們的大腦沒有能力（也沒有必要）處理透過感官獲得的所有資訊。為了管理這一大堆資訊，我們透過兩種不同的方式思考：系統一與系統二。系統一是無意識的，根據現成的資訊下判斷，依靠的是假設與經驗法則，它是我們的自動導航系統。相對地，系統二則是大腦裡運行緩慢、擅長推理和理性的部分，也就是真的會停下來想一想的那部分。然而我們預設的是系統一，它使得我們對同一個事物被用不同方式包裝時會產生完全不同的觀感。也是它讓我們把相同原料做成的東西，可以視為不健康的蛋糕，也可以視為比較健康的瑪芬，差別只在於形象如何塑造。

所有行銷與廣告的操作元素都可以用來形塑品牌。這些元素越能夠堅持其一致性與貫徹性，塑造的形象越有可信度。這個改變行為的技巧非常好用，小到可以讓孩子愛上吃蔬菜，大到能夠用來增加一項產品的利潤或市場占有率。

行銷創意人

安德魯・丹頓

我發現，改變他人行為最有效的方式就是訴諸他們的智慧。找個安靜的地方把所有相關的事實攤開來給對方看，根據你對他的了解，說明為什麼你覺得採取某種行動對他最有好處。然後讓對方知道，你真心相信他們有能力在好好想清楚之後，會做出最聰明的選擇。

保持平靜，給予耐心，就能做到。

安德魯・丹頓是澳洲電視界知名人物，也是多檔熱門電視節目的製作人。在訪談節目 *Enough Rope*（意為「絕地重生」）中，他既是製作人也是主持人。安德魯的訪談風格既正派又具有同理心，總有辦法讓許多嘉賓吐露原本沒打算說的真心話。

我認識安德魯大約五年了。有一次我們聊到我小時候非常沉迷於一個叫做《大人國》（*Land of the Giants*）的電視節目。我總是幻想自己是個巨人，把大概半打的小人關在鞋盒裡。我講到一半，他告訴我：「天啊，我也是！我也超迷那個節目。我總是問其他人，如果他們有那個裝滿小人的鞋盒，他們會不會想拿起來大力搖它，或者把小人的衣服全脫光？哈哈！」

從那一刻起我就知道，我遇到同類了！

6 動之以情：你感覺到了嗎？

情感是一列失控的火車。

——保羅．艾克曼（Paul Ekman），美國心理學家

人們對很多廣告視而不見，因為它們一開場就很無聊……如果你要賣滅火器，廣告就該從一把火開始。

——大衛．奧格威（David Ogilvy），奧美廣告創始人

訴諸感性

這支廣告影片的一開始，你看到一位妙齡女郎屈膝跪在黑白相間的條紋大浴巾上，看得出來她正準備在海邊享受一天的日光浴。隨著鏡頭向她的肩膀移動，我們聽到這樣的旁白：

肌膚曬黑，其實是肌膚細胞受到傷害，正設法保護自己不要成為癌細胞。

接著，鏡頭進入女郎的皮膚，看見她的細胞：一瞬間，原本白色的細胞變成了黑色。

一顆受損的細胞，就能讓黑色素瘤開始生長。只要有一毫米深，它就能進入你的血管，開始四處擴散。

這時候我們看到黑色細胞開始分裂繁殖，如同岩漿般四處流竄。

就算切除一個黑色素瘤，癌細胞仍然可能在幾個月甚至幾年後，在你的肺臟、肝臟或大腦裡再次出現。

一團黑色分泌物溜進血管，然後藏身在某個角落不見了。鏡頭拉回到享受日光浴的妙齡女郎，她正躺在浴巾上讀一本書，對體內發生的事渾然不知。

而這時候，你的皮膚還沒有產生絲毫曬傷的感覺。

女郎撫摸肩膀上剛剛鏡頭停留過的地方。

曬成古銅色，其實一點也不健康。

這是「日光浴的黑暗面」宣傳活動中的一支廣告影片（參 QR Code 8），其目的在於改變那些覺得日光浴很安全的年輕人的行為。對這群十三至二十四歲的年輕觀眾而言，這則廣

QR Code 8

告既具象又觸目驚心。自從該廣告在二〇〇七年開始播放，市調發現，六二%的人說他們會減少曬太陽，五八%的人加強了（或考慮加強）他們的防曬措施（癌症協會，2010）。這則廣告之所以那麼有效，是因為它引起了強烈的情緒反應：恐懼。

廣告不只運用負面情緒，正面感情也是常用的手法。比如這支叫做「親愛的索菲」（Dear Sophie）的影片，是為Google流覽器做的廣告。影片裡，爸爸丹尼爾．李輸入了一連串的資訊給他襁褓中的女兒索菲，並用照片和影片串起女兒小時候許許多多的生活片段。這等於是爸爸寫給女兒的一封多媒體情書，其中充滿喜悅與驕傲。真的很棒。許多廣告公司都喜歡創造這類能帶觀眾體驗一場情感之旅的廣告題材。要能在短短一分鐘裡喚起情緒的共鳴，需要大量的技巧；如果廣告只有三十秒，那難度就更高了。

感性廣告的力量

根據廣告從業人員協會（Institute of Practitioners in Advertising, IPA）的研究，採取感性手法打動或說服觀眾的廣告，相對於理性而以資訊告知為主的廣告更能有效改變人的行為。透過蒐集一千四百個成功案例，IPA擁有一個巨大的實效廣告資料庫——全都是真正有效的廣告。普林格爾與費爾德（Pringle & Field, 2012）的研究，則比較感性訴求（或「**動之以情**」）與理性訴求的活動最終所創造的利潤成長差異。結果發現，感性訴求創造的平均成長是三一%，相對於理性訴求的一六%，效果幾乎多出一倍。而如果溝通方式是感性與理性訴求的結合，利潤的成長是二六%。根據這項研究，感性訴求壓倒性勝出。

進行這項研究的學者，將感性廣告能帶來較高利潤成長的原因歸納為兩點。第一點，**人的大腦不需透過認知，就能接收情感性的資訊**；也就是說，就算我們沒把注意力放在這種廣告上，它也在對我們施加影響。普林格爾與費爾德將這種效應稱為「低關注品牌效應」（low attention branding, 2012），這個觀點與前述羅伯・希思提出的「低涉入處理」很類似。我們往往還沒留意到一則資訊，就已經處理它了，而這種現象在遇到感性資訊刺激時特別明顯。第二點，**我們的大腦特別容易受強烈的情感刺激吸引**，並且比較擅長「記錄」這類刺激，留下記憶。這類現象的源頭或許可以從演化心理學的角度解釋。如果有東西觸發了我們的情緒，比如恐懼、厭惡、意外等，通常更需要我們投入注意力，因為這很可能攸關生死存亡。情感抓住我們的注意力，承載的資訊便快速被我們的大腦記錄。這一切聽起來很美好，但是事情並不像看起來那麼簡單，有兩個原因。

首先，感性廣告比理性廣告難做得多。要形成並傳播一個關於品牌的殺手級事實，要比透過廣告為品牌建立情感連結容易得多。訴諸情感，需要的是卓越的創意和時間。普林格爾與費爾德（2012）在研究中發現，耐吉要用感性廣告打動人相對容易得多，因為它的品牌在建立過程中一直走的是情感路線，它可以一點理性東西也不談。同時，耐吉品牌早已家喻戶曉、世人皆知，所以它可以把廣告全部投資在建立與消費者的情感連結上，而品牌名只需要扮演一個幫助識別的角色（人人都認識耐吉並知道它是做什麼的）。相對而言，假如有一個新產品叫做「菜刀大師」（切開東西的力量是其他菜刀的兩倍），它該採取情感訴求嗎？雖然不是不能做，但會困難得多。一旦某個情感領域被一個品牌開拓出來，並經年累月持續強化它，所建立起來的情感連結將能夠長期維繫。要做到這一點，需要非常有紀律的品牌管理，更需要時間。而在今天，一位行銷總監的平均任期只有十八個月，這讓這種對組織與時間的堅持變得異常困難（尤其每當新行銷總監上任，想做的第一件事往往就是創造新的品牌樣貌）。

其次，ＩＰＡ的大部分研究聚焦於理性與感性廣告之間的比較，但是並沒有太關注互動性帶來的影響。我想表達的觀點是，無論一個資訊本身是理性或感性，透過互動方式進行溝通，會比讓受眾以被動方式接受的效果更好。不過在ＩＰＡ的研究中，還沒有把互動這個因素列入考慮。

耐吉和它的長期合作廣告公司W＋K（Wieden + Kennedy），曾經創造出許許多多在廣告歷史上極具代表性的情感訴求廣告作品。不過如果要你回想一下，最近幾年耐吉有什麼史詩級的廣告大作，大概想不出來。前面我們提過，耐吉已經將大部分的媒體預算挪到互動世界，雖然它的行銷預算仍然持續逐年攀升（截至二〇一一年為二十四億美元），史考特．森卓斯基（Scott Cendrowski, 2012）爆料，僅僅與三年前相比，耐吉在電視和平面媒體上的投入減少了四〇％，而耐吉從電視抽身的行動在這之前早已開始。一個可以側面觀察到的跡象是，耐吉在持續發掘更具互動性的溝通方式，力求創造比傳統的被動「感性」廣告更好的效果。在合作的廣告公司上，耐吉和W＋K的「愛情長跑」（一向被視為世界上最為人稱頌的客戶與代理商關係之一），也已經被AKQA和RG/A這些第三者介入。新加入的第三者都是數位代理商，它們說明耐吉創造比如FuelBand手環這些科技產品，同時也負責監測和管理這些產品所產生的資料。

我之所以強調這些，是因為人們一講到廣告，第一個聯想到的總是「打情感牌」。然

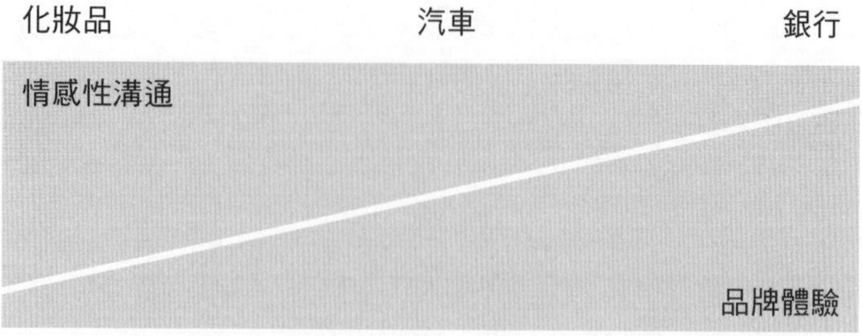

圖 6-1　情感性溝通與品牌體驗對與消費者建立情感連結的貢獻度

而，情感訴求並不是廣告裡唯一的重要元素，也不是廣告的未來。或許，許多廣告人之所以能如此放大情感性廣告的作用，是因為「易得性偏誤」（availability bias, Tversky & Kahneman, 1973）[8]。

所以感性在行銷上並不重要？

無可爭辯的事實是，讓品牌與消費者保持情感上的連結至關重要，因為這關乎「感知價值」（perceived value）的建立。比方說，假如有兩輛車一模一樣，一定是能夠象徵身分、讓開車人覺得自己很有面子的那輛車會讓消費者願意付比較高的價錢。這個道理，在啤酒甚或瓶裝水上也是通用的。假設我正在進行一場重要約會，如果一瓶水的品牌能讓我看起來更成功、更體面，我肯定會買，而且很可能不在乎它貴一點。

其實，有許多成功的品牌不太做廣告，但它們仍然能與消費者建立強大的情感連結。比方說，對我的家人來說，這些牌子跟他們很有感情：推特、ASOS（線上時尚品牌）、ZARA（時裝品牌）、Google、Skip Hop（時尚嬰童品牌）、Headly（健身器材品牌）、HBO（美國有線電視網路媒體公司）和 Carmen's Museli（健康穀物食品品牌），雖然它們都沒做什麼廣告。創造品牌的情感連結無比重要，而在這些例子裡，情感連結的建立來自消費者對品牌的美好體驗，而不是透過廣告。如圖6-1所示，品牌體驗與廣告兩者對建立消費者與品牌的情感連結都能有所貢獻。不過話說回來，真正最有效建立情感連結的方式，其實就是老實兌現你對消費者的承諾，也就是做好你該做的事，就這麼簡單。

許多廣告公司會建議客戶做「情感性廣告」，其實原因無他，這是廣告公司喜歡創造的作品。而事實上，透過實際行為形成的情感連結往往效果更好（還是那句話：行為改變態度，快過態度改變行為）。即使如此，我還是要客觀地說情感性廣告有它的用武之地。

把體香劑變得感性

當紐西蘭橄欖球隊全黑隊（All Blacks）進行比賽時，假如你身在當地，就會見識到什麼叫萬人空巷。紐西蘭人對這支橄欖球隊抱有近乎癡狂的熱情和無比的崇敬。當紐西蘭獲得二〇一一年世界盃橄欖球賽主辦權時，代表國家的紐西蘭全黑隊所背負的期望之高可想而知。雖然實力堅強，但在過去幾年挑戰世界盃的歷程中，全黑隊碰過不少釘子，讓紐西蘭人

❽ 作者註：請回答這個問題：你感覺英文單字裡，第一個字母是K的多還是第三個字母是K的多？請立刻回答。多數人一聽到這個問題，就會開始嘗試列舉自己所知道的K開頭的字，這會比去想有哪些詞的第三個字母是K來得容易。結果你可能會回答第一個字母是K的字比較多。然而，資訊比較容易取得不等於它一定正確、重要或具代表性。事實上，第三個字母是K的字比K開頭的字幾乎多出一倍。這就可以歸結於「易得性偏誤」的作用，而這個偏誤也可以用來解釋情感性廣告為什麼被廣告人認為比行動性廣告更重要，因為周圍到處都是。

大失所望。一九九九年全黑隊在準決賽吃了敗仗，球員回國時，行李箱被人塗上「失敗者」的字樣（大概是某名憤恨難平的行李搬運員的傑作）。

體香劑品牌蕊娜（Rexona）多年來一直是全黑隊的贊助商，而二〇一一年絕對是個重要時機。為了這場賽事，蕊娜推出一批限量版產品，並投入相當可觀的贊助費。當時我服務的奈科傳播接下這個任務，要充分運用全黑隊來推廣蕊娜產品。考慮到這支球隊與整個國家情感之間的特殊連結，我們非常清楚必須小心翼翼地進行這項工作。我們要做的是撬動這份情感連結，而不是濫用。如果我們搞砸這件事，對品牌將造成嚴重傷害。

於是我們開始連結奈科傳播紐西蘭公司的同事，請他們提供關於全黑隊的一些洞見。我們被告知的第一件事，就是「千萬不要惡搞他們」以及「別拿他們開玩笑」。我們很想知道的是，這些球員在面臨重大比賽時如何激發鬥志，以進入備戰狀態。全黑隊總教練葛蘭・亨利（Graham Henry）非常幫忙，允許我們參觀球員艱苦訓練的實際狀況。我親眼見到幾名球員疊在另外兩名球員身上做伏地挺身，而下面那兩人也同時做著伏地挺身。我不確定這是常規訓練的一部分，還是為了秀給我們看，不過的確讓我們大開眼界。

我們跟球員做了訪談，請他們描述在比賽前如何讓自己進入狀態。全黑隊相信，獲勝的信心來自貫徹他們的策略：用心備戰，形成慣性，嚴守紀律。許多球員也與我們分享各自在比賽前會進行的個人「儀式」。當米爾斯・穆里安納（Mils Muliaina）給我們看他在比賽前總會凝視的那一條他孩子出生時戴的醫用塑膠腕帶時，一個點子冒了出來。我們想到，透過呈現全黑隊球員如何激發自己的信心，可以再拉近他們與紐西蘭人的距離，並表現這些頂尖球員非常人性化的一面。故事先講到這裡，這一章後半段會再繼續介紹這個案例，但我想先回頭談談對情感這件事更仔細的觀察，以及它何以能影響我們如此之深。

再談情感如何發揮作用

情感，就是能夠打動我們的感覺。Emotion 這個字來自拉丁文 emovere，意為「去移動」。情感，是能夠擊穿隔閡、與他人產生連結的最有力途徑之一。心理學家羅伯・普拉奇克（Robert Plutchik）博士是情感領域的知名學者，他相信情感力量的成因有其演化上的目的，就是刺激你為了活命而採取立即行動，即所謂的「戰或逃反應」（fight or flight response, 1980）。假設你正在樹叢裡走著，突然冒出一條蛇，你的第一反應是什麼？我猜你會心跳急促、肌肉繃緊，也許還開始冒汗。你會體驗到恐懼這種情感（或至少是焦慮），而你的反應會是移動（或快跑）到安全的地方。情感（恐懼）推動了行動（逃跑），從而保護了你。

你可以細數不同的情感類型，而根據普拉奇克博士的總結（1980），我們主要的情感只有八種：喜悅、憂傷、信賴、討厭、恐懼、憤怒、驚訝、期待。這些都是我們最根本的情感，而且無須準備，說來就來。如果你把腐壞的牛奶放在某人的鼻子下，他會有什麼反應？當然是討厭與噁心。如果你偷偷溜到別人耳邊大吼一聲，他當然會嚇一跳（然後可能馬上轉為憤怒）。一個正在過聖誕夜的孩子會有怎樣的心情？肯定是期待。

再看看這份情感清單。在八個當中至少有五個是負向情感，兩個比較中性（驚訝與期待），而只有一個是正向的：喜悅。根據演化心理學的解釋，對求生而言，負向情感遠比正向情感來得重要（想要活下來，注意到藏在樹林裡的劍齒虎可比注意到天空中有趣的雲彩形狀重要得多）。這就是負向偏誤會存在的原因，也就是說，負面資訊會比正面資訊更容易抓住我們的注意力（Baumeister et al., 2001）。

南加州大學神經科學教授安東尼奧・狄馬吉奧（Antonio Damasio）在他的大作《笛卡兒的錯誤》（*Descartes Error*, 1996）中提到，在我們的所有決策中，情感扮演非常重要的角色。他還認為，我們的情感體驗直接影響我們的選擇與偏好。他相信一般的理性—感性二分法只是一種美好的想像。事實上，情感性體驗深深引導著我們所做的各種決策，遠甚於我們以為自己用來作為決策依據的理性資訊。我對這個看法深表認同：我們不是靠思考所蒐集到的資訊做出決策，我們是靠感受所蒐集到的資訊做出決策。

關於情感在決策行為中的重要性，有許多研究與完整的記錄（Rick & Loewenstein, 2008）。一項由尼亞茲（Niazi et al, 2012）在巴基斯坦進行的研究發現，在廣告中，由廣告喚起的情感對消費者產生的影響力，其實高過廣告本身所承載資訊的影響力。在政治選舉的研究上，他也發現到相同的現象。心理學家兼政壇策士德魯・韋斯頓（Drew Western）在他的著作《情感如何左右國家命運》（*The Role of Emotion in Deciding the Fate of the Nation*, 2007）中寫道：

> 選民在決定該投票給誰時，會問自己四個問題，而這些問題依次影響著他們最終決定投不投票以及要投給誰：一、我對候選人背後的政黨及其政策感覺如何？二、這名候選人給我的感覺如何？三、我對這名候選人的個人特質印象如何？四、在與我有切身關係的議題上，我覺得這名候選人的立場如何？候選人如果能在競選活動中鎖定人們最重要的這些決策要

素，獲勝機率會大得多。

所以，真正關鍵的是人們對不同政黨與候選人的感覺，而不是對他們的了解。

情感推動行動，原因仍在於認知失調。如第三章所言，我們喜歡我們的思考、感覺和行動三者保持一致，否則就會覺得彆扭。當負面感覺被挑起時，我們感到不自在，就會想改變感覺、思考或行動。這就是為什麼廣告總是喜歡操弄人們的恐懼感（很多時候甚至是在製造恐懼感），以便說服人們買它們的產品。確實，廣告人很擅長創造令人害怕的新事物。

例如消毒紙巾這種產品。基於人們對病菌的恐懼，廣告人打造出一個新市場，讓消費者購買消毒洗手液以及各種其他的消毒產品，覺得從此可以遠離病菌。其實相較於十年前這些產品還不曾問世時，現在人們接觸到的病菌數量真的因這類產品的出現而有顯著下降嗎？我非常懷疑。這就是廣告人運用恐懼創造需求的一個例子。

我覺得，訴諸情感很像是抓住一個人的肩膀，告訴他「停下來聽我說」，也像在一個人臉上打一巴掌，或對他大吼一聲「快跑！」，情感總能夠快速抓住人的注意力。不過，如果你的目的是要改變他人行為，如何利用抓到的注意力才是關鍵。瓊安娜．弗林特（Joanna Flint）是Google管理團隊的成員之一，她根據他們對溝通有效性的研究，發展出一個稱為「零類接觸」（Zero Moment of Truth, ZMOT）的觀點，並作為共同作者以此命題出版了一本書（Flint & Lecinski, 2013）。書中定義所謂第一類接觸，是指消費者進行採購行動的當下，第二類接觸則是使用品牌時，而零類接觸是你決定要搜尋更多關於你準備購買的產品或品牌的相關資訊的那一刻。我們通常總是被動地接觸很多資訊，並很自然地忽略它們。直到因為某件事的發生（或遇到某種刺激），讓你覺得「對，我想要那個」，於是你有了進一步了解的動機。

一次Google在新加坡的會議上我遇到瓊安娜，聊到「零類接觸」這個話題。她認為，廣告公司總是花費大量時間製作出很棒的電視廣告，對消費者形成強大刺激，卻從未好好繼續利用這些所產生的效應。它們應該想辦法讓消費者採取行動，在網路世界仔細規劃，引導消費者的零類接觸。我非常認同瓊安娜的觀點，有太多廣告人白白錯失了這個機會。在人們看電視的同時，七〇%的人手裡同時握著第二個螢幕，如筆記型電腦或移動設備。如果想運用情感來改變消費者行為，廣告人必須利用消費者的網路行為形成閉環，並且好好利用它們推動消費者所產生的所有行動。

用情感互動

這裡有個好例子。二〇一〇年，一支加拿大的獨立搖滾樂團Arcade Fire在Google的支持下，完成他們一首單曲〈都心蠻荒〉（The Wilderness Downtown）的音樂影片製作，這首歌採用HTML5的程式設計語言（HTML5讓程式師能夠利用大量多媒體與互動技術對內容展現進行創意）。這首激昂而優美的曲子講述的是一個孩子的成長過程，而且帶著一股懷舊的傷感。特別之處在於，在影片播放前，觀眾需要先輸入小時候住處的具體位址。於是，影片就會透過Google街景以及Google地圖等服務，蒐集這棟房子的圖片、附近的街景，以及陪伴聽者長大的街區畫面。當影片開始播放，一個子螢幕會跳出來，展現你兒時街區的鳥瞰景象。鏡頭慢慢推進到街上房子的屋頂，然後停留在你家的房子上，接著開始出現附近街景。在影片裡，你會看見一個孩子在街道上奔跑，那正是你兒時熟悉的地方，就像是這孩子住在你家裡，奔跑在你小時候天天經過的那些路上。其實這個孩子就是你。這是一件充滿情感張力的作品，獲得二〇一一坎城國際廣告節的互動類大獎。你也可以感受一下這件作品（參 QR Code 9）。

QR Code 9

我們都愛分享情感體驗

你最近一次分享給朋友或家人的影片是什麼？是好笑的或令人驚喜的內容，還是有趣的事實與資訊？我猜比較有可能是前者。人類是社會性動物，很喜歡彼此分享，而網路讓一切變得輕而易舉。對許多廣告人來說，決勝點就是**創造引人入勝的內容，能被大量分享從而形成病毒行銷**。之所以稱為「病毒行銷」，就是因為散布方式和病毒很像。當人們分享這些內容時，他們就變成了溝通管道。這種分享完全免費，而且包含一定程度上的個人背書——「朋友說這值得一看。」廣告人把這種溝通管道稱為「**無償媒體**」（earned media），即內容足夠好，足以「賺到」額外的媒體曝光。這種背書效應還可以進一步利用。當人們透過口耳相傳的方式分享一些內容時，有很大機會傳統媒體也會報導這個內容。如果這個內容足以吸引人們觀看，它出現在比如電視廣告這種須付費的媒體上，人們應該也會有興趣看。這類花錢購買的溝通管道稱為「**付費媒體**」（paid for media）。另外，如果一個品牌或公司擁有類似官方網站或門市內螢幕之類的自有媒體，人們也可能會受其影響，這一類溝通管道則稱為

「**自有媒體**」（owned media）。

情感，是個足以衡量一則內容或文章在網上能有多大分享量的指標。不管是關於一隻可愛的小貓，還是一個人的抗爭故事，只要能喚起受眾的情感共鳴，就比只講事實的文章更容易被人們分享。市調公司Brainjuicer的數位文化長湯姆·尤恩（Tom Ewing）進行過一項病毒式廣告的研究，研究對象是二〇一三年美國「超級盃」決賽時播放的廣告影片，包括福斯汽車的〈吠聲〉（The Bark Side）、可口可樂的〈接住〉（Catch）、克萊斯勒（Chrysler）的〈美國中場〉（Halftime in America）等作品。他把這些廣告播放給很多人看，並要求他們描述被廣告勾起的情感。當中所使用的測試技巧，是展示八個代表不同情緒的表情圖案給受訪者，讓他們從中挑選一個用來表達他們看完不同廣告後所產生的感覺，這會比要求他們用自己的話描述感情來得更為直觀。然後湯姆把人們想分享的廣告與不想分享的進行對比，重點特別放在這些廣告所包含的情感性內容上。研究的結論發現，一支成功的「病毒」廣告需要具備三個要素：

一、足夠驚奇。

二、具有一定程度的張力。

三、帶點歡樂。

當然還有其他方法創造病毒性內容，但這個情感元素的組合，在這些不同的廣告上證明確實是成功的策略。根據評估的結果，福斯汽車的〈吠聲〉是在二〇一三年超級盃廣告中分享率最高的作品。

蕊娜：帶來信心的儀式

於是，最後我們決定運用情感來進行蕊娜和紐西蘭全黑隊的推廣工作。在我們的廣告裡，全黑隊員結隊透過球場邊點綴著燈光的走道，走向等待著他們的球場。同時營造濃重氛圍的音樂升起，一個低沉嗓音道出主題：「信心是什麼？」鏡頭轉到更衣室，我們看見馬·諾努（Ma'a Nonu）背脊上耶穌釘在十字架上的刺青：「對某些人來說，它是信仰。」話音落下，我們看到諾努嗅著他的運動衫，抬起他黑色深邃的雙眼，望向鏡頭，他看起來似乎進入了催眠狀態。隨著球員繼續走近球場，我們隱隱聽到群眾的歡呼聲。米爾斯·穆里安納出現在鏡頭前，手上緊緊握一條醫用塑膠腕帶，然後把它放在一張嬰兒的照片上：「是挺過每一個艱難時刻。」鏡頭轉向另一位球員，他把全黑隊銀色蕨類造型的隊徽放進球靴裡：「是堅守傳承。」鏡頭又轉向另一位球員，他在手腕上寫上家人的名字：「是親情凝聚。」鏡頭再轉，一位球員拿起學校標誌的別針：「是不忘根本。」群眾的歡呼聲越來越近：「是你所相信的一切事物。」接著我們看見丹·卡特（Dan Carter）裸著上身，舉起粗壯的胳膊，正在塗抹他的蕊娜：「有人說，這是迷信。但我們真心相信。」

看看這支廣告（參 QR Code 10），可以說裡面包含了情感性廣告的必備要素：

一、情緒激昂的配樂。

二、避免分散觀眾在情緒上的專注（包括品牌資訊——在這支廣告裡整合得很自然）。

QR Code 10

三、高水準的製作品質。

四、與感性故事緊緊纏繞（同時有助於打造故事）的理性利益點。

正如安東尼奧．狄馬吉奧（1996）指出的，大家對廣告的觀念已經走進誤區，硬是把理性和感性廣告區分開，其實兩者並不排斥。廣告中球員在腋下塗抹體香劑的畫面，就明確傳遞了產品能夠防止腋下異味的功能資訊。

這支廣告其實相當直接，而且可能有些人會覺得過於嚴肅。不過如果你在紐西蘭待過一段時間，就會很快感受到：全黑隊是不能拿來開玩笑的。我們想要人們信賴全黑隊，就如同全黑隊信賴蕊娜一樣。廣告片裡透過展現球員在賽前脆弱的一面，放大他們人性化的一面，讓觀眾與全黑隊員建立起更緊密的情感連結。我們要紐西蘭人站在超市貨架前時也能被喚起這一份情感，於是選擇購買蕊娜。從最終的結果來看，蕊娜的銷量得到提高，而紐西蘭人也與此活動產生積極互動，達到我們的目的。

廣告人怎麼賣減肥產品

假如我是個要說服病患減肥的醫師，我想我不會訴之以理，而會動之以情，讓病患有所行動。想像一下：我們有一名病患因超重而罹患糖尿病，但只要下定決心減肥，他就能擺脫對藥物的依賴。如果是我，也許可以這樣跟他說：「如果你能減少X公斤的體重，你的糖尿病藥量就可以減少。而如果你能減少Y公斤，就可以完全不用吃藥了。」當誘因明確了，病患就要負起責任，決定他們要做多大的改變來達成目標。我會要他們完成三件他們做得到的事，可能包括每天步行三十分鐘、換掉早餐原本要吃的食物，以及戒除汽水這類甜飲料等，還有定期複診讓醫師能夠追蹤成效。但這些也許都還不夠，因為情感更能直接刺激行動。

我也許要換一種方式。我可能會把某名久病纏身而離世的糖尿病患訃聞拿給這些糖尿病患看。也許讓他們的孩子想像一下，患病的父母如果離他們而去，他們的生活會變成怎樣、會有多難過。然後把這段過程的錄影拿給病患看，用這些勾起的情感推動他們採取行動。

這正是人壽保險公司保柏（Bupa）採取的策略。保柏推出一個「相見一刻」主題系列廣告，其中一支廣告是這樣的：一個女人坐在餐廳裡，有點不安地把玩著手裡的餐巾。當她的餐敘對象從窗前走過，她對她揮了揮手，旁白說道：「她們彼此已經多年不見了。」兩位女士見了面，熱切地噓寒問暖。「真高興見到你，你過得好嗎？」其中一位女士問。「還可以。」另一位回答。換個場景，我們來到繁忙的街上，看見一個男人走向另一個看起來是他好兄弟的男人，兩人相視而笑。再下一幕，又一個男人撐著拐杖坐進一輛車，開車的看起來是他的好夥伴。隨著廣告繼續下去，我們了解到每一組人彼此之間的關係，其實並非兄弟姊妹或朋友，他們是健康的自己與不健康的自己的相遇。「如果能遇見一個更健康的自己，你會怎麼做？讓我們來幫你找到他。」這系列廣告運用的就是害怕失去的情感來刺激行為的動力（參 QR Code 11）。

情感的衝擊也可以來自視覺張力。有一支宣傳戒菸的廣告，畫面展示的是一個如同海綿般的肺臟，由於吸滿致癌的焦油而呈現可怕的黑色。肺中的黑色焦油受到擠壓，流進一個玻璃量杯中，來告訴你吸菸會在你的肺裡留下多少這些黏稠可怕的東西。這是一個運用視覺衝

QR Code 11

擊帶給人們噁心與恐懼感的例子。

要動之以情，就千萬不要半途而廢。如果你決定採用這一種刺激，就多花些力氣將它執行到位，務必讓你的目標人群產生驚呼連連的恐懼、驚嚇、震撼。另一個很棒的例子是英國一支勸導不要酒駕的廣告，畫面中的故事是，好幾個男人上完廁所對著鏡子洗手，隨著他們搓揉雙手，突然眼前鏡子隨著一聲巨響而破裂，他們在玻璃碎片中看見的是一張張血跡斑斑的面孔。正在洗手的男人（以及電視機前的觀眾）都嚇了一大跳而往後彈開。這支廣告想告訴你的是，酒後開車會帶來血淋淋的後果。你也可以看看這支廣告（參 QR Code 12）。

QR Code 12

重點回顧

感性或情感是影響人們行為的強大工具。它之所以有效，是因為我們天生就具有保護自己免於危險的天性，而強烈的情感通常是提示行動的警告信號。當紐西蘭全黑隊將他們在賽前所感受到的情緒壓力與大家分享、並且展現他們獲得自信的儀式時，就能從情感上與觀眾產生連結，並將觀眾連結到品牌上。但請記得，情感只是打開改變行為的那道門，還需要其他的動作讓改變真的發生。情感能為行動的發生提供前期引爆，尤其當消費者對產品類別已經相當滿意、理性訴求難以奏效時，情感訴求會特別有效。在廣告業，如果提出要透過廣告創造「情感連結」，往往沒有人會反對。不過，改變行為與建立品牌的途徑還有很多更有效的方式。要透過情感說服去直接改變行為，其實過程有點冗長緩慢，而且效果往往比較短暫。此外，你需要持續進行說服工作，否則人們不會一直買下去。

行銷創意人

大衛・諾貝

我的鼻子長得有點搞笑，這讓我講話發音不太準確；我書看得不多，笑話也講得很爛……然而就是這些缺陷，反映了我們的人性；這些殘缺的邊緣讓我們的個性有了獨特的模樣。所以我的建議是，如果你想說服某人做某件事，先說服他們覺得你和他們是一樣的（至少在一些小的方面也好）。同理心是最厲害的情感殺手——承認你是個悲劇級的爛演說者，承認你前晚緊張到失眠，坦白說你在這麼大的會議室裡操作滑鼠時手會顫抖，然後把它講得好像這種事發生在人類身上很新鮮……這時他們就會放下武裝，開始微笑。

諾貝是Droga5的創意總監，也是全球最有影響力的創意人物之一。我在上奇廣告時與諾貝合作密切。他是我遇見的最有魅力也最有創意的人之一。

7 集體主義：大家都這樣做

美國這個國家偉大的地方，在於它有這樣一個傳統：最有錢的人買的東西，基本上和最窮的人是一樣的……一瓶可口可樂就是一瓶可口可樂，你有錢也買不到一瓶更好的可口可樂，你買的可口可樂就和街角那個流浪漢手裡的那瓶是一模一樣。

——安迪．沃荷（Andy Warhol），美國藝術家

和那些在草原上吃草的動物一樣，我們謹慎地嗅著存在於我們當中的陌生傢伙。

——蘿倫．艾斯利（Loren Eiseley），美國人類學家

亞當，我們有個麻煩

頂著染成亮紅色復古短髮的廣播節目總監梅根．洛德（Meagan Loader）看起來很酷。我是透過她的兄弟杜安（Duane Loader）認識她的。「我打給你是有些專業上的事，」我有點意外地接到她的電話時她這麼說：「你能不能到我們公司來談談？有點急。」

雪梨的廣播市場競爭非常殘酷，在數位廣播出現之前，廣播頻道非常有限也非常昂貴。

一九九〇年代中期，當澳洲政府放出雪梨的最後三張調頻廣播執照時，梅根和她一群愛好音樂的朋友放棄了高薪工作，決定投入其中，經營一家獨立廣播電臺 FBi（Free Broadcasting incorporated），來追尋他們的夢想。他們不滿足於既有以音樂排行榜馬首是瞻、歌曲千篇一律的商業電臺模式，使得澳洲本地的音樂人無法獲得足夠的曝光機會來打開市場。經過激烈的角逐，在二〇〇二年，澳洲廣播管理局（Australian Broadcasting Authority）把 FM 94.5 的頻道牌照交給 FBi。拿到這張長期牌照後，他們寫了一份商業計畫書，申請了一百萬美元的無擔保貸款。

他們把播音室設在紅坊區（Redfern），一個位於雪梨市郊、有點擁擠但靠近市區的地點。二〇〇三年電臺正式開播，節目中固定保留五〇%的時間給澳洲本地音樂，其中有一半是雪梨音樂人的作品。電臺裡有很多志工，多數是十幾二十歲的年輕人，所以一開始時，整個電臺總是有點亂哄哄。不過他們很快就發現，市場對澳洲本地音樂充滿熱情。電臺就靠著收取的會員費和一些外部的贊助，辛苦地支撐著。

我依約來到 FBi 的播音室。經過貼滿樂隊海報的走廊，以及周圍一些不太搭調的二手家具之後，我坐在一間窄窄的辦公室裡。梅根的情緒可以用一個詞形容：鬱悶。二〇〇八年，金融海嘯席捲全球，電臺的一些主要贊助商都取消了經費的提供。電臺面對的財務壓力越來越大，如果無法在三個月內籌到五十萬美元的資金，FBi 就要關門大吉。

每年 FBi 都會向聽眾募集經費，但他們的聽眾主要都是年輕的大學生或剛剛就業的職場新人，實在沒有太多閒錢能幫上忙。在十年間，他們最成功的一次募款活動也只募到八萬美元。電臺現在需要的營運資金是這個數字的六倍多，而且時間不多了。梅根和伊凡．卡爾多

（Evan Kaldor，他原本任職於投資銀行，現在是電臺備受歡迎的臺長）非常明白，用他們過去的做法已經無濟於事，所以他們找我來，想看看我有沒有什麼好辦法，能夠在幾個月內幫FBi籌到五十萬美元的經費。直到會議結束，我們討論了幾個方案：他們當然可以還是向既有聽眾募款，或再去找大企業贊助。但我想可以試試其他完全不一樣的做法：利用電臺聽眾的熱情與創意來完成募款工作。這個創意的萌芽點來自下一個行動刺激：集體主義。

「集體主義」是什麼？

人類總是在複製與模仿彼此——我們其實和羊群差不多。這樣做讓我們能夠保持平靜，並且融入人群。這是人類天性中原始的動機。為什麼那麼多人喜歡相同的音樂或電視節目？為什麼有一群人瘋狂地喜歡某一支足球隊，而另一群人又死忠於另外一隊？為什麼少女們今年追小賈斯汀（Justin Bieber），明年又追起了一世代（One Direction）？「集體主義」源自社會規範——社會對適當行為的明文或非明文規範。**如果你違反社會規範，面對的將是群體的排擠**。集體主義是一個非常強大的影響工具，也經常為廣告人所用。廣告往往會塑造一種「看起來好像每個人都已經這樣做」的印象，以便最終能夠讓每個人都真的這樣做！我也必須承認，對某些類型的行銷人而言，「集體主義」就是一個創意的黃金標準。對客戶與廣告公司來說，看著全世界、一個國家或一省的人，全心投入他們所創造的創意中，沒有什麼事情比這個更爽的了。

心理學家羅伯·席爾迪尼（Robert Cialdini）曾經透過一個毛巾使用行為的研究，揭露了社會規範的力量（2005）。想像你正住在一家五星級飯店裡，在洗完一個「豪華的」澡之後，你把自己包裹在超大浴巾裡，感受著它柔軟的觸感。還沒跨出浴缸，你看見一個標示寫著：「愛護環境，請重複使用你的毛巾。」你會怎麼做？你會把浴巾掛好以便下次使用，還是把它扔在浴室地上？接著再想像一下，在同一個飯店房間、同一個浴室與同一條毛巾，不一樣的是，這次當你準備跨出浴缸看見的標示，除了建議你重複使用毛巾，還加上這句：「根據統計，在這房間住過的旅客多數都將毛巾重複使用。」好啦，你會把毛巾掛起來，還是扔在地上？

一樣的標示，用來對亞利桑那州鳳凰城幾家飯店的旅客進行實驗。當浴室裡換上第二種標示，願意重複使用毛巾的旅客多了三三％。原因是什麼？我們經常是根據相信其他人會怎麼做來做自己的決定。我們有意識或無意識地觀察同輩、鄰居和朋友，幫助自己決定該如何行事。我們並不知道自己在這樣做，而且也不太願意承認。❾

運用「集體主義」，要做的是創造被大家感受到的新規範。一個想在外面玩晚一點再回家的孩子可能會說，朋友的父母們都同意了可以晚點回家。雖然父母可不會承認他們受到這

---

❾作者註：在廣告業界，許多行銷人員會透過市調來決定如何選擇創意。這種市調通常會舉辦一系列的焦點團體（如果你參加過這種座談會，就會知道有多不科學）。通常會參加的都是手頭需要錢又有時間的人。有些參與者會說謊，其實只是為了拿到那七十到一百美元的車馬費。「你喜歡喝豆奶嗎？」「哦，我愛死了！」「好，來參加吧。」還有些受訪者已經把參加座談會作為第二收入來源，可能一週參加一、兩場，業界稱為「職業受訪者」。說到底，想要透過這種座談會檢驗社會常規的力量幾乎不可能。想像一下你問人們：「如果有很多人都認同X品牌或支持X主張，你是不是也比較願意認同或支持它？」他們會怎麼回答？這就是目前市調存在的種種局限之一。

種說服技巧的影響，不過事實證明，這的確有用。如果家長覺得玩得晚已經成為社會規範，他們會更願意同意孩子晚一點回家。他人行為所能帶來的影響力，可以大於理性論證、具體資訊，乃至情感煽動的威力。

集體主義的構成要素

集體主義有四種構成要素。如果你能全部用上，就一定可以創造集體行動。第一個是「**服從性**」（obedience）。有時候你想要某人採取行動，你要做的就是大聲告訴他。人們的服從性其實大得出乎你的意料，甚至即使接到的指令是去傷害另一個人，很多人也會乖乖執行。這項發現來自社會心理學家史坦利．米爾格蘭（Stanley Milgram）。在他非常有名的實驗裡（1974），參與者被要求對另一個沒答對問題的人施以強力電擊。許多人確實執行了電擊動作，只因為他們被要求這樣做。同時，主持人還特別提醒參與者，這種電擊可能致命，參與者依然照做不誤。不過不用擔心，被電擊的人其實是個演員，會假裝被電得很厲害。你可以看看這項經典實驗的原始影片（參 QR Code 13）。

也許你心想，「人性已經改變，這種事今天可不會發生」或「我才不會做這種事」。我在墨爾本為客戶「工作安全局」（WorkSafe）也做了一項實驗，這是一個負責監管工作場所安全的政府機構。我們想告訴雇主，絕對不要要求員工在工作中做危險的事，因為員工很可能會遵從指令，即使這可能為自己或他人帶來危險。

我們在繁忙的都市街道上設置一個假的工作區域，其中兩名演員扮演正在工作的電工。

QR Code 13

工人A想把一條通著電的危險電纜交給工人B，但是距離剛好搆不著。在人來人往的午餐時間，經過的行人被請求幫助工人A把手中看起來十分危險的電纜遞給工人B。幫忙的路人還會被提醒要非常小心：「這電纜通著電，不小心的話，他（另一名工人）會被電成重傷。」你覺得結果會怎樣？你覺得這些路人會不會拒絕幫忙？他們會不會甩頭就走？如果是你，你會怎麼回應這個請求？

實驗結果在我們意料之中，但實在值得警惕。有九成的人幫忙把危險電纜遞交給第二名工人，即使他們知道這樣做很危險。他們做了一件給自己與他人都帶來巨大危險的事，只是因為一個有權威的人（工人A）要他們這樣做。這個實驗影片可以在YouTube上看到（參QR Code 14），觀看影片時請留意那個用一片樹葉把危險電纜撿起來的人。這實驗的確再一次告訴我們：我們天生聽話。

集體主義的第二個構成要素是「**從眾性**」（conformity）。一九五〇年代，心理學家所羅門・艾許（Solomon Asch）設計了一個別出心裁的實驗，來測試從眾心態的力量（1956）。早從童年開始，艾許就對社會的從眾性與預期行為產生濃厚興趣。他窮其一生努力研究這類現象，也因為一系列有點走火入魔但又非常精妙的實驗而聲名大噪，並且證明了我們人類是多麼的盲目從眾。

在艾許的一項實驗裡，有一群受試者一字排開坐在一張長桌的一側，他們各收到兩張卡片。卡片1上只有一條垂直的直線印在上面，卡片2則有三條長短不一的垂直線條並列（見圖7-1），而其中有一條線與第一張卡片上的那條線一樣長。受試者要回答的問題是，卡片2上的哪一條線與卡片1上的那條一樣長。我知道，這聽起來再簡單不過了。但是艾許做了一

QR Code 14

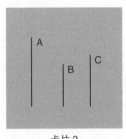

圖 7-1　模擬艾許實驗中的兩張卡片

件非常有趣的事。

在這一排受試者中，其實只有一名是真正要被測試的人，其他人全是安排好的演員，他們被要求給出錯誤的答案。他們一個接一個回答：「線條A。」然而正確答案是「線條C」。在這種狀況下，那名真正的受試者非常容易跟著群眾演員走，從而給出錯誤的答案，即使他自己的眼睛看到的根本不是那麼回事。差不多七〇%的我們（視選項的數量而有所差異）會服從外界的預期，即便我們自己的經驗與之衝突。

艾許的結論是，這些實驗證實我們總是想要跟隨大部分人的意願，即便我們知道他們可能是錯的。這個人類心理學上的解讀在一定程度上可以解釋許多事情：從時尚的流行風潮到街頭暴動，再到一九三〇年代德國納粹的興起。

這也是廣告裡常用的原理，比方說，一個巧克力品牌說自己是「世界最受歡迎的巧克力」，或是「每三個愛寵物的人裡，就有兩個選擇這個品牌」，以及「十位牙醫中有九位推薦高露潔」等。如果其他人都選擇這個品牌，你為什麼不選呢？這利用的是我們與生俱來對於被排斥的恐懼，以及從眾性的力量。馬克·伊爾斯（Mark Earls）是廣告圈裡有名的思想家，他對從眾心理的力量有一種堅定的執著，因此自稱為「牧羊匠」。在《羊群：如何透過駕馭我們的真實本性來改變大眾行為》（*Herd: How to Change Mass Behaviour by Harnessing our True Nature*, 2007）一書中，他寫道：「我們運用其他人的大腦來了解世界，從而獲取技術與經驗，並受益於已經作古好久的陌生人積累的知識。我們把這些統稱為『文化』。」

構成集體主義的第三個要素是「**行動**」（action）。正如第三章所述，如果人們開始朝著你的目標採取行動，就有比較大的機會發生你期望的行為。這正來自認知失調，即我們喜歡自己的思考、感受與行為保持一致。如果朝著某個目標開始採取行動，我們會隨之調整自己的思考與感受，正如前面介紹的里昂·費斯汀格卷棉線實驗中的印證。其次，行動也具有象徵意義，就像是對某個目標的一種承諾。因此，透過行動來觸發集體主義，效果遠高於只是把一個想法或感覺傳遞給人們，其中有一個不能忘記的要素「使命」，這也是最需要創意來點亮的地方。

廣告就是有辦法讓創意「起飛」，要人們想行動。遇到這類狀況，廣告可以將人們的願望推向一個更高的使命或抱負，並圍繞著它來重塑相應的集體行動。你很難讓人們很興奮地「集體」購買更多商品（像Groupon這些團購平臺的沒落就是一例），所以廣告人得找到一個更崇高的意義，讓人們願意集結在品牌的背後。人，喜歡投身於有意義的事。如偉大的哲學家尼采所言：「一個人知道自己為什麼而活，就可以忍受任何一種生活。」這正是為什麼要將「為什麼」全力放大的原因，也是集體主義的第四個構成要素：「**使命**」（purpose）。

當廣告人想創造集體行動時，會將它連結到一個崇高的使命上，其中的關鍵在於這使命必須是品牌真的有辦法實現的。比如多芬（Dove）在二〇〇四年做的「真實的美麗活動」（Campaign for Real Beauty）就是個好例子。這項活動源於一份全球研究白皮書（Etcoff et al., 2004），這份白皮書的前期研究一共在十個國家訪問了三千兩百名十八至六十四歲的女性。研究發現，全球僅二%的女性認為自己擁有美麗的外貌。針對這項議題，多芬沒有鼓勵大家去買更多更便宜的香皂，也沒有談產品含有多少潤膚乳液成分等，多芬走另一條路，邀請女性一起參與一個更崇高的使命。它鼓勵女性一起對抗那些造成女人對自己外貌信心盡失的惡勢力，停止購買那些虛假對待美麗的產品，比如充斥虛假成分的虛假商品，以及大量用在廣告上那些修飾得過度的美麗面容。這就構成了一個「真實的美麗」的大型溝通活動。多芬之所以能夠訴諸這樣的使命，還是來自它的獨特差異性：比其他香皂含有更高的滋潤成分，產品能夠讓肌膚自然美麗，不同於其他產品著重推銷的虛偽粉飾。

整個企畫活動由一則視訊廣告的推出啟動：〈美麗的演化〉（Evolution）。該廣告片展現的是廣告人如何透過技術手段修飾與改變一個女人的外貌。這部影片獲得二〇〇三年坎城國際創意節影片類的大獎（廣告創意人的終極目標），以及廣告從業者協會的有效性獎項，你可以透過 QR Code 15 觀看這部影片。這個企畫活動其實一直延續著。二〇一三年，多芬又製作了一部新的視訊作品：〈素描〉（Sketches）。在影片中，一位由美國聯邦調查局培訓出來的「嫌犯素描師」，根據幾名女性對自己的外貌描述，將她們的樣貌描繪在畫紙上。當然，他見不到當事人。之後，畫家再根據這些女性身邊的人對她們的描述，描繪出另一系列肖像素描。最後，兩組作品在當事人面前進行對比，結果非常感人。影片一樣可以在 YouTube 上找到（參 QR Code 16）。在我寫作本書的此刻，這部影片已經成為有史以來網

QR Code 15

QR Code 16

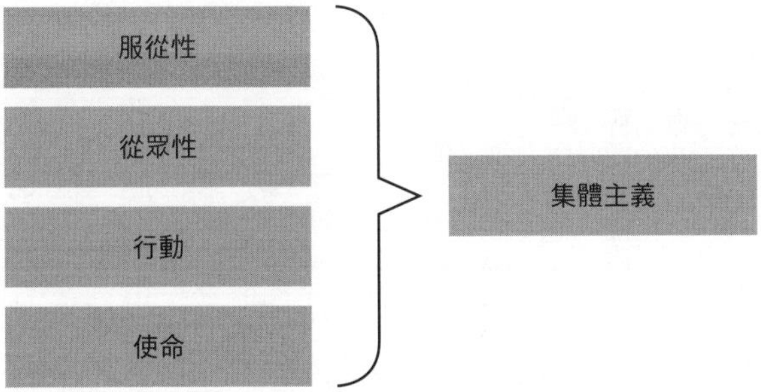

圖 7-2　集體主義的四項構成要素

路點擊率最高的廣告視訊——超過一．六五億次，而且還在持續增加中。同時，影片也獲得二〇一三年坎城國際創意節鈦獅獎。這項企畫活動確實成功鼓勵了全球女性參與一個共同使命，去追求「真實的美麗」，也成為史上最成功的廣告活動之一。

結合服從性、從眾性、行動和使命這四項構成要素，我們就能有效運用集體主義（見圖 7-2）。

集體主義拯救 FBi

基於對集體主義的掌握，我們形成一個解救 FBi 的策略。我和梅根、伊凡約好時間，來到 FBi 辦公室，把想法拿出來探討。

「目前，你們視電臺的聽眾為顧客，」我開始說：「我認為，從現在開始你們要視他們為種子，讓他們代你發言。FBi 需要想個辦法好好利用電臺聽眾的集體主義熱情，把這些資產轉化成現金。對於你們的企畫活動，聽眾應該是起點，而不是終點。」梅根同意地點點頭，伊凡則露出困惑的表情。

我繼續說：「過去，你們試過請盡量多的人捐出他們少量的金錢來維持電臺的運作。我們都清楚，這個辦法效果有限。所以，與其叫一大堆人捐出他們的一點點錢，何不請他們幫忙，一起去叫一個真正有錢的人捐出你所需要的整筆錢？」我停了一下，然後把我們想到的、有點誇張與大膽的點子告訴他們。「我們要號召所有FBi的聽眾一起加入一個集體行動，要他們一起向理查．布蘭森（Richard Branson）爵士要一百萬美元的捐款。」

我看見兩張吃驚的面孔。梅根先發話：「很有趣的點子。但為什麼是理查．布蘭森？」我原本以為找布蘭森是想當然的選擇：「他熱愛音樂，喜歡搞噱頭，而且又超有錢。同時，他對澳洲市場一直很有興趣，也定期造訪。」不過梅根擔心：「把電臺和維珍集團（Virgin）扯上關係，會不會讓我們的聽眾不爽？」

我說，我們要針對的是布蘭森個人，而非整個維珍集團。

「你覺得他會為我們掏錢嗎？」梅根問。

這是個好問題。我也不知道理查．布蘭森是否願意入這個局，但對我而言，這不是最終目的。這項活動要做的，是快速將我們的聽眾聚攏在呼籲布蘭森捐一百萬美元這個集體行動上。我們要塑造一種「每個人」都在叫布蘭森捐錢這樣的感覺，於是這成為一個新的社會規範，其他人也會加入，一起向一位富豪要錢。再者，只要有夠多的人叫布蘭森捐錢，就能引起他的注意；有了他的注意，我們就能得到媒體報導。如果電臺能得到足夠的媒體報導，就會成為一件有趣的事，而非一個電臺面臨倒閉的悲慘故事，人們就會想要參與，這會讓拯救FBi成為一件很酷的事。

終於，會議上有人開始表示贊同：「這的確是個價值百萬的創意。」從這個勇敢的看法開始，正能量滾動了起來，與會人員開始朝著如何讓這個創意落實的方向討論。

來我們這兒看看

如果你想邀請人們到訪一座城市、一個小鎮、一個省或一個國家，請參考澳洲昆士蘭省與CumminsNitro廣告公司合作的成功專案。他們面對的挑戰是要讓人們認識到，在大堡礁（Great Barrief）區域的島嶼上旅遊時，是可以舒舒服服住在島上的；當時的情況是多數來自世界各地的遊客都只是到大堡礁一日遊，然後當天就離開。廣告公司採取的不是傳統的理性或感性廣告手法，它們做了很不一樣的事。西恩・卡明斯（Sean Cummins, CumminsNitro廣告公司創始人，現在是我的事業搭檔）告訴我，他們當時是如何構思這個享譽世界的創意想法：

> 這個策略是從一個創意開始的：人們到昆士蘭島嶼時，總是把注意力放在「水面下的世界」，但在「水面上」還有豪華飯店、美麗的度假村，以及風景如畫的島嶼。這個「水面上」的想法讓我們不禁聯想到，住在那裡一定很棒。於是再進一步想像：能在那兒工作簡直是一場美夢。於是誕生了「世界上最棒的工作」這個概念。

廣告公司提出這個想法：贏取「世界上最棒工作」的機會，能在島上停留六個月並獲得一年十萬美元的工資——客戶立刻就接受了。西恩接著介紹他們落實想法的方案：

> 我們想到，能夠把這個活動以最快的方式傳播出去，就是在全世界的主流報紙上刊登招

聘廣告。我們創造了這樣一份工作：島嶼保育員，並支付讓全世界驚歎的高薪資，差不多年薪十萬美元。而得到這份工作的獲勝者，要做的只是「餵餵魚」，以及每天寫一篇部落格文章。想要應聘的人需要提供一支幾分鐘的影片，告訴昆士蘭旅遊局他為什麼會是一位最棒的保育員。

最後共有三萬四千六百八十四名參加者遞交影片作品參賽，另外還有超過四十五萬人填表參加外卡賽。如果在Google上搜尋，可以看見超過四萬三千則報導這個活動的新聞。

有些參賽影片做得非常認真。有很棒的動畫片，也有人設計了從頭唱到尾的街頭音樂劇，足以把費瑞斯．布依勒（Ferris Bueller）⑩比下去。這個特別的職位招聘活動最後變成像是真人秀與《美國偶像》（*American Idol*）節目的綜合體。CNN特別關注這場競賽，最後還在大堡礁進行比賽結果揭曉的現場直播，超過五億人收看此次直播。

其實這個活動觸及的是人類的本性：「我覺得我也做得到。」這當中包含一種集體的樂觀主義、想逃離現實的心態，以及開心好玩的成分。

還有一個祕密的成功要素，就是時間點的拿捏。我們特別等到西方主要市場像美國、英國及歐洲都步入嚴寒季節才啟動專案。得到的成果令人驚歎，幾百萬次的視訊點閱、將近三萬五件的參賽作品。這一切創造了一個全球現象，包括探索頻道（Discovery）也順勢推出一個季度的專題節目。這項創意後來被大量抄襲與複製，雖然它本質上不過是個一次性的企畫活動。

這個專案昆士蘭省只花了大約一百萬美元的預算，就得到價值兩億美元的免費公關報導。競賽共吸引了近三萬五千名來自兩百個國家和地區的參賽者，企畫活動本身在坎城獲得了三項大獎，並贏得一座艾菲金獎，以及 D&AD 的兩項黑鉛筆獎。你可以從 QR Code 17 到這個案例的完整介紹。

QR Code 17

購買力就是力量

你有沒有想過，善用你的購買力，足以推動企業更加重視環保？Carrotmob（www.carrotmob.org）這個網站就把人們動員起來，鼓勵人們優先去那些願意支持綠色環保理念的商店消費。比方說，一家願意建立一個香草花園的咖啡廳。

二〇一二年初，墨爾本市開始鼓勵卡爾頓地區（Carlton）的商家一起尋求能夠減少危害環境的對策。為共襄盛舉，Carrotmob 舉辦了一場網路投票活動，邀請商家提出各自的環保方案。在網路投票中獲勝的方案，能夠贏得 Carrotmob 公司的一筆贊助基金。結果揭曉，勝出的是 Lua 咖啡館。它的方案在一千兩百名參與線上投票的市民中獲得超過一半的支持。他們的方案是，在為期一週的時間內，咖啡館要在售出的每一杯咖啡中，拿出五十分投入咖啡館太陽能設備的裝設預算。雖然後來共籌到一千美元，並不足以支付裝設太陽能板的花

❿ 譯註：費瑞斯·布依勒是《蹺課天才》（*Ferris Bueller's Day Off*）中的主人翁，在影片中是一名被稱為「蹺課天才」的中學生。

費，但咖啡館老闆還是將這筆錢用在店裡老舊空調的汰舊換新上，以更環保節能的新空調達成助力環保的目標。這個小小的例子，再次展現集體主義的確能夠推動行為的發生。

這只是一個網站透過對資料進行整合，讓使用者能夠將自己的行為與他人比較的例子。還有很多其他的案例，比如透過電力與自來水供應商的資料，讓你看到你消耗的水與電是多於或少於他人。這類運用社會規範的技巧，都能帶來影響行為的巨大效果。

說服布蘭森

「找布蘭森幫忙」這個想法，是我在家裡下樓梯時突然冒出來的。我當時正在問自己：「身邊有這麼一群既有創意又熱情支持電臺的人，我們可以請他們幫忙做什麼？」然後想到，「他們可以去跟比爾．蓋茲要錢。」這感覺不太對勁，於是我把想法改了一下，變成「找理查．布蘭森幫忙」。我把這想法拿出來和一、兩位廣告公司裡的同事分享。他們不太喜歡，說：「不錯的想法，不過我們應該還可以想出更好的。」我向他們解釋，這個想法的重點不是故意要讓布蘭森難堪，而是一個鼓動人們一起行動的難得機會。「明白了！這的確是個很棒的想法。」有時候就是這樣，你要對自己有自信，並且用自信來感染他人。

經過這種種，終於肯定用這個創意，接下來就要付諸執行，我們要去向理查．布蘭森要這一百萬美元的捐款。奈科傳播為此設計了一個 logo，上面突出了布蘭森標誌性的髮型與鬍鬚形狀。我們用這個 logo 設計了一系列可供下載的素材，放在小型網站上供人下載，像是汽車保險桿貼紙、可以自行切割形狀的面具以及徽章等。這些材料讓這場活動變得容易被看見，看起來好像有好多人都已經參與其中；對支持者而言，也是他們告訴別人自己正在參與這項運動的標籤。這裡面還安排了一個獎項：誰有辦法讓理查爵士決定掏出錢來，就可以在總金額中保留五萬美元作為報酬。

二〇〇九年五月十四日上午，在電視臺七號頻道的《日出》（*Sunrise*）影棚外活動正式啟動。隨著攝影鏡頭掃過現場的群眾，電視觀眾會看到好幾百個布蘭森圖案面具戴在現場群眾的臉上。這個快閃行動不但被電視機前的一百二十萬名觀眾看見，也被其他媒體大量報導。最重要的是，這會營造一種氛圍：看起來好像有很多人從一開始就在支持「找布蘭森幫忙」這項活動；你當然也可以一起參與！（請注意，這個活動進行的時候，快閃行動還沒有被玩爛！）

在這之後，開始湧現各種充滿創意與巧思的「找布蘭森要錢」的方法：有人穿著印有大大的活動logo的衣服，從飛機上跳下來，然後把跳傘影片放到網路；紐頓城（Newtown）的街頭藝人進行表演籌款；有人烤了五千個黏著活動logo的紙杯蛋糕，在早上派發給搭地鐵上班的通勤者；還有人霸占了一整條街，掛上巨大橫幅，上面寫著：「你放款，我放行！」意思是直到布蘭森把一百萬交出來，這條街才能夠解禁，後來這條街被戲稱為「布蘭森大勒索」。

後來又出現了名為「找布蘭森幫忙」的遊戲和歌曲。還有一個喜歡惡搞的傢伙，在eBay網上拍賣一件「找布蘭森要錢」的T恤，賣多少錢？當然是一百萬美元！這所有的奇招怪式，開始遍布在部落客、臉書、推特上，也包括大量傳統媒體對此進行報導。還有人打算把理查・布蘭森的維基百科首頁加上FBi訴求的資訊。透過社交媒體與傳統媒體的推波助瀾，活動快速擴散開來，益發強化了有非常多人支持這項活動的感覺，於是又帶動了更多人一起為拯救 FBi 而行動。經過幾週之後，訴求終於引起理查・布蘭森爵士的注意。

「我現在超級緊張。」FBi 晨間節目主持人愛麗森・彼得羅夫斯基（Alison Piotrowski）在二〇〇九年六月十三日的節目上是這樣開場的。播音室外擠滿了身穿布蘭森頭像T恤的志願者。「他是位億萬富翁、企業家，更是一位喜歡冒險的慈善家。在過去一個月裡，我們天天呼喊著他的名字；現在他要從他的私人小島內克島（Necker）加入現場直播！他就是我們千呼萬喚的——理查・布蘭森爵士！」

在不太穩定的越洋長途電話中，布蘭森說他經過長途跋涉才來到島上的山頂，為的就是打通到雪梨的國際電話。「我第一次聽說這件事是我在內克島上吃晚餐的時候，一名渾身溼透的澳洲女孩步履蹣跚地走進我的餐廳，說她從附近一座島嶼游了約四公里過來，就是為了告訴我你們這個活動。我連結了我們的澳洲辦公室，才搞清楚究竟發生了什麼事。」不論真假，這位「公關之王」又給我們帶來一個很棒的故事。但是，他會不會掏錢？

彼得羅夫斯基坐在播音室裡，牆上貼著 FBi 的斑駁海報。她接著問：「所以，理查・布蘭森，不管用哪一種方式，您會不會對我們伸出援手？」所有聽眾的心都懸著，現場的志願者急切地想知道，電臺能不能得到這筆救命金。這時，布蘭森說話了：「嗯，其實讓我最頭疼的是，天天都有很多人伸手要我捐錢，不管是一百萬還是多一點少一點。事實上，我們手上有很多大的公益專案，需要投入很多錢，也需要我們在經營技巧上協助，像是全球暖化問題，或者設立非洲的疾病控制中心，還有設法解決全球局部衝突問題的辦法等。當然還有其他專案，像是你們面對的這類難題。其實我們可以一起坐下來找出有創意的辦法，協助你們的生意重上軌道，或者募集足夠的資金。所以，恐怕我沒辦法就這麼簽一張支票給你們，但我們會持續提供支持，確保你們的電臺繼續營運。」布蘭森付了七十美元成為 FBi 的會員，並給電臺捐了價值不菲的一系列獎品，比如直飛倫敦的機票等。

雖然這並不是支持者們最想要聽到的回答，但是讓這個宣傳活動得到了遠遠超出預期的效果。布蘭森的確是個魅力超強的新聞熱點。根據奈科傳播的估算，在傳統媒體與社交媒體上，FBi 總共獲得價值七百五十萬美元的各類報導。活動有效地鼓動聽眾對電臺的熱情，讓過去不太關心 FBi 的人紛紛慷慨解囊，帶來的效果遠遠高於過去的募款手段。FBi 共獲得六十八萬美元的捐款，比過去的常規募款活動高出八〇〇%（Ferrier & Cassidy, 2010）。其中既有會員的捐款從一萬四大幅增加到二十萬六千美元，尤其得到很多年紀大一點、經濟條件比較好的聽眾捐款。除此之外，活動也帶動了更多贊助商的加入，新注入的資金讓 FBi 能夠另外開闢一個非營利頻道 FBi Social，專門在深夜播放一些新興樂隊的作品。對於整個宣傳活動，伊凡是這樣總結的：「這個事件撼動了每一位 FBi 聽眾的心，也顛覆了我們過去所有的做法。FBi 得救了，這實在是個偉大的成就。」在 YouTube 上你可以找到這個活動的案例影片（參 QR Code 18）。

這個專案贏得了許多廣告獎項，包括兩座艾菲金獎（有效性獎項）、四座ＡＩＭＩＡ獎項（數位行銷獎項），還有一座紐約的 Clio 金獎（公關與策略行銷）。同時，被澳洲行銷協會（Austrilian Marketing Institute, AMI）頒布為澳洲年度最佳跨媒體與互動溝通活動。順帶一提，那名布蘭森口中游泳到內克島上的女孩，始終沒有人找得出她是誰。

以下就是「找布蘭森幫忙」這個宣傳活動，運用集體主義來影響人們並改變其行為的策

QR Code 18

略總結：

一、服從性：帶頭的機構（FBi）給出明確直接的指令：「找布蘭森幫忙」。

二、從眾性：人們很容易參與其中，消息快速在主流媒體與社交媒體上散布開來，使得整件事從一開始就感覺像是席捲而來。

三、行動：需要人們做出的行動很簡單也很容易，就是想辦法引起理查・布蘭森的關注，然後跟他要錢。我們創造了很多工具，確保參與者很容易就能夠讓別人看見他們的支持立場。

四、使命：「拯救 FBi」是個再清楚不過的目標，透過創意與趣味性的包裝，讓整件事超越了一般募款活動的沉悶無趣。

可能我不說你也知道，像這樣成功的專案，的確讓廣告公司的所有員工都感覺無比驕傲與光榮。

集體主義原則的日常運用

集體主義的原則，除了用在廣告行銷等工作上，其實也可以運用在很多日常情境中，下面有三個例子。

確保開會不碰手機

人們總是像患上強迫症一般，忍不住要打開手機查查新的郵件和社交媒體資訊，這已經成為所有會議上的一大麻煩。一般而言，你在開會時並不需要看手機，但因為每個人都這樣做，這種行為就會互相傳染，變成集體習慣。其實這不但討人厭，也影響工作效率，早就應該遏止。你有沒有辦法利用集體主義創造一個新的社會規範？

我建議你可以這樣做。首先，辦公室裡的多數人在開始執行之前，必須認同這一個新的行為要求。一旦大家同意，就要去遊說老闆，明確大家共同的立場，將在會議中玩手機視為既無禮又影響效率的行為（服從性）。然後，在每一間會議室建立一個沒收手機的「禁閉角落」（行動），只要有人被抓到在開會時使用手機，就必須把手機放在禁閉角落直到會議結束。記得要為這個行動取一個有感染力的名字，比如「拒絕機瘟」（人人玩弄手機無法自拔，已經如同一種傳染病）。在行動一開始，要刻意做些引人注意的大動作。拍下人們的手機被關在禁閉角落的照片，在辦公室溝通，讓員工知道這是玩真的，開始形成從眾性。想把手機從禁閉角落取出來，要支付二十美元的捐款作為辦公室公益或慈善基金。罰款金額可能看起來有點高，但研究證明，罰金只有在高到足以讓人產生痛感時才會有效（事實上，假如罰金太低，反而可能鼓勵違規行為的發生，因為人們會覺得他們付過錢了，反而不覺得有罪惡感）。只要每位同事都認同禁閉角落的規範，並且都有權力監督別人在會議中使用電話的行為，就能很快在辦公室形成新的遊戲規則。

解決製造噪音的鄰居

假如你很倒楣，遇到一個非常愛製造噪音的鄰居，總是在你看電視時把他家的音樂開得震天響，這時集體主義也是一個可以運用的策略。通常你的第一反應是衝到他家門口用力拍門，怒氣衝衝地叫他把聲音關小。不過，像這種一對一的衝突狀況下，要有效改變行為，往往需要「社會認同」或是「社會共識」的力量。你需要做的是讓對方看到，多數人都將他的不當行為視為與社會規範衝突。你要讓他感覺他的行為影響到很多人，他正在成為「人民公敵」。我建議你可以把許多受到他的噪音影響的左鄰右舍集合起來，一起拜訪這位鄰居（這樣能夠創造一種「責任擴散」，也就是說，這名惡鄰沒辦法跟你一個人翻臉或開戰）。或者推舉兩、三位代表與他溝通，其他人站在走廊上，對他形成一種道德上的壓力。我確定這個方法很有效，因為我親身經歷過這種狀況。那名吵鬧的鄰居後來不再大聲播放音樂，而且沒多久就搬走了。

尋求贊助

無論你是要為本地學校募款、進行慈善募捐或為新生意融資，尋找贊助都不是件容易的事。為達成目的，人們通常會從理性或感性角度提出訴求，比如學校圖書館需要經費買書。如果是一個新事業需要募集資金，多數人都會用事實、數字及財務報表等來進行說服。

然而事實上，我們每個人處理複雜事物的能力都很有限，沒時間研究或消化能幫助我們進行判斷的所有資訊，所以人們往往寧可拒絕你的請求，因為要權衡所有的考慮因素實在讓人吃不消。我建議換個方式：利用集體主義來讓人掏錢。要創造一個受人歡迎的募款理由，符合某一種社會價值，指向一個崇高的目標，讓人們想成為其中的一份子。尤其重要的是，要人們朝著你的目標進行某種行動，這種行動要能傳遞一種為社會上其他人所認同的訊號。有很多成功的好例子，包括在「紅鼻子日」（Red Nose Day，源自英國的一項歡樂慈善募捐活動）買一顆紅鼻子戴上；在「鬍子月」期間不刮鬍子；為支持對抗乳腺癌，在衣領上戴著粉紅色絲帶等。

動作所傳遞的訊號會帶來兩種效果：一、參與者會因支持有益公眾的行動而得到社會認同與地位；二、我們每個人都透過觀察他人來調整自己的行為，跟隨多數人的腳步以避免走冷門的路。根據邁可．林恩和邁可．麥考爾（Michael Lynn and Michael McCall, 2009）的研究，如果小費箱裡裝著的是面額較大的鈔票而非一些硬幣，顧客給的小費金額也會變多。（如果你的工作收入與小費有關，林恩和麥考爾有一大堆教你如何得到更多小費的小絕招。）

好好想想，有什麼更具創意的方法可以讓人們立刻參與你的目標。有越多人加入你的集體行動中，你就越有可能募集到更多的錢。在「找布蘭森幫忙」這個專案上，我們並沒有直接向人們要錢，結果理查．布蘭森爵士本人也沒捐錢，但因為有這麼多人參與這項集體行動，所需的經費最終如期而至。

如果是一家圖書館，該如何達成募款目標？看看美國密西根州特洛伊市（Troy）圖書館的優秀案例（參 QR Code 19），最後他們爭取到〇．七％的增稅政策作為圖書館的經費。它採取的就是集體主義的行動刺激，同時在當中做了一點小小改變。

QR Code 19

重點回顧

集體主義利用的是心理學上的服從性、從眾性以及行動等法則，來影響行為的發生。透過樹立一個崇高的使命，集體行為將隨之而來。我們的多數行為都來自觀察他人如何行事，有意無意地，我們都害怕被孤立，希望跟隨眾人。如果向理查．布蘭森要錢的只有一個人，他絕對不可能有所回應。引起他關注的，就是群體的力量。形成集體主義，你要讓大家覺得，你要求的行為似乎已經成為一種社會規範。所以你要推動的其實不是行動本身，而是感覺行動在發生的氛圍。

行銷創意人

馬克．謝靈頓

我花了好幾年時間才弄明白一件事：你無法改變他人的行為，即便對方是你的家人或同事。你真的能夠改變的是自己的行為，以及你對他人行為的反應。

在組織裡，我們一直被教育的信念是，要改變行為，你必須先改變態度，然後是系統與流程，最後行為的改變會隨之發生。事實上，這根本大錯特錯，要先改變行為，然後是系統（更理想的是，這兩樣一起改變），然後態度會隨之發生。在企業中，改變必須這樣發生，而且必須是由上至下的推動。

改變消費者的行為是行銷工作中最困難的事，因為他們其實不是消費者，他們是人。每個人都有自己的生活習性、行為模式和對事物的反應。或許給予他們一些巨大的好處或褒揚的獎賞，能夠強行推動改變的發生；但其實最有效的辦法，是改變系統或硬體環境。最明顯的例子就在我們身邊。隨著網路與行動電話的普及，我們的行為（乃至處理資訊的方式）都已經因系統與硬體的根本改變被完全顛覆了。

作為一個物種，我們最強大的生存技能就是模仿能力。想要創造一種大規模的行為變遷，你必須從小處開始推動。每一場雪崩，都是從一片片的雪花開始堆積的。你也許改變不了「他們」，但你可以改變「他或她」，然後讓其他人模仿。想要讓這種模仿加速，你可以學學亞馬遜（Amazon），它巧妙地運用各種方式讓我們看到別人都買了什麼，並且很容易讓我們追隨他們的腳步。

●●●●●●●

馬克．謝靈頓是附加價值品牌諮詢公司的創始人，這是一家領頭的全球品牌諮詢公司，他也曾是全球最大釀酒集團 SAB Miller 啤酒的全球行銷總監。我認識馬克是在附加價值品牌諮詢公司任職時。馬克是一位不同凡響、具有超凡魅力且熱愛運動的公司領導者，他寫過一本非常有影響力的行銷類書籍：《附加價值：

由品牌驅動成長的點金術》（*Added Value: The Alchemy of Brand-Led Growth*）。如果你想知道如何創造一個強大的品牌，我強烈建議你讀讀這本書。馬克本人與他的書總能給我很多啟發。

8 歸屬感：你覺得呢？

我們做生意有四項原則：我們讓社群創造內容；我們讓社群自然形成——不是靠廣告；我們讓社群助企業一臂之力；我們根據使用者的意見調整產品；還有，我們對社群成員的參與提供獎賞。

——雅各．德哈特（Jacob Dehart），T恤品牌 Threadless 共同創始人

太多人花了太多時間要把事情想得盡善盡美才去做。與其等待完美到來，不如即知即行，再邊做邊修正。

——保羅．亞頓（Paul Arden），廣告人、作家

治療是誰的事？

剛開始當心理師時，我曾經覺得非常受挫，有一名病患在治療只做到一半時就放棄治療也拋棄了我。梅麗迪斯患有焦慮症，因為害怕被人拒絕，她不敢與他人互動。當她與熟人在一起時，比如同事或朋友，她完全沒有問題，但需要認識新朋友時，她就會感到深深的恐懼。漸漸地，這個問題開始影響她的工作；當她需要見新客戶時，她就會打電話請病假。於是，她很擔心會丟掉工作。我打心底希望能夠幫助她。梅麗迪斯是個好人，很聰明，也很會

跟人打交道，我相信我們可以很快而有效地把她的社交恐懼症（我給她的診斷）給治好。

在每一次治療之前，我都會做最周全的準備，並想盡辦法尋找對她最有效的治療方法。在一次次會面之間，我會給她提要求，並給她一些練習的功課，包括列印出來的功課清單。我原本以為一切都進行得很順利，也相信她最終會戰勝社交恐懼症。然而三週之後，梅麗迪斯突然取消原本約好的治療時間，從此我再也沒見過她。我不知道自己做錯了什麼。

作為一名仍在實習期的心理師，我每週都要與指導老師安妮會面，請她提供指導意見。她給我的回答，我一直牢記著：「對於他們最後能不能成功改變自己，作為醫師，永遠不要比你的病患興奮。真正能夠扛起他們的問題、帶領治療前進的人，是他們自己，不是你。」

這件事過去沒多久，我接到一名新病患，他叫艾倫。他第一次走進我的諮詢室時始終低著頭，拒絕目光接觸。「嗨！我有什麼可以幫你？」他坐下後，我試著跟他打招呼。

艾倫依然低著頭，一言不發。我等了一、兩分鐘，仍然沒有得到回應。我決定什麼也不說，只是靜靜等著，然後，讓人心疼但美妙的事情發生了，艾倫開始啜泣。又過了十五分鐘左右，艾倫說話了：「你……怎麼不說話？」

我溫和地回答：「我不是問過你了嗎，我有什麼可以幫你？」他又哭了起來，然後漸漸靜下來。我們就這樣靜默了幾分鐘，直到他把頭抬起一點點，瞄了我一眼之後，問我：「你知道關於性侵犯的事嗎？」

後來我和艾倫合作了幾個月時間，他的努力令人印象深刻，而最終他戰勝了病魔。在我們的診療過程中，我從來不扮演領導者的角色，而是耐心等他準備好——我不走在他前面，而是在他身邊協助他。病患自己才是必須發揮作用的人。事實上我一直覺得，和艾倫的合作是我在進行臨床工作期間最驕傲的成就。他掌握了自己必須做到的改變，扛起推進治療進步的責任，而這也是他最終能夠成功的關鍵。

想不想擁有可口可樂？

對於可口可樂，你最早的記憶是什麼？什麼會第一個跳進你的腦海？是一幅大大的戶外廣告，還是放在家裡冰箱飲料架或超市貨架上的一瓶或一罐可樂？又或者是電視廣告裡的一幕：一群歡天喜地的青少年鑽進透明的巨大充氣球裡，翻滾在金色陽光下的夏日海灘上？也有可能，這一幕是一個傢伙手握可口可樂跳下飛機，在高空玩起空中衝浪。我猜你對可口可樂最鮮明的記憶，會是它用來建立其恢宏精彩的品牌形象，充滿扣人心弦畫面的某支廣告。可口可樂與它的廣告密不可分，就像一對相伴成長的雙胞胎。可口可樂可說是採用「大眾行銷」（mass marketing）模式的經典品牌案例：大量生產，輔以大規模的配銷（「讓想喝的人永遠觸手可及」一度是可口可樂內部不成文的座右銘），再加上鋪天蓋地的廣告。

曾幾何時，這種策略正慢慢失去影響力。儘管費盡唇舌，可口可樂一擲千金的漂亮廣告卻不再發揮影響消費者行為的效果。品牌與消費者之間開始出現隔閡。品牌向消費者大聲訴求，消費者卻無動於衷。可口可樂究竟該說點什麼新鮮的給消費者聽？這需要新策略。二〇一一年，奧美廣告（廣告教父大衛．奧格威一手創立的傳奇公司）與奈科傳播合作了一個專案，我們大膽建議，可口可樂不要再只是說話給消費者聽，而是給他們擁有品牌的機會。

歸屬感是什麼？

你有沒有去宜家家居（IKEA）買過東西？當然有。我敢肯定，東西很便宜，而且用起來還可以。我還敢打賭，如果你是幾年前或幾次搬家前買的宜家產品，雖然是便宜貨，但你到現在仍然保留著它。因為某些原因，你把它一次又一次搬進新居，就是捨不得扔。我猜，它在你心中的價值有一點點超過應有的程度。你同意嗎？

其實這是有原因的。當你參與創造了某件事物（就像前面提到的宜家，你動手組合了一件家具），它在你心中就會更有價值，這稱為「宜家效應」（IKEA Effect），是由年輕有為的哈佛大學教授邁可．諾頓提出的說法。

要組合宜家的家具，對我和很多其他人而言都不太有把握，但可沒難倒邁可。他找了五十二個人，付他們每人五美元參加他的一項實驗。其中一半的人被要求組裝一個宜家的黑色素面儲物盒。另一半人則什麼也不用做——他們的宜家儲物盒已經組裝好了，只需要檢查一下盒子，確定東西沒問題。

等到全部人組裝完成（假設都沒遺漏什麼零件），邁可問了參與者兩個問題：他們願意花多少錢買這個儲物盒？以及他們有多喜歡這個盒子？一如預期，動手組裝的人願意付的錢遠高於另一半（〇．七八美元與〇．四八美元的差距），而且喜愛程度也高出很多（如果一分代表「不喜歡」，七分代表「非常喜歡」，平均分數分別是三．八與二．五）（Norton, Mochon & Ariely, 2012）。研究結果表明，**人們對自己製作或參與製作的東西，會賦予不成比例的價值感**。

我們再把這題目挖深一點。宜家由於不需要組裝產品，省下勞力成本，也使得產品能以最節省空間的方式包裝，又節省了運輸成本，於是最終體現在更便宜的價格上。低價的確吸引了消費者，而上面這些研究，又發現由於消費者需要自行組裝，家具的價值感得以再提升。這可能是歸屬感案例中最富戲劇性的一個。二〇〇九年，宜家的創始人英格瓦・坎普拉（Ingvar Kamprad，就是IKEA中IK的來源）坐上全球富豪榜第五名的寶座（*Forbes*, 2009），坐擁二二〇億美元的資產。這也難怪，他發現他可以把未組裝的產品用更省錢的包裝方式賣給消費者；而結果需要顧客自己動手這件事，反而讓他們更珍愛這些商品。顧客感受到的，就是對這些產品的歸屬感。

這是宜家效應第一次被研究證實並被命名（諾頓同時也在摺紙以及樂高〔Lego〕積木上發現類似的效應）。不過事實上，早在一九五〇年代，包裝蛋糕產品的行銷人員就已經在利用類似的手法。方便蛋糕粉（instant cake mix）這種產品剛問世時其實並不受歡迎，原本這款產品是要讓烤蛋糕的人只需做一件非常簡單的事：把水加進蛋糕粉。聽起來很方便，但產品就是賣不動。蘇珊・馬克斯（Susan Marks）寫的《發現貝蒂妙廚：美國食品界第一夫人的祕密生活》（*Finding Betty Crocker: The Secret Life of America's First Lady of Food*）一書中這樣描述當時方便蛋糕粉面對的狀況：

> 當時，公司仍在調整產品行銷的方式。它們很想要訴求產品能讓蛋糕做得又快又簡單，卻仍能保有「新鮮」與「自家烘焙」的口感，但就是打不開市場。於是，公司尋求市場研究專家伯利・賈德納（Burleigh Gardner）與恩尼斯特・迪希特（Ernest Dichter）的協助，他

們兩位都是商業心理學家。

根據兩位心理學家的建議，問題出在雞蛋上。迪希特博士尤其相信，應該去掉方便蛋糕粉裡的雞蛋粉。媽媽們只要在麵糊中打進幾個新鮮雞蛋，就會產生一種參與創造的成就感。最後，通用磨坊（General Mills，貝蒂妙廚品牌的母公司）改造了產品，蛋糕粉裡去掉雞蛋粉。媽媽們需要自己在製作過程中加入雞蛋這一點，被塑造成為產品的大賣點，賦予了這款包裝方便產品一種「自家烘焙」的真實質感。

雖然這只是一個小小的改變，卻為銷售產生了巨大的影響，背後的原因就是歸屬感。歸屬感，就是把權力交到消費者手中，其中有三個重要的組成部分：第一是「**自主權**」，自己可以決定自己要怎麼做（要烤一個蛋糕）；第二是「**個人相關性**」，所擁有的東西必須與擁有者之間存在某種連結（Dommer & Swaminathan, 2013），他們必須感受切身相關性，並且投入某些東西於其中（把我的雞蛋打進去然後攪拌）；第三點則來自「**認知失調**」，當一個人朝著某個目標採取行動時，他的思考與感覺就會跟上來（要打雞蛋需要的是更多的工夫，所以我投入了更多）。到今天，隨著技術的創新發展，歸屬感越來越成為廣告與行銷業經常使用的工具。企業現在能帶給顧客的歸屬感比以往的任何時候都要多，其中的佼佼者當然就是宜家。

另一個很棒的例子是T恤品牌Threadless。這家公司的T恤設計並非出自公司的設計團隊之手，所有的設計都是從一般人提供的設計稿中挑選出來。這家公司平均每天會收到一千件設計圖，這些設計都來自一個擁有超過兩百五十萬名成員的消費者社群。然後這些社群成員會投票決定，哪些設計應該被這家公司生產出來。勝出的作品會得到兩千美元的獎勵，而社群成員可用大約二十美元的價格購買這件T恤。這家公司成立於二〇〇〇年，現在已經成長為一家價值數百萬美元的大企業，生意模式完全模糊了消費者與生產者之間的界線。本章開頭引用的來自該品牌共同創始人雅各・德哈特的那一段話，正體現了給予消費者歸屬感，對他與他的公司來說是多麼意義重大。

衡量歸屬感的力量

關於歸屬感的力量，可以借鑑康乃爾大學的康納曼、尼奇和塞勒（Kahneman, Knetsch & Thaler, 2009）的研究。他們在研究中招募了兩百三十八人，分為三組，每一組都被要求去完成一項小任務，而他們會得到一份小禮物作為回報。第一組人得到的是一只馬克杯，第二組人收到一條巧克力棒，第三組人則可以自己選擇要馬克杯還是巧克力棒，當中有五六%人選擇了馬克杯。接著，有趣的來了，研究人員詢問收到馬克杯的那組人願不願意把手上的馬克杯換成巧克力棒，八九%的人說不，他們更願意留著馬克杯。這裡請注意，這比原本第三組被給予選擇機會選擇馬克杯的比例（五六%）高出許多。第二組收到巧克力棒的人也一樣被問到願不願意交換禮物，結果與前面類似，只有一〇%接受這項請求。雖然實驗一開始馬克杯與巧克力棒受歡迎的程度很接近，但最終，得到馬克杯的人變得更愛馬克杯，得到巧克力棒的人變得更愛巧克力棒，原因就是他們對自己擁有的東西產生歸屬感，即便擁有的時間其實很短。研究人員稱這種現象為「**稟賦效應**」（Endowment Effect），即我們對自己所擁有的東西的價值往往看得更重。

這就是為什麼歸屬感可以成為如此強大的說服與影響工具的原因。在小孩子為了搶玩具打起來時，我們可以清楚看到，歸屬感是一種情緒上與心理上的巨大能量。當你讓一個人對你的產品（或甚至只是一個創意）產生歸屬感時，他們就會開始投入，並且不太容易放棄。這種力量往往會超越一件物品原本理應具備的價值。行為經濟學家齊夫·卡門和丹·艾瑞利（Ziv Carmon & Dan Ariely, 2000）在杜克大學曾經透過一個實驗證實這件事。對於買到全美大學體育協會（National Collegiate Athletic Association, NCAA）籃球賽門票的學生而言，總是會有人願意出高價要他們賣出手中的票，但除非有人出到比原本票價高十四倍的價錢，他們才願意出讓。為什麼獲利必須高到這個程度？還是這個原因：一旦你擁有某樣東西，你會把它的價值看得更高，有時高得離譜。而這也已經成為一些企業目前正在運用的戰術，其中用得比較早的就是澳洲的麥當勞。

它該叫什麼名字？

二〇〇七年，澳洲麥當勞遇到一個難題。「它旗下最大的品類牛肉漢堡的銷售成長正在衰退。」當時任職於服務麥當勞的李奧貝納廣告公司的馬克·波拉德（Mark Pollard）這樣說：「雖然麥當勞用的牛肉其實和消費者自己在超市買到的一樣，但人們就是認為它的品質不好。事實上，只有三四%的人對麥當勞的牛肉持肯定態度。人們會用『像塑膠』、『咬不動』、『不健康』、『加工過』這類詞來形容麥當勞的產品。」

問題不只出在對牛肉的壞印象，麥當勞還苦於與消費者之間情感連結的斷裂。「人們都認識它，或者愛它或者恨它，但就是不覺得麥當勞和自己有什麼關係，只是將它視為一家巨大又遙遠的跨國企業，是既惹人嫌又會給人帶來罪惡感的食物選擇。」波拉德補充道。

為了尋找解決方案，廣告公司向自己提出這些問題：

- 我們如何透過讓人們參與某些事件，讓他們覺得麥當勞還不錯？
- 如果我們邀請人們幫麥當勞的新漢堡命名，會不會讓他們覺得到麥當勞吃牛肉漢堡還不錯？

於是，「等待名字的漢堡」（Name-It Burger）活動就此誕生。在四週的活動期間，消費者可以進入一個網站，輸入他們對一款新的精緻漢堡所建議的名稱，優勝者將名列麥當勞名人堂（Hall of Fame），並出現在新的電視廣告中，同時獲得價值一萬兩千美元的家庭娛樂產品。

在活動開始的三十六小時之內，平均每六秒就有一個新名字誕生。四週後，麥當勞總共收到了一四三三三二個漢堡名字。差不多有二十五萬人流覽了活動網站，其中八五%提交了名字的建議。最後勝出的漢堡名字是「庭院漢堡」（Backyard Burger），而麥當勞總共賣出了四百二十萬個庭院漢堡，在八週內創造了一二%的銷售成長。這是怎麼做到的？消費者被邀請參與，並得到對品牌的歸屬感。這也是前面提過的富蘭克林效應的體現：去要求別人幫個忙，而消費者也獲得了與企業一起創造品牌的機會。當你有了歸屬感，就更容易對品牌產生積極的行為（參QR Code 20）。

在這個案例裡，可以看見對行銷人員所習慣的生產模式的巨大顛覆。在過去，生產者

QR Code 20

「擁有」品牌，並把它「銷售」給消費者。生產者創造出產品配方與名稱，然後把新產品投放到市場上，這當中不太需要消費者的參與（除了在收銀機前付錢的那一刻）。然而這一切都已經改變了。現在，生產者會請消費者協助他們「解決」問題。消費者可以幫忙為產品取名字、創造新口味，甚至設計產品包裝。消費者願意將他們的想法和創造力提供給大品牌，但他們可能沒有意識到，這些行動事實上也會轉化成為歸屬感。假如你幫忙取了新漢堡的名字，你買這款產品的可能性也會大增。

奇怪的是，即使在沒有提供獎勵的情況下，人們依然會有參與貢獻的動力。二〇〇八年，咖啡巨頭星巴克（Starbucks）設立了一個叫做「我的星巴克創意」（Mystarbucksidea）的迷你網站，用來徵集消費者的創意與意見。結果，有數以千計的人在上面分享了他們的想法，比如將剩餘的食物捐給無家可歸的人，或者讓咖啡師戴上名牌等。於是，星巴克刻意充滿自豪地大動作將這些粉絲的想法一一落實到店裡，當然，這帶給了這些粉絲堅不可摧的歸屬感。

我們來想想這還可以怎麼應用。假如員工可以在各種不同的辦公環境裡工作，會不會感覺更有凝聚力……更具歸屬感？當麥格理銀行（Macquarie Bank）在雪梨建造新辦公室時，它大膽拋棄傳統格子間的概念。《獵酷一族》（*The Cool Hunter*, 2010）雜誌如此說道：

> ……銀行採取的是一種全新的協作辦公風格——行動導向工作模式（Activity-Based Working, ABW），是來自荷蘭諮詢公司斐德侯恩（Veldhoen & Co.）設計的一種靈活工作平臺。現在，麥格理銀行的三千名員工擁有的是一個開放並且具備高度彈性的工作空間。比方

說，在十層樓高的中庭裡，分布著二十六種形態各異的「會議單元」，創造了一種積極鼓勵協作的氛圍，也傳達了開放與一切透明的精神。在空間內部設置的大量樓梯減少了五〇％的電梯使用量。有超過一半的員工表示，他們每天都會改變自己的工作位置，並且有七七％表示喜歡這樣做的自由感。整個新的辦公空間，創造了一種工作站、大教堂與垂直的希臘村落社會的有趣組合。

想像一下每天到公司，你都可以選擇坐在不同的地方與不同的同事相鄰，能搶到好位子也成為對早到公司的人的獎勵。這是一個適當應用了歸屬感的不錯例子。

來張紙巾？

如果你是一名行銷人員，或者曾經和廣告公司合作，有請它們產出創意或進行宣傳活動的經驗，你大概就知道什麼是「紙巾會議」（tissue session）。在這種會議中，廣告公司會給客戶看許多不同的想法，讓客戶表達他們喜歡或不喜歡哪些。之所以叫紙巾會議，是形容這些想法就如同寫在紙巾上面一樣，是不要就可以拋棄的。其實，這種方式還有個有趣的副產品。每當客戶參與了創意發展的過程，他們對產出的作品就有更強的歸屬感。雖然這並不是紙巾會議的主要目的，但從廣告公司的角度來看，這種副產品其實也挺有幫助。

可口可樂創造歸屬感

那麼，可口可樂有沒有辦法帶給消費者歸屬感？當然可以，而且這就發生在二〇一一年九月。在一個深夜裡，可口可樂的送貨卡車靜悄悄地把一種全新的產品放上全國各地超市與便利店的貨架。產品上使用的不是常規的品牌名，所有瓶瓶罐罐上面印刷的，是澳洲最普遍的一百五十個英文人名，從 Adam 和 Ashley 到 Zac 和 Zoe。第二天，當人們購物時看見它們，這些新的品牌名讓他們大感驚喜。在社交媒體推特與臉書上，所有人都在問：「這些可口可樂上的名字到底是怎麼回事？」

可口可樂很聰明，一開始並沒有出面解釋為什麼這樣做，而是讓粉絲主動揭開帷幕。接著，可口可樂宣布它的新宣傳動作，並邀請人們一起參與這場分享可口可樂的活動，就從一個開啟對話最簡單的開場白開始：你叫什麼名字？這是頭一回消費者不是被要求去為自己買一瓶可口可樂，而是買給朋友，分享你的可口可樂。

除了印上一百五十個最常見的名字在包裝上，可口可樂還在澳洲各地的 Westfield 購物中心放置了十八個可樂命名站。消費者可以走進一個長得像巨形可樂罐的大機器裡買一罐可樂，並且自己決定要印在上面的名字是什麼，然後把這罐可樂分享給朋友（當然，你不可以在上面寫「百事可樂」，也不可以放上粗話）。這些活動帶來轟動一時的迴響，數以百計的人在機器外排隊，就為了創造一罐有自己或朋友名字在上面的可口可樂。

這項宣傳活動還包括其他部分。在互動性戶外廣告上，人們可以用短信發送朋友的名字，然後名字就會出現在巨大看板上。還有一些噱頭，比如安排三千個都叫 Matt 的男人坐在一起看足球賽、讓你可以在網上發送一罐有朋友名字的虛擬可口可樂給朋友，以及向消費者徵求或讓其投票選擇下一組五十個包裝上的新名字，結果得到六萬五千個推薦。這些都是帶給消費者歸屬感的強心針。

最後銷售結果如何？我給你一些數字做參考。過去這些年，澳洲一年四十五億美元的軟飲料市場，每年正以〇・七%的幅度緩慢萎縮。在分享可口可樂的活動期間，銷售成果比可口可樂公司設定的目標還高出七%。除此之外，活動期間有五%的澳洲人第一次飲用可口可樂，或是在一年或更長的時間裡第一次重新接觸這個產品。臉書上創造了一・二一億的閱讀量，共有七萬六千罐虛擬可口可樂在網上被分享，在所有的 Westfield 購物中心，總共製作了三十七萬八千罐訂製名字的可口可樂（Cyron, 2012），這一切都來自可口可樂公司給消費者帶來的對品牌的歸屬感。

這是可口可樂公司跨出的一大步。可口可樂的品牌名與商標，一向被高高祭在神聖不可侵犯更不可玩弄的神壇上。這一次在澳洲的成功實驗，後來被可口可樂在全球各地市場大量複製。成功的關鍵原因就在於帶給消費者對品牌的終極歸屬感：出現在瓶子或罐子上的不再是「可口可樂」，而是你或好友的名字。這個案例的介紹影片可以在 QR Code 21 看到。

歸屬感怎麼來？

你也許心裡會想：「亞當，這很棒沒錯，但如果我沒辦法把人名放在產品上，我能怎麼做？如果歸屬感只有一點點，也有用嗎？」答案是：是的。即便是簡單徵詢意見，你也會觸

QR Code 21

發一定程度的歸屬感，我把它稱為「焦點團體效應」（focus group effect）。每次主持這類座談會我都會發現，當人們在討論兩小時之後離開座談會場時，對品牌所持的觀點都會變得很正面，即使他們在座談會開始時是負面印象。座談會結束時，我往往會聽到：「現在開始我會買X品牌的東西了。」為什麼會這樣呢？為什麼一個人在被詢問意見之後，會從不喜歡一個品牌變成了喜歡？要回答這個問題，我們先來看看曾經在芝加哥城外一個叫做霍桑電氣（Hawthorne Works）的電子工廠裡發生過的真事。

一九二〇年代，這家工廠的老闆花錢做了一項研究，想知道工作環境的照明程度對工人的生產力是否會產生影響。工人會不會在更明亮或昏暗的燈光下能有更好的工作表現？多年之後，亨利．蘭茲伯格（Henry Landsberger, 1958）重新檢視當年的實驗資料，發現了更有趣的事情。表面上看起來，似乎是昏暗的燈光更能提升工人的表現。但緊接著，令人意外的事情發生了。隨著研究工作的結束，工廠的生產力跌落谷底。為什麼生產力會提升但之後又瓦解？亨利認為，其實工人工作表現的改進與光線明暗根本無關。他相信生產力的提升，是因為這個研究在工人身上所給予的關注，這才是真正原因。當你知道有人在專注你，你自然會想要給人留下好印象，於是表現得更好。

這個故事觀察到的現象稱之為「霍桑效應」（Hawthorne Effect）[11]，又稱為「觀察者效應」（Observer Effect），它會出現在每一次你接受一個市調訪問或參與一個研究專案時。就算你很不滿意某品牌的服務或某家餐廳的食物，當你得到機會宣洩這些不滿時，你的怨懟程度也會隨之下降，因為你感覺到這家公司正在傾聽你的意見。它讓你表達想法的同時，也給了你對這件事情的歸屬感。

由此可見，創造歸屬感最簡單的方法，就是去徵求意見，以及共同承擔議題。這需要的是有商有量，而非告知。與其大聲斥責：「去打掃房間！」不如改為問句：「你怎麼把房間搞得這麼髒？」與其堅持「你晚上六點以前必須到家」，不如這樣問：「你覺得你今晚幾點可以回家？」與其說：「我要升職。」不如詢問：「我需要再做哪些努力才能獲得升職？」這也代表著，每一位顧客或是潛在顧客都可以變成你的資訊來源。而且當你詢問他們的意見時，你也賦予了他們對你的品牌的歸屬感。

歸屬感的不同層級

歸屬感可以創造，但是層級差異可以很大。如圖8-1所示，範圍可以從給予人們完全的歸屬感（讓人們可以自主創造一個產品或內容，如T恤品牌Threadless的做法），到非常淺顯而且短暫的歸屬感（比如讓人們分享簡單的意見）。介於兩者之間的則是「共同創造」（如前述「宜家效應」）以及占有（如前述「稟賦效應」）。一旦運用歸屬感改變人們的行為，他

⓫ 作者註：霍桑效應的理論不乏攻擊者，如密西根大學的理查・尼斯貝特（Richard Nisbett, 1988）。他在一篇〈科學神話永不消亡〉（Scientific myths that are too good to die）的文章裡提到，許多證據顯示，這個效應不過是一種被過度美化的奇聞軼事。「如果你相信這些奇聞軼事，你就可以把所有資料都丟了。」然而對我來說，我的確在好幾年間親眼見識到霍桑效應一再重複出現，就是在焦點團體中。在座談會一開始，人們告訴你他們有多不喜歡這個品牌，到結束時又會告訴你他們有多喜歡它。改變從何而來？就因為他們覺得自己的意見被人採納了。每次只要做這類市調，人們對市調主辦方的態度總是變得比較正面，因為他們覺得自己的意見受到重視。

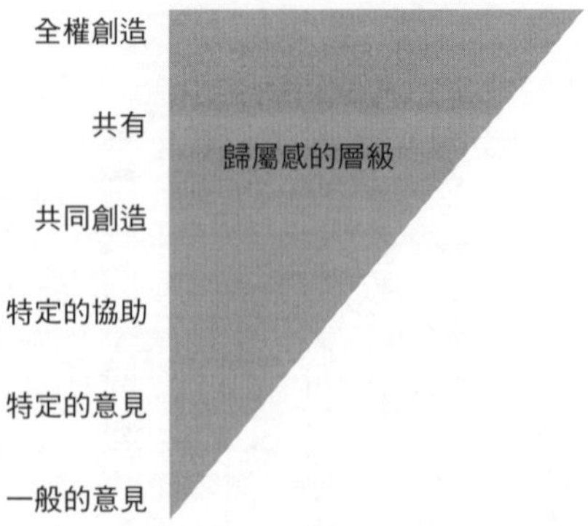

圖 8-1　不同程度的參與與歸屬感層級之間的關係

們獲得的歸屬感越強，感受到的價值就越大，改變的動力也就會越高。

我被「歸屬感」了

在霍巴特（Hobart）城北的河邊，有一棟很搶眼的混凝土建築物：古今藝術博物館（Museum of Old and New Art, MONA）。我去參觀時，博物館大門外面有許多販售食品與飲料的攤販。當時我昏昏欲睡，所以走向其中一個賣冰咖啡的小攤。一走過去，店裡的男人抬頭看見我就說：「嘿！我看過你，在電視上，對不對？」我並不常被人認出來，所以有點意外。「對呀，我有時候在ABC電視臺的 *Gruen Planet* 節目裡當嘉賓。」他說我在節目上講得很好，然後加了一句：「不過沒有陶德與羅素他們兩個講得好。」那兩位是節目上的固定嘉賓。好吧，我還是謝謝他對我的肯定，雖然最後一句話有點怪怪的。

那店主接著問我：「我可不可以拍一張你喝火箭的照片？」「火箭」是他店裡一種冰咖啡的名字。我點頭同意。在我還沒反應過來時，這傢伙已經把我的照片上傳到推特（見圖8-2），並加上這個標題：「@adamferrier 正享受著他的第一杯火箭」。我轉發了他的推文，於是他得到至少五千人的閱讀量。之後我邊走邊想：「真搞笑，這成了我的第一次產品代言。」但馬上我就發現，我並沒有收到任何酬勞，甚至連一杯免費咖啡都沒有！他只是要我幫了個忙，拍了一張我喝他的冰咖啡的照片，然後放上網；接著我又幫了他一個忙，幫他轉發。這正是一個富蘭克林效應和稟賦效應一起發揮作用的例子。

可口可樂與歸屬感之二

二〇〇五年，可口可樂公司進行了一次二十二年來最大的產品上市任務：將沒有糖分的可口可樂 Zero 正式推向市場。那一年的早些時候，這項產品在美國的上市活動成了一場災難，主要是行銷活動造成的。廣告裡畫面是這樣的：一個帥氣的二十多歲小伙子隨意撥弄著手裡的吉他，說唱著：「我要讓世界歇一會兒……」(I'd like to give the world a break…) 隨著歌聲，一些朋友陸續加入坐在一座費城式屋頂上的他。同時，一些人在裝設喇叭等音響設備，還有一些手拿可樂瓶的人，像是在等著參加派對。最後他們如同唱詩班一樣集合起來，有節拍地一起左搖右擺，唱著：「我要讓世界

圖 8-2　我喝火箭冰咖啡的推特照片

冰爽一下……」（I'd like to teach the world to chill…）

到這裡，如果你是可口可樂迷，就會意識到這則廣告想複製一九七〇年代可口可樂的廣告傑作〈山頂篇〉（Hilltop）。這則廣告裡還改編了一首經典歌曲〈我要教世界一起唱〉（I'd like to teach the world to sing）。可惜的是，這個題材既無法打動可口可樂想要針對的Y世代男性消費者（他們太年輕，根本沒接觸過當年那則經典廣告），也沒跟大家說清楚，可口可樂Zero就是這個全世界最受歡迎飲料的全新無糖配方。結果可想而知，它頭一個月的銷量只占超市裡所有碳酸飲料的〇・九%（Robertson, 2006）。此時澳洲市場開始組建一個團隊，要負責籌畫可口可樂Zero在此地的上市計畫。團隊成員包括可口可樂人員、廣告公司Kindred、市調公司Pollinate，以及當時我所在的奈科傳播的團隊等。因為美國的上市策略無可借鑑，我們得一切從零開始。

Pollinate（現在叫Social Soup）負責協助我們進行上市的準備工作，它的公司老闆是霍華・佩利—賀斯班茲（Howard Perry-Husbands），他是那種高深莫測、精力充沛、有點瘋狂科學家感覺的人物。在他的協助下，我們為可口可樂Zero設計了一個計畫，要搶先把可口可樂Zero品牌的歸屬感交到一些很有影響力的意見領袖手上。二〇〇五年十月的某天，兩箱可口可樂Zero被送到一千名「早期採用者」的家門口，他們都是Pollinate精心挑選的。我們的目標受眾就是這些十六到三十五歲的男性。我們請他們協助找朋友試喝這個新產品，他們自己可以喝掉第一箱，第二箱則請他們與朋友分享。然後，我們請這些人代表品牌幫我們進行市調。平均每一位意見領袖把可口可樂Zero分享給十七位朋友，並蒐集了朋友們對產品的想法與意見。也就是說，我們蒐集到一萬七千條來自一群非常有影響力的消費者的意見。甚至有一些很有生意頭腦的意見領袖，把一瓶可口可樂 Zero 產品放到 eBay 上賣，並號稱是「獨家版」。我們也因此接到可口可樂亞特蘭大總部的電話，問我們為什麼在產品上市前幾週，可口可樂 Zero 就已經充斥在社交媒體的每個角落了。

霍華和他的市調團隊認真研讀了來自意見領袖們的意見與回饋。一個重要發現是，他們不喜歡罐子的顏色（在美國市場，原本可口可樂 Zero 的罐子是白色的）。消費者說這顏色太女性化，而且與原本的健怡可樂太接近。他們建議應該變成黑的。在與可口可樂總部通了很多次情緒激昂的電話後，可口可樂公司終於同意改變包裝的顏色。也因此，我們那幫早期採用者成了品牌的共同創造者，對品牌有了強烈歸屬感，也更願意在行動上支持這個產品。另一個效應也同時發生，這件事讓澳洲可口可樂辦公室的團隊對可口可樂 Zero 有了無可比擬的歸屬感，這帶給他們莫大的鼓勵。

我們的下一步工作是讓盡可能多的人在最短時間內，開始嘗試這個產品。在澳洲，有個最受歡迎的全國性盛事，叫做「大日子音樂節」（The Big Day Out）。數以千計的樂迷會在這一天蜂擁而至，來欣賞比如 Rhombus（一支樂隊組合）、Hilltop Hoods（一支嘻哈樂隊組合）以及法蘭茲・費迪南（Franz Ferdinand，一支英國獨立搖滾組合）等音樂大咖的表演，而且許多人都會拿到一罐可口可樂 Zero。隨著試飲活動在全國展開，光是二〇〇六年一月二十六日這一天，就發出兩萬罐可口可樂 Zero。整個上市活動被稱為「Zero 運動」（The Zero Movement），可口可樂 Zero 的影響力也如雪球般越滾越大，從一名部落客和一些街頭塗鴉開始，最後上場的則是大型戶外廣告和電視廣告。我們緊跟的節奏是，一定要先確定目標消費者已經用自己的方式接觸到品牌，我們才用宣傳活動跟進。

在上市活動開始一個月後，已經有一百萬澳洲人品嘗過可口可樂Zero。三個月之內，可口可樂Zero已經超越了百事可樂的Pepsi Max。可口可樂公司在二〇〇六年總結時做了這樣的評價：「可口可樂Zero的上市活動，被尼爾森公司評為十年來橫跨飲料、糖果與個人護理等品類，最成功的新產品上市案例。」

可口可樂Zero之所以成功，源自我們鎖定了一個原本就很願意改變行為的人群（十五到三十六歲的男性），授予他們歸屬感，邀請他們向朋友介紹產品，並讓他們用自己的方式認識這瓶飲料。消費者與廠商之間的互動不但創造了消費者對品牌的歸屬感，也強化了可口可樂在他們心中的正面印象。我們運用富蘭克林效應，請消費者幫忙分享可樂給朋友，並把意見回饋給我們。他們對可口可樂Zero的偏好，最終自然反映在銷售數字上。更值得我們驕傲的是，產品在澳洲成功上市後，我們創造的策略被可口可樂公司升級為可口可樂Zero的全球策略。全世界的可口可樂Zero都變成黑色，產品也正式走進可口可樂的產品家族中。

工作與生活中的應用

歸屬感能不能應用在日常生活中？好幾年前，我與其他人一起租屋子，很幸運地，其中一位室友有潔癖，她無法忍受屋子裡任何髒亂的存在，所以總會主動幫大家打掃。直到有一天她搬走了，我們有了一位新室友瑞秋，於是大家必須商量一下日後如何進行打掃衛生的工作。瑞秋召集室友開會，問大家關於清潔工作的想法。我建議不如找一位清潔阿姨來幫忙，大家都同意。另一個建議是做一張任務分配表，每個人可以選擇自己最不討厭做的那些清潔工作。後來，我們完成一張很漂亮的任務分配表，它成為掛在牆上的一張小小布告板，甚至成為朋友來訪時的一個話題點。於是兩個方案同時並行，我們的屋子一直都能保持乾淨又和諧。這裡面反映了簡單的道理，當你詢問眾人的意見、而非告訴他們應該怎麼做時，就能創造歸屬感，對方也更有可能做你期望他做的事。

傑瑞米．迪恩（Jeremy Dean）是心理學家，他開了一個很受歡迎的心理學部落格叫做PsyBlog。他曾提出一個我很喜歡的觀點。二〇一二年二月，他寫了一篇名為〈一個人人都應該知道的（超簡單）說服技巧〉的部落格文，是根據在兩萬兩千人身上完成的四十二項研究實驗總結而來。這個技巧是這樣的：如果你要說服某人為你做某件事，你要先問：「你有沒有辦法做這件事？」他們可以選擇接受或拒絕。所有的研究都發現，這樣問可以讓對方接受要求的機率增加一倍。詢問的具體用詞並不重要，比如「你不是非做不可」的效果也一樣。但是，這個詢問必須在面對面的情況下發生，而不是透過郵件或其他缺乏人與人直接互動的溝通方式。當你讓人們感覺他們擁有自主權，也就是歸屬感時，你會更容易得到你想要的結果。

解除稟賦效應

想像一下，你正在一家化妝品店，店老闆很懂得運用歸屬感的技巧，鼓勵你拿起一盒價格不菲的眼影產品，要造成對你的稟賦效應。由於這盒眼影已經在你手中握了一陣子，你貌似擁有了它，於是把它看得更有價值（其實東西在手上的時間不用很久，稟賦效應就開始發揮效果了）。這時候，你其實仍然不很確定自己是不是喜歡這盒眼影，希望能夠做出該不該買的客觀決定，你該怎麼做？

這個神奇的答案是：去把手洗一洗。

二〇一三年，知名的澳洲學者阿恩德．佛羅拉克（Arnd Florack）與他的團隊發現，在握住東西之後把雙手洗淨，就能減輕稟賦效應的作用。他們是這樣解釋的：「洗手這個物理行為，能夠透過降低擁有與不擁有的事物間的不對稱感覺，把認知系統重置到一個比較中性的狀態。」（Florack et al., 2013）。他們的發現也證實了在體現認知（embodied cognition）領域的研究結果。該領域著眼於研究人的不同認知之間的內在互動，以及認知如何被我們的實際體驗所影響。所以當你對迎面而來的購買衝動有所遲疑，也不想只是因為握在手裡就高估了一樣東西的價值時，趕快把它放下，去洗洗你的雙手。

重點回顧

當人們感受到對一個品牌或議題的歸屬感時，他們更有可能展現你所期望的行為。從詢問他們的意見、給人們表達真實建議的機會，到讓他們能夠參與共同創造乃至於全權創造事物，都能透過歸屬感創造欲望與價值。

今天，借助社交媒體和智慧型手機，品牌完全能夠即時獲得消費者的回饋，並針對回饋採取行動。這個過程的確有點嚇人，因為你會把自己完全暴露在可能的稱讚與詆毀中。在你要求消費者改變他們的行為之前，往往你先要改變的是企業本身的行為。無論是邀請消費者為新漢堡命名，或是把某人的名字印在可口可樂上，都會將歸屬感帶給你所想要影響的對象，讓他們成為品牌的共同創造者。當你把一項指令變成一個詢問，人們就會願意跟你一起解決問題。反過來說，從消費者的角度來看，當你要對一個產品名稱或包裝設計提供建議、回饋或意見時，你可要留意，因為你將會把標的物的價值看得更高，正是因為他們請求你幫了他們一個忙。

行銷創意人

邁可・諾頓

雖然往往那些想說服他人的人，都會把全部關注投向他們的目標對象（我該向這個人說什麼才能讓他同意？），但真正能成功說服他人的人，至少會轉移部分的專注到另一個對象上，即他們自己。在領導力、談判力和說服力的研究上都發現，自我意識清晰的人（非常清楚自己的想法與情緒會塑造自身行為的那些人），更能把自己的想法傳達給別人，從而比較能夠改變他人的想法。這還有一個附帶的好處，自我意識清晰的人，比較不受其他人不夠扎實的觀點左右。專注你的內在意識，會讓我們更能成為一個說服者而非被人說服的人。

邁可．諾頓是哈佛大學商學院的副教授，也是《快樂財富：聰明花錢的科學》（*Happy Money: The Science of Smarter Spending*）這本書的共同作者。我是最近幾年在一個會議場合發表演說時遇見邁可的。我的預測是，邁可將會成為我們這個時代裡最有影響力的思想大師之一。

9 玩樂：世界就是一個遊樂場

不是因為我們老了所以停止玩樂，而是因為我們停止玩樂所以才會變老。

——蕭伯納（George Bernard Shaw），愛爾蘭劇作家

如果是別人叫你做的，那就只是份工作。（喀爾文給哈比斯的忠告）

——比爾．瓦特森（Bill Watterson），美國漫畫家，著有《喀爾文與哈比斯漫畫集》（*Calvin and Hobbes*）

尿尿遊戲

在皇后日（Queen's Day）假期期間來到阿姆斯特丹，你會看到滿滿的橙色：人們穿著橙色的T恤，戴著橙色的帽子、假髮，還有塗在身上的彩繪；老虎裝扮的人滿街都是；橙色氣球和橙色旗幟，裝點著整座城市；連廣場上的噴泉噴出來的都是橙色的水柱……這一切都是因為橙色是荷蘭皇室的代表色。在皇后日還有另一個比較不雅觀的傳統：把尿灑在城裡一條很有名的運河裡。雖然整條街上到處都是臨時的公共廁所，還是有很多人——對啦，主要

是男人——堅持要往運河裡「解放」。節日的慶祝活動總是有數以千計的群眾參加，所以你可以想見這條運河聞起來會是什麼味道。

阿姆斯特丹的水務管理部門想改變這種陋習。二〇一二年，在廣告公司Achtung!的協助下，它們推出一個叫做「全力釋放」（Piss Off）的活動，把戶外的公共廁所變成一個個遊戲站，號稱這是一個「要把尿尿變好玩的室內遊戲」。

這場遊戲是這樣進行的：它們沿著阿姆斯特丹運河邊設置了一些色彩鮮豔的臨時廁所。每一座臨時廁所裡都有四個隔間，每個隔間都連接到一個巨大的數位螢幕上，外面的人都看得見。在慶典中狂歡的遊客可以走進一個個隔間裡，用他們小便的力量讓一個鴨子圖案浮在螢幕的最上面。第一個讓鴨子到達頂端的男人（或女人），就會得到螢幕上一個大大的「冠軍」一閃一閃地為他／她慶祝。還有另一個獎項是給一天貢獻最多尿液的贏家，他／她會得到一筆水費帳單的減免金額。

活動非常成功，一共有八百五十人使用了這些臨時廁所，一共收集了九百二十公升的尿液。更重要的是，水務公司的清潔支出得以大大減少，而皇后日的慶祝群眾也不用再忍受難聞的臭味。

這家公司成功影響了人們的行為，把一項活動變成一場遊戲。把尿尿變得好玩，其實這件事看起來並沒有那麼難。如果你問男生有沒有試過用自己的小便寫名字，答案一定是「yes」。男生從小就喜歡用小便玩遊戲。事實上，人，天生喜歡玩遊戲。

用玩樂影響消費者的行為並不是什麼新鮮事。你一定有過這樣的經驗：打開一瓶汽水，撕開瓶蓋裡面的軟墊，看看自己有沒有中獎。這些獎其實通常都很小，往往最多就是「再來一瓶」，但是也有機會碰碰運氣，可能獲得一個超級大獎。你會因此去買一瓶汽水來參加這個遊戲，與此同時，你也會在這個過程中形成對這個品牌的正面聯想。**玩樂是一個影響行為的超強行動刺激。**

在飯店裡玩一場遊戲

藝術系列飯店集團（The Art Series Hotel）在墨爾本擁有三家精品風格的飯店。三家飯店都以澳洲當代藝術家為名，並以他們的作品作為飯店主題。走進布萊克曼飯店（The Blackman），你會看見查爾斯・布萊克曼（Charles Blackman）的《愛麗絲夢遊仙境》系列畫作裡那些鮮明的人物造型與憂鬱的臉龐；走進卡倫飯店（The Cullen），揮灑的則是「阿奇巴獎」（Archibald Prize）贏家亞當・卡倫（Adam Cullen）大膽狂野的畫風；三家飯店裡最高端的是奧爾森飯店（The Olsen），呈現的則是約翰・奧爾森（John Olsen）醒目抽象的視野。三家飯店的入住率都相當不錯，但只有一段時間除外：暑期時段。每年從十二月中旬到一月澳洲網球公開賽之前這段時間，飯店總是要為過高的空房率傷腦筋。

飯店的行銷經理莉茲・奧斯丁（Liz Austin）找上奈科傳播，問我們有沒有興趣參加他們業務的比稿。他們希望能在夏季得到一千人次的入住、讓網站流覽量增加一倍，同時為飯店創造更多的媒體曝光機會。在給我們的簡報中，他們還提到打算推出一些優惠方案，包括住兩晚打九折、住三晚打八折等，還有一些其他的套裝優惠。我們有一星期的時間準備贏的策略。

過去十年間，我每個星期至少會住一個晚上的飯店，所以算得上經驗豐富。雖然這是個競爭激烈的行業，但飯店之間的差異其實小得讓人意外。你預定好一個房間，到櫃檯辦理入住（一個永遠搞不懂為什麼要花這麼長時間的程序），然後拿到一張房卡。除非你是查理・辛（Charlie Sheen），否則只是睡一覺、醒來、洗個澡，然後退房。或者像我常做的事，不退房直接離開。我一直不明白為何一定要辦理退房，反正飯店總能想辦法確定你付過房費。

在我的經驗裡，當一個市場的品類步入成熟，競爭對手便只能開始互相抄襲。它們做一樣的事，形成品類的「約定俗成」。過了一段時間，這些約定俗成便成了遊戲規則，也不會有人提出質疑。從飯店業的例子看，多數就是用折扣推銷它們的房間，不然就是訴諸床鋪有多麼舒適，或是能讓你好好放鬆休息。要再強化吸引力，它們會提供免費住宿或免費早餐。我覺得是時候用不同方法解決飯店入住率的問題了。

在討論策略的過程裡，我們聊到如何徹底扭轉住飯店那種既沒人情味又制式化的糟糕體驗。還有，人們住在飯店，總是想讓他們付出的錢產生最大的價值。多數人，尤其是經常旅行的人，會把飯店提供的小瓶洗髮水和清潔用品帶回家。這可不是偷竊——你沒為它們少付一分錢——但把它們塞進行李箱裡總是感覺挺爽的。而當你辦理退房時，他們一定會問你有沒有消費迷你吧裡的食品，這有點像一場員警抓小偷的「遊戲」。假如你吃了裡面的東西，就會有一種衝動想回答「沒有」。於是，我們想為住飯店的體驗添加一點新價值，把住在藝術系列飯店變成一件好玩的事，而不只是提供優惠促銷。想法肯定得圍繞著藝術打轉，這毋庸置疑。但我們要如何把藝術變成一場遊戲？剩下的時間有限，對手又都很強。我們只好把這個問題拋向廣告公司裡的每個人，請大家一起幫忙想，希望有人能想出好點子。

遊戲規則

史都華・布朗（Stuart Brown）博士是個很愛玩的人。事實上，他是美國全國玩樂協會（National Institute for Play）的總監。史都華認為，人類是「地球上最童心未泯的動物」，所以我們都喜歡玩。他說：「從體質人類學家的角度以及許許多多研究得到的證實，我們是所有生物中最有彈性也最具可塑性的一種。也因此，我們是最喜歡玩的生物。」（Brown & Vaughan, 2009）他在TED[12]上有一場精彩的演講，深入討論了這個概念，並號召人們要玩得更多。布朗博士相信，玩樂對智力的發展乃至一個人一生的幸福都非常重要。他還以史帝夫・賈伯斯（Steve Jobs）和理查・布蘭森爵士等成功人物對玩樂的強烈執著為例，證明玩樂與成功之間的緊密關聯性（Brown & Vaughan, 2009）。

以玩樂作為影響行為的策略，其實由來已久。且想想一位想引誘孩子吃東西的爸爸或媽媽，當孩子不肯吃時，他們會想辦法把吃東西這件事變得好玩：叉子上的食物突然神奇地變成一架飛機，正要飛向一座停機棚（孩子張大的嘴），於是孩子就願意乖乖吃東西了。

玩樂可分為四種主要類型：

一、**對象的玩樂**（object play）：也就是玩一件東西，就像玩玩具。把孩子盤裡的馬鈴

⑫ 譯註：TED專門邀請「世界上最引人入勝的思想家與行動家跟大家談談他們的人生（最多不超過十八分鐘）」。請參見 www.ted.com。雖然布朗本身看起來沒那麼好玩，但請一定要把他的演說看到最後（參 QR Code 22）。

QR Code 22

薯泥、肉和胡蘿蔔變成一隻可愛的恐龍，這種就是對象玩樂的最簡單例子。對象的玩樂能讓我們學會運用權力，並產生對自己能夠掌握事物的自信，幫助我們發現自己具備的影響力，以及了解能控制與不能控制什麼。比方說，你有沒有試過用手指轉筆玩？

二、**身體的玩樂**（body play）：這比較常用在人們拓展肢體能力的領域中，如健康與運動等方面。這可以是小孩子用手做遊戲，也可以是成人展開雙臂，想看看究竟能把雙臂拉開多長。耐吉的Nike+和愛迪達的miCoach，就是品牌協助人們把各種身體的玩樂進一步遊戲化的好例子。身體的玩樂能幫助我們掌握自己的身體、健康以及生理上的最大可能性。

三、**角色轉換的玩樂**（transformational play）：這時候人會暫時忘掉自己，透過想像或科技手段，搖身一變成為另一個人。可以是孩子想像自己是位超級球星，正在準備射門；也可以是成人正在進行角色扮演的訓練，假裝自己就是一位統領大局的企業家。這些想像的遊戲能帶給我們創造力並幫助我們打開心扉，在解決難題時也是一種非常有用的工具。

四、**社交性玩樂**（social play）：這通常是在一個安全、被稍微設計過的環境裡與他人互動、競爭或合作，以達成某個目標或創造某種成果的過程，比如一群孩子一起在沙坑裡玩或一群朋友聚在一起打網球等。社交性玩樂教給我們的是與人合作以及競爭的價值，加上社交技巧和解決社交問題的能力。這也是廣告人經常利用的一種策略。

如果說史都華．布朗是現代玩樂學之父，那麼珍．麥戈尼格爾（Jane McGonigal）就是「**遊戲化**」（gamification）之母。遊戲化指的是運用遊戲的機制與結構把一個情境變得好玩，世上多數的情境都可以遊戲化，於是能夠帶來更高的參與度。舉例來說，讓孩子沿著人行道往前走，他肯定覺得很無聊；但如果讓他想像把走路變成遊戲，故意去踩地磚上有裂縫的地方，就可能把走路變成一段旋律：「裂縫踩一腳，媽媽摔一跤」（Step on a crack, break your mother's back.）。要你去買一條巧克力棒，這太稀鬆平常了；但如果巧克力的包裝紙裡頭會告訴你，去哪個祕密地點可以找到一條黃金巧克力棒，讓你贏得一場競賽，是不是就很不一樣了？買一條巧克力棒就會變成一場遊戲。遊戲化能夠把一件事情變得參與性更強、更有樂趣且更具吸引力。最後的結果就是人們會更容易去做你想要他做的行為。

廣告人為什麼喜歡遊戲化？

人類之所以喜歡遊戲，來自我們大腦裡的獎賞機制：多巴胺（Koepp et al., 1998）。當我們參與一項能夠帶來獎賞的活動時，大腦會興奮起來，因為它期待獲得獎勵。就像我們在玩吃角子老虎[13]時，沒有人知道能得到多大的獎（可能很大也可能一無所獲），我們也不會知道什麼時候才會中獎（如果真有機會中的話）。即便結果不可預測，我們大腦的反應卻是根深蒂固。這反應源自人類沿襲自漁獵時代，推動我們不斷狩獵以獲取食物的原始能力。心

[13] 作者註：我曾經有個吃角子老虎的客戶，他們一直想要創造效益更好的吃角子老虎。生產商對什麼樣的吃角子老虎有市場已經掌握了一些原則（後面章節會提到更多細節），但究竟哪一種機器會成功而哪些類型又不會，其實他們仍然所知有限。我很驚訝地發現，以他們所擁有的資源與財力，每當他們要推出一款新機器時，卻永遠不知道它是不是會帶來好效益。每當我們開始了解人類行為的某些部分時，有一點永遠不能忘記：我們仍然一無所知的領域還有很多。遊戲化不是件容易的事，如果有人把他在這領域能做到的事說得天花亂墜，你可要當心。

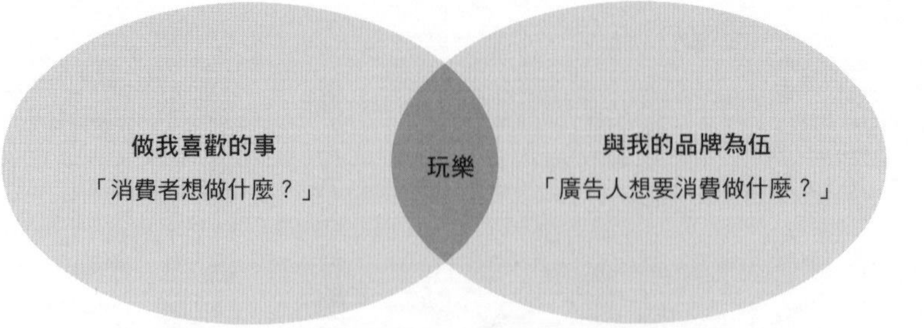

圖 9-1　遊戲化讓消費者把廣告當享受的示意圖

理學家稱之為「多變性的正向增強」（variable positive reinforcement）。直至今天，也是這種力量在讓我們永無止境地查看電子郵件以及Line朋友圈（下一件趣事什麼時候出現？它會多有趣？繼續盯著手機吧）。

而在廣告領域之所以經常玩遊戲，還有另一個原因，就是科技的力量。智慧型手機和社交媒體的普及，已經讓全球龐大的人口都參與到遊戲中。廣告會用各種腦筋急轉彎或智力問題，在社交媒體上娛樂網民。技術則讓品牌能夠即時與人們產生互動，尤其透過社交媒體，讓人們更深入品牌的世界。

廣告人擁抱遊戲，還能讓他們創造與消費者雙贏的局面。在過去的傳統模式中，廣告只會打擾人們的娛樂，例如把你正看得開心的綜藝節目打斷。而現在，遊戲化能夠把廣告本身變得好玩，如圖9-1所示。遊戲化的廣告讓人們更願意與品牌互動（這是廣告人要的），消費者則得到玩遊戲的機會（這是消費者要的）。遊戲化讓消費者在被行銷動作影響的同時，也得到一次玩樂的享受。

簡而言之，**玩樂是一種影響行為的有效策略，但要記得一個前提：你要能掌握並操控消費者所處的環境**。當一位媽媽把手中的食物變成要飛進孩子嘴裡的飛機時，她能夠掌控整個環境。不過話說回來，在創造一個遊戲化環境時，真要完美掌控每一個變數其實相當不容易。另外，當你要改變的行為比較複雜或需要持續給予引導時，運用遊戲化的手段會更容易發揮效果。還有，如果想要發生的行為是需要一步一步漸進式積累的，玩樂會是更容易見效的策略，比如減肥、減少暴力行為或是養成運動習慣等，都屬於這類行為。而一次性的行為改變，比如讓人去購買某品牌的冰淇淋，就不屬於此類。

一場犯罪遊戲

花了一個星期，我們想到一些很好玩的方案，能夠好好回答藝術系列飯店給我們的簡報。我們把三個想法非常簡單地寫在三張Ａ４紙上，一張一個。向客戶提案時，只有我和奈科傳播的一名策劃人員愛莉亞。

什麼樣的遊戲能讓你想預訂飯店的房間？當你走進奧爾森飯店大廳時，襯托著純白地板與栗子色牆面，映入眼簾的是一幅約翰·奧爾森的巨大壁畫，由鮮黃色的狂放筆觸與許多紅色與藍色的斑點組成。這家飯店是藝術系列飯店中風格最嚴肅也最高端的一家，也是我們向飯店團隊提案的地方。在穿過風格強烈的大廳之後，我們被帶到莉茲那間小小的沒有窗戶的辦公室。等到茶和咖啡全部上桌之後，我們開始進入正題。莉茲對我們花時間參與這次比稿表示感謝，然後客氣地問我們帶來哪些想法。

我開始談道，我們需要一個能夠刺激人們想要在藝術系列飯店訂房的好想法。既然是藝術，不如我們來挖掘一下墨爾本歷史上一些「雅賊」的故事，比如在一九八六年維多利亞國家美術館發生的畢卡索作品《哭泣的女人》失竊案。（順帶一提，這並不是一件純粹的竊案，而是由「澳洲文化恐怖分子」策劃的政治事件。他們威脅如果政府不增加藝術經費的調撥，就要毀掉這幅名畫。最後這幅畫被匿名送回美術館，到今天仍然是件懸案。）這讓我們想到，何不在人性的陰暗面裡挖挖看？藝術、財富與陰謀之間可以創造出很有意思的衝突感。而當人們住進飯店時，他們都想要拋離原本的常規生活，做點不一樣的事。他們偷偷帶走那些小小的肥皂或洗髮水，有時甚至帶走毛巾和浴衣。這些其實都在反映我們內心對打破常規、毀壞規矩和施展自己的陰暗面的深層欲望。司法心理學有一句很棒的諺語：「**壞人做的是好人只敢夢想的事**。」（Simon, 2008）你有沒有想過為什麼犯罪在人類社會始終如此猖獗？我相信多少是因為我們每個人都有一點想犯罪的欲望。另外，犯罪與藝術之間常常會有一些頹廢又迷人的連結，比如藝術品大盜、名作贗品以及「粉紅豹」（The Pink Panther）[14]等故事。

既然如此，下面這個想法你感覺如何？我們想要邀請人們來飯店裡過夜，然後把藝術品「偷走」。

在藝術系列飯店裡的每一間房都放置了昂貴的藝術品，這個想法自然把莉茲嚇了一跳。我向她解釋，這場「遊戲」只會鎖定一件專門為了這個活動採購的藝術作品。我們心中屬意的作品是班克西（Banksy）[15]的畫作。這是一位以諷刺風格見長的街頭藝術家，在世界各地的各種牆面上都能找到他獨特拓印風格的塗鴉作品。二〇〇三年，班克西跑到墨爾本，然後偷偷在牆上留下一些噴繪圖案，像是一隻在跳傘的老鼠和《小小潛水者》（*Little Diver*）——一名頭戴老式深海潛水頭盔的小人物。而我們想買的作品叫做《沒有球的遊戲》（*No Ball Games*）。這幅作品與盜竊息息相關，因為在倫敦的托特納姆格林（Tottenham Green）一家商店外牆的原始畫作，就是被人用切割機偷走的。

在我們的規劃中，有興趣的人必須在十二月十五日到一月十五日之間，在任一家藝術系列飯店預定一間房。入住期間，他們可以在飯店裡搜尋班克西的《沒有球的遊戲》。畫作會在三家飯店之間移動，以便帶動每一家飯店的預約，也為了加強那種貓捉老鼠的刺激感。如果有人找到畫作，並且能夠從飯店把它偷走而不被發現，他就可以保留這幅畫作。但如果被逮著了，就得把它掛回牆上，等待下一個人去偷。

我們的客戶非常喜歡這個創意。我們還提了另外兩個想法，但我已經想不起來是什麼內容了。在會議尾聲，我告訴他們我們最喜歡的想法是「偷走班克西」。其實我還多透露了一些真相，承認另外兩個想法只是用來陪榜。我們覺得最棒的點子、也是唯一能達到他們所期望目標的想法，就是「偷走班克西」。

第二天，莉茲打電話給我們：「我們和執行長都愛死了這個創意。我們決定要執行這個創意。接下來怎麼做？」

為道路安全和賺錢而玩

在廣告圈「玩」得最有創意的一個案例，是二〇〇九年德國福斯汽車推出在部分車型上

---

⑭ 編註：國際犯罪組織，以搶劫名錶、珠寶等犯罪行為名聞全球。

⑮ 編註：倫敦最有名的塗鴉藝術家，常在英國各地的美術館用掉包的形式將世界名作換為自己的仿作，時常引起媒體轟動。被譽為「世界上最有才氣的街頭藝術家」。

採用的 BlueMotion[16]環保科技。為了推廣這些車款，福斯汽車的廣告公司，斯德哥爾摩的DDB，認為這些行銷活動應該與玩樂連結在一起。我在第一章提過這個案例把出地鐵站的樓梯變成一座巨大鋼琴琴鍵的故事，這個鋼琴樓梯的創意後來延伸成為一個全球性創意競賽活動，徵求對最平常問題的最好玩解決方案，活動主題叫做「好玩理論」（Fun Theroy）。

最後的獲勝者是來自美國舊金山的凱文・理察森（Kevin Richardson），他正好也是尼克兒童頻道（Nickelodeon）的遊戲部門製作人。他的創意叫做「測速照相彩票」（Speed Camera Lottery）。在DDB製作的介紹影片中，凱文做了這樣的說明：「測速照相彩券有兩種功能：第一，它會把超速的車拍下來，給司機罰單，這些罰款集中在一個獎金池裡。如果你很守規矩沒超速，你一樣會被拍下來，就可以加入彩券的抽獎，有機會把那些違規者的罰金變成你的獎金。」（案例影片請QR Code 23）凱文拋出了這個問題：我們有沒有辦法讓人們因為好玩而循規蹈矩？「我確信玩樂可以改變人類的行為，看到我這個構想從一個參加比賽的簡單想法最後真的可能成為現實，這讓我非常激動。」

不到一年，他的創意在瑞典首都斯德哥爾摩開始了實驗。實驗人員在一所學校外面限速為時速三十公里的道路裝上一部測速相機。通過路段時遵守限速的駕駛人會收到一張彩券，彩券要贏取的獎金正來自那些超速駕駛被罰的罰金。三天之內，一共有二萬四千八百五十七輛車在相機前經過。進行實驗之前，通過這裡的平均車速是時速三十二公里，實驗期間則降到時速二十五公里，也就是下降了二二%。遵守速限可能帶來的獎金，確實影響了駕駛人的行為。

那麼另一方面，玩樂能不能鼓勵人們省錢呢？八十七歲的比莉・瓊・史密斯身穿白色運

QR Code 23

動衫和紅色外套，胸前捧著一張超大的支票，開心地笑著。支票上有她的名字，上面的金額是十萬美元，旁邊有一群人圍著她微笑鼓掌。她是怎麼得到這張支票的？比莉是一家日間照護中心的退休主管，贏得這筆錢只因為她在信用合作社開了一個儲蓄帳戶。

比莉參加的是美國的一項有獎儲蓄（Prize-Linked Savings, PLS）實驗，旨在鼓勵人們多儲蓄。這項計畫鼓勵人們不要再買彩券，而是把錢存進儲蓄帳戶中，雖然利息低於其他金融機構，但是有贏得一筆現金大獎的機會，所以也稱為「零損失彩券」。每存入二十五美元，就能得到一次月度抽獎機會，或者也可以選擇一年才抽一次的超級大獎。在密西根州和內布拉斯加州，三年多的時間裡，新增了大約兩萬五千個儲蓄帳戶，總存款金額達到四千一百萬美元。這個創意讓人們覺得存款不再是一種犧牲，而變成一場令人興奮的遊戲。

遊戲開始

在藝術系列飯店確定了那個挖掘人性陰暗面的遊戲想法之後，我們開始準備活動需要的畫作。首先，我們找到班克西的作品經紀，一家叫「蟲害防治」（Pest Control）的公司。我們買了兩幅作品：一幅花了一萬六千美元，是《沒有球的遊戲》的復刻版；另一幅叫《黑色追緝令》（*Pulp Fiction*），價值四千美元。準備第二幅畫作，是為萬一第一幅作品在遊戲一開始就被偷走的備案。在宣傳方面，莉茲了解這場活動需要讓人們立刻採取行動，只是製造

⑯ 編註：一種旨在降低汽車油耗及排放和以企業整體發展的永續性為目標的技術。

一些公關報導是不夠的——需要的是推動人們積極參與這個遊戲以立刻帶動業績。所以我們採用的還是廣告，向所有潛在的雅賊發出這樣的邀請：「一晚住宿，一次偷走名作的機會。」《沒有球的遊戲》一開始先懸掛在布萊克曼飯店裡，接著就會在三家飯店中隨時移動。從它掛上牆的那一刻起，遊戲就開始了。

在第一晚，就有好幾組人打算去偷《沒有球的遊戲》。有些人假扮成飯店的工作人員，還有人謊稱房裡的電視或其他設備壞掉了，想分散飯店員工的注意力，讓同夥能在調虎離山之時伺機而盜。很多主意都很有創意，整個遊戲也在飯店裡創造了一個歡樂與好玩的氛圍，在住客與飯店人員之間形成很多趣事與聊天話題。到了第四天，有人走進飯店，告訴飯店員工她們是奈科傳播的工作人員，要把畫作移到下一家飯店去。但這位女士根本不是我們的員工，於是《沒有球的遊戲》就這麼給偷走了！成功盜走畫作的是兩位「女賊」——梅根和莫拉。後來梅根告訴大家她們是如何做到的（Mumbrella 創意獎，2011）：

> 我們在 LinkedIn、推特、臉書和 Google 上到處搜，尋找可以假扮的工作人員身分。直到半夜，我們一直在練習各種情境的角色扮演，要練到有辦法蒙蔽飯店充滿戒心的工作人員，又能表現得毫無破綻。第二天一早，莫拉偽裝成負責這個活動的奈科傳播公司的公關主管，走向飯店櫃檯，梅根則打電話給櫃檯，全力圓好這個故事。接下來的二十分鐘是一場攻防戰，大廳經理羅伯逼問了我們一個又一個問題，莫拉照著前一晚的練習，見招拆招，最後羅伯終於被我們騙過去了。

我們真沒想到作品會這麼快就被偷走（事實上，我們本來很有自信，以為沒人能偷走它），還好我們有準備。這時候第二幅（便宜得多的）班克西作品就能派上用場了。這幅新掛上牆的畫作《黑色追緝令》，畫的是 Vincent Vega 和 Jules Winnfield 這兩名《黑色追緝令》裡的人物（分別由約翰・屈伏塔和山繆・傑克森扮演），他們手裡握著香蕉而非原本電影裡的手槍。遊戲的第二回合就此展開。各種想方設法偷走畫作的嘗試繼續不斷出現——甚至連網球冠軍小威廉斯（Serena Williams）也來參與（她剛好在飯店住了一晚，在推特上說她也要去偷那幅畫）。直到最後，《黑色追緝令》依然安穩地掛在牆上，最後我們把它捐給防止犯罪機構（Crime Stoppers）。

活動期間，一共訂走一千五百間飯店房間，比原本設定的目標高出五〇%，飯店官網的瀏覽量增加了一一二%。活動得到六十一個國家地區的各種新聞媒體與部落客的報導，創造了等同於二百一十萬美元的公關價值（Ferrier, Houltham & Hasan, 2012）。這個創意之所以成功，因為它很容易參與、很容易分享，並且允許人們去做一件平時不能做的事：做賊。這個活動的成功還有許多後續效應。最近莉茲告訴我：「『偷走班克西』不但拉開了我們與競爭對手間的距離，更讓我們躍上世界舞臺，躋身於酷飯店中的一員，成為一家敢於冒險的飯店。但更重要的是，這個創意回歸了我們的品牌核心價值，一切都為藝術體驗而生。我們的品牌定位因此而再次得到強化。」

二〇一二年，全球只有九個廣告案例同時獲得國際兩大廣告獎的最高肯定，它們是代表創意的坎城創意節金獅獎與代表有效性的艾菲獎金牌獎。「偷走班克西」正是其中的一個。請在 YouTube 欣賞案例影片（參 QR Code 24）。

QR Code 24

你以為家務不可能好玩？

你有沒有辦法把家裡的家務變成遊戲，讓家人比較願意參與？何不為各種清潔工作創造一個積分系統？比方說，收拾好洗碗機裡的碗計十分、幫整個家吸塵計五十分、把洗好的衣服疊好計三十分……當工作完成，你就可以看電視了。如果有人沒做好自己的工作，就要扣分懲罰；但如果你代替別人做好工作，就能得到額外的獎勵分數。沒完成工作的人還要做些丟臉的事作為懲罰，比如必須把很醜的照片上傳到社交媒體上之類。家中每個人的成績可以做成一張記錄表貼在冰箱上，每個家人都有一個專屬的顏色，各人表現一目了然。事實上，有人已經把這些為你準備好了：你可以參加一個網上社群並一起玩這個「家務大戰」（參QR Code 25）。

零售業能不能遊戲化？

遊戲化能不能增加一家咖啡館的客源？一個人選擇去哪兒買咖啡，一般與習慣和口味相關。一些獎勵機制，比如第十杯咖啡免費等，每一家都在做，所以也算不上差異。有個辦法是把規則改成第十二杯免費，但每一張首次消費的新積分卡上面已經蓋好三個章。這會從一開始就讓消費者走在「忠誠計畫」的前進道路上，而且讓他們願意回來再消費以完成積分的動機提高。而且，當消費者積分即將接近可以兌換免費咖啡時，他們的購買頻率還會提升（Kivetz, Urminsky & Zheng, 2006）。

墨爾本的 KereKere Café 玩得更凶。客人點了一杯咖啡後會拿到一張撲克牌，等你要付錢時，可以選擇把撲克牌投進四個玻璃罐中的一個，每個玻璃罐代表的各是一個慈善項目。

QR Code 25

你購買咖啡所付款項中的一定比例就會投向你選擇的那個慈善項目。咖啡館老闆是一個很可愛的傢伙，叫詹姆士・莫菲（James Murphy，身兼創業家與社會工作者）。他身材高大，長得很帥，對如何把消費主義變得更好玩也更公平，他永遠有令人拍案叫絕的鬼點子。有一次我遇到他，他正在把許多鳳梨和火腿搬上車。「這些是我們咖啡館辦籃球賽的獎品。」他告訴我。詹姆士一直致力於創造遊戲化的生意模式，能夠讓參與的各方都得到好處。他說：「為什麼總是老闆當贏家？為什麼不能讓大家都贏？」前面這個簡單的慈善遊戲的確創造了消費者的忠誠度，也能夠間接提高咖啡的購買次數。順帶一提，當我跟他聊完要道別時，他提到下一個計畫是「回饋湯廚」（reserve soup kitchen），雇用的員工將全是無家可歸的人，由他們為一般市民準備熱騰騰的湯。

我自己曾經提出的最棒創意之一（基於我自己有限的淺見），是為一個我服務多年的零售業客戶準備的方案，但最終沒被採納。這個客戶比較習慣於非常傳統的廣告式行銷，經常玩「買一送一」類型的促銷活動（買一送一〔buy one, get one free〕在廣告圈有一個專有名詞叫「BOGOF」，讀起來像是「bog off」——滾蛋的意思，總是讓我覺得很好笑）。我當時建議客戶把他們的下一個「買一送一」促銷變成一個「分享遊戲」（The Game of Giving）。創意非常簡單：當消費者買了一樣東西，他們可以免費選擇另一件等值商品，或者決定不要這額外的商品，但轉換為等值的金錢作為慈善捐款。我們相信這個想法能提高消費者的參與度，並且帶來媒體的關注，同時我相信這個遊戲會提高客人回店消費的頻率。可惜最後胎死腹中。行銷總監喜歡，但是執行長有所疑慮。有時候要讓人們嘗試新事物是挺困難的，人性本來就抗拒改變，有時候讓人很傷心。

羅里．蘇德蘭（本書的「行銷創意人」之一）說過，廣告的工作「就是把新鮮的事物變熟悉，還有把熟悉的事物變新鮮」。到目前為止，將零售業遊戲化是個比較少見的嘗試。不過，隨著企業對資料的掌控力越來越強，而科技公司也在不斷為零售業創造更強大的基礎架構，我相信遊戲化將是零售業的下一個發展前沿。我們會看到各種不同的定價模式，讓零售環境的玩樂化變得越來越常見。

遊戲創造更美好的世界？

包括我在內的廣告人，對遊戲化的技術都抱有非常高的興致，因為這有助於增加消費者的購買意願。另一方面，有些人在當中看到巨大的潛力，認為遊戲化也能用來解決世界上一些最具挑戰性的難題。珍．麥戈尼格爾（2011）就一直主張，我們應該好好利用遊戲化的力量，來解決世界上存在的許多大問題。她要我們想像一下，那麼多的集體智慧與精力全都被用於毫無意義的遊戲任務，比如《魔獸世界》（*World of Warcraft*）等遊戲；如果這些力量是應用在真實世界的問題上，會帶來怎樣的結果？

麥戈尼格爾與世界銀行（World Bank）合作，創造了一個叫做「喚醒」（EVOKE）的遊戲。遊戲號召線上玩家為二〇二〇年可能在非洲發生的一些預設問題一起尋找解決方案。玩家必須通過上傳部落格、視訊與照片，才能完成每一項任務。如果玩家能夠帶動其他玩家加入，他會獲得額外的積分以及更長的遊戲時間。這場遊戲在二〇一二年開放了十週的時間，共有一百五十個國家和地區的兩萬名玩家註冊參加。在遊戲過程中，玩家一共提交了兩萬三千五百則貼文、四千七百張照片以及一千五百段視訊，遊戲的瀏覽人數達到十七萬八千人次。有意思的是，遊戲中產生的許多點子，後來真的得到了落實的可能性：

- 有十個點子得到經費資助。
- 有二十二個專案找到協助未來發展的指導導師。
- 有十五個專案獲邀參加二〇一〇年九月的 EVOKE 高峰會。

你可以欣賞一下這個遊戲的宣傳片，參 QR Code 26。

二〇〇四年，美國有一群很有社會理想的「遊戲創造者」創立了一家非營利公司「變革遊戲」（Games for Change）。這家公司要「引導具有社會衝擊力遊戲的創造與普及，使之成為推動人道主義與智識教育的關鍵工具」（參 QR Code 27）。這個社群已經產出一些想法，包括：

- 你想減肥嗎？可以參加「殭屍！快跑！」（Zombies, Run!）你只要一邊運動一邊逃離殭屍的追逐，就能達到減肥的目的。
- 想捐自行車給發展中國家？玩玩看「拍檔飛輪」（Side Kick Cycle）吧。
- 想了解你的身體如何運作？快進入「弗雷德密碼：逃生模式」（Code Fred: Survival Mode），幫助弗雷德逃離森林中的恐怖之夜。
- 或者玩玩「最佳修正案」（The Best Amendment），你得在這個關於槍枝管制的遊戲

QR Code 26

QR Code 27

中，清楚分辨誰是「拿著槍的好人」與「拿著槍的壞人」。

還有一個很棒的專案，是利用遊戲化的強大力量協助瘧疾的檢測。要在顯微鏡下對著血液樣本辨識瘧疾，即使是專家也要花差不多三十分鐘。首先，你要在樣本中找到瘧原蟲；接著，你要計算出現在樣本中的瘧原蟲數量，瘧原蟲的數量越多，傳染力就越大。西班牙馬德里理工大學的米格爾．路恩格—歐洛茲（Migual Luengo-Oroz）博士想到一個主意，請線上遊戲玩家一起幫忙進行瘧疾檢測（Luengo-Oroz, Arranz & Frean, 2012），於是他設計了一個叫做「鎖定瘧疾」（MalariaSpot）的遊戲。在他的實驗中，志願參與的線上玩家必須在電腦螢幕所顯示的血液樣本中找到並數清楚瘧原蟲的數量。遊戲一開始，隨著音樂響起，螢幕會展示給你看瘧原蟲長得什麼模樣；接著遊戲會要你「點擊瘧原蟲」，螢幕會變成粉紅色，你會看到上面有許多花花的斑點；當你正確找到瘧原蟲，一張看起來很討厭的灰色卡通面孔就會出現；如果你不小心點擊了其他東西，一個紅色的大叉就會跳出來……在你努力找尋瘧原蟲時，螢幕左上角有個沙漏一直在倒計時，你的得分則會顯示在螢幕的右上角。

這遊戲其實挺容易讓人上癮，你也可以把你的成績跟其他玩家互相比較（參 QR Code 28）。

實驗進行一個月之後，來自九十五個國家和地區的匿名玩家，一共玩了一萬兩千場遊戲，米格爾博士在測試樣本上蒐集到超過二十七萬次的點擊資料。當把這些非醫學專業玩家所玩的二十二個遊戲資料整合在一起時，他發現瘧原蟲計算的準確率高達九九%。所以，當防治瘧疾也能變成一場遊戲時，人們就會有參與的行動。

QR Code 28

重點回顧

玩樂是人類的天性。玩樂最適合用來影響有程度區分的漸進式行為改變（相對於一次性的行為改變），但必須在你可以完全掌握所處環境時才能有效影響行為。遊戲化是一種圍繞玩樂來設計規則與架構的藝術，能夠把玩樂變成一場遊戲。今天有了智慧型手機和社交媒體等科技，讓一切變得更容易做到了。

當你把一件事變成一個遊戲，就能把它變好玩並且成為一種樂趣。阿姆斯特丹水務公司放棄那些寫著「不要在此小便」的牌子，轉而把廁所變成一座遊戲場。想達成你的目的，需要的是對人類行為的洞察。想吸引更多顧客的信用合作社，把開設儲蓄帳戶這件最平凡無奇的事，變成可能贏得大獎的驚喜機會。它們抓到了一個重點：一個贏錢的機會比一個存錢的機會更激動人心。如果你鼓勵人們自願協助進行瘧疾血液樣本的篩檢，我懷疑沒多少人會有興趣。但把找到瘧原蟲變成一個可以贏取分數還要與其他人比拚的遊戲，就完全是另外一件事了。相同的道理，從飯店偷走藝術作品的遊戲，也能成功提高飯店的訂房率。透過把鞭子變成胡蘿蔔，遊戲化改變了消費者的行為。

法里斯・雅各

我們為什麼如此這般行事？

我們永遠在糾結的最大問題之一，就是究竟是什麼在驅動人類的行為。身為行銷人，我們不但要了解它，還要影響它。

行為並不與信念緊密關聯。我們知道這一點，但是很難接受它，因為這與我們自認為的真實體驗抵觸。看起來，我們總是做好決定然後才行動，但越來越多的研究發現，意識本身可能只是一種附帶現象，真正的決策其實存在認知的門檻之外。

當然，這不能簡單地用非此即彼來劃分。你的身體、心靈、外在刺激和前因後果，是在一個已知宇宙中最複雜的多元系統裡交互運作，才產生最後的行為，而情感則是合理化這一切的潤滑劑。在這些系統裡，所有元素之間如何交互，就是關鍵。

我們知道多少？

我們至少已經知道這些：行為其實就像水，會沿著阻礙最少的路徑前進，盡可能依循預設的系統流動。人類的預設行為都傾向於互相模仿與互惠。我們的思考捷徑往往引導我們做出並不理想的經濟決策，卻是在可預測的範圍內。行為是個神祕的謎團，但是我們對它越來越了解。詢問某人為什麼做了某件事，只能作為一種有用的治療方法，但無助於研究、預測和解釋。行為並不以線性方式聚合，因為在互動中會隨時創造突然發生的行為。群眾的行為不等同於人的行為，而市場的行為更不等同於焦點團體。

克萊．舍基（Clay Shirky）曾說：「行為是被機會篩選過的動機。」這讓我們成了人類行為的偵探。即將到來的巨大革命，來自解碼影響行為的方式，並與人們攜手，創造積極正面的行為循環。人們恐懼也抗拒受人影響，卻不知道其實周圍一切都在影響他們的行為。如果我們能夠揭露他們受到所有事物的影響這個事實，就能幫助人們懂得如何幫助自己。

法里斯．雅各是我在奈科傳播認識的好朋友。他後來加入了MDC廣告集團（Advertising Holding Group, MDC），擔任創新與技術長，也成為世界級的思想家與演說家。他經常在世界各地巡迴演講，並為客戶提供各種精彩的創意。

10 實用性：承諾不再落空

廣告就是神奇麵包（Wonder Bread）的神奇之處。

——傑夫．理查茲（Jef I. Richards），美國廣告演說家

最好的廣告就是一件好產品。

——艾倫．邁爾（Alan H. Meyer），美國廣告人

體育迷

一九八五年，西岸鷹隊（West Coast Eagles）得到進入澳洲足球聯盟賽（Australian Football League, AFL）的資格。這對大多數人來說可能無關痛癢，但對一個在西澳洲伯斯（Perth）長大、對澳制足球充滿狂熱的男孩而言，這可是一件超級令人興奮的大事。西岸鷹隊的家鄉正是伯斯。我還記得一早起床在《西澳洲人報》（*Western Australian*）上讀到這則新聞時，我發瘋似地喊叫，叫爸媽起床來看這則新聞。挺傻的，我知道。

直到七年後，西岸鷹隊終於贏得他們的第一次ＡＦＬ超級聯賽，這又是我記憶中一個特

別的日子。我還記得在他們打了勝仗之後，我跟一位朋友一起走在伯斯的斯特林大道上，想要找家酒吧好好慶祝一下。可惜的是，我們找不到任何一個球迷聚集的地方，只好在路上徘徊，有點失落地開著我們自己的小派對。這是一個莫名其妙的經驗：我因為支持的球隊贏了而興高采烈，卻因為沒辦法跟其他球迷一起慶祝而失望透頂。我知道那些人一定正在狂歡，但我就是找不到他們在哪兒。

時間快速推進到二〇一三年。這一年，運動品牌巨人愛迪達是AFL霍桑足球俱樂部（Hawthorn Football Club）的官方球衣贊助商。愛迪達要我們想出一些好創意，能夠展現它對霍桑隊的大力支持；霍桑隊這邊則要求這個創意必須是數位化的形式。霍桑本身是數一數二的球隊，它們希望與球隊相關的創意也必須足夠時髦與新穎，沒有任何其他球隊玩過。

每當接到客戶的簡報後，所有代理商都會啟動一個「挖掘洞見」的過程；努力尋找能夠為創意的發展指出一條正確方向、並能完美解決客戶問題的有趣「洞見」或「發現」。走進這個挖掘過程，一開始我們就發現，塔斯馬尼亞省（Tasmania）是霍桑隊的主要贊助者之一。這對霍桑的球迷而言影響可不小，因為這代表霍桑隊每年有好幾場球賽必須發生在這個島省上。我們在想，有多少霍桑隊球迷會不遠千里南下看球，而他們之間要如何連結等問題。他們會住在哪裡？比賽前會做什麼？比賽時會坐在哪個位置？而比賽結束，他們又會做什麼？除此之外，我們也發現有很多霍桑隊球迷住在塔斯馬尼亞。那麼當這些球迷去墨爾本觀戰時，他們又如何知道該去哪兒以及可以做什麼？

我們發現的確有一群維多利亞省的球迷會在塔斯馬尼亞會合後再一起去看球，但還有許許多多球迷並沒有連結在一起。這些人會在最後一刻才跑到塔斯馬尼亞，希望在當地能遇到其他同隊球迷。這讓我回憶起我們孤單地走在一九九一年的斯特林大道上，尋找可以慶祝西岸鷹隊勝利的酒吧的那個悲慘故事。於是我們有了這個想法：回饋球迷的其中一個方式，就是讓他們在外地觀戰時能夠找到彼此。

實用性的效果

巴登是這樣說的（Barden, 2013）：「一個品牌與消費者的某個特定目標越有相關性，消費者就會對它的好處有越高的預期；對好處的預期越高，他們感受到的價值就會越大；感受到的價值越大，他們就願意支付更多的錢，或者願意花更多力氣得到這個品牌。」也就是說，行銷人員必須真正了解消費者的目標是什麼，才知道如何傳遞價值。

想像一下，你正覺得非常口渴，但是身上穿著一套高級西裝，因為你正準備面試一份新工作。你在你面試地點樓下的咖啡館停下腳步，打算買一盒牛奶解渴。你發現只有兩個選擇：A產品的包裝可以打開一個大開口（所以你可以喝得很快），而B產品罐附了一支吸管，頂上有一個吸管容易穿透的小孔。在這個狀況下，你的目標是要喝到牛奶，但又不能把牛奶灑得滿身都是。那麼你會選擇哪一罐？當然是B，而且我相信你肯定願意為它多付點錢，因為它明顯更能達成你的目標。附加的吸管所帶來的實用性，方便你可以喝到牛奶但不用擔心會沾到西裝上，因此這產品對你而言變得更有價值了。我們可以用下面這個公式來表達這個概念：

價值＝達成我的目標的能力÷價格

如果實用性能夠把品牌或產品變得更能滿足消費者的目標，消費者就會覺得它們更有價值，購買動機也會提高，行為改變的可能性就變得更大。

關於實用性的一個最棒例子就是耐吉的運動手環 FuelBand。這個看起來非常酷的手環，能夠追蹤與計算手環用戶所消耗的能量，這也是新近流行的「自我量化」(quantified self)[17]運動的一個代表。退一步看，其實耐吉一直在為它的消費者達成的目標是：「我要透過參與運動獲得贏的感覺。」而耐吉運動手環 FuelBand 能夠說服消費者向目標再邁進一步。這個額外增加的實用性，能夠幫助消費者追蹤消耗的熱量、評估他們的運動量，從而為消費者創造更多的價值。這不僅僅是耐吉又出了一款新產品而已，而是一個為耐吉品牌增加價值的方式。

有越多的價值注入品牌（讓品牌對消費者而言越來越有價值），品牌就變得越強大。因此，廣告人已經開始把過去投在「廣告」上的錢，轉而用於為消費者提供實用性，以說服他們實現目標。

---

⑰ 作者註：「自我量化」是近年來行銷圈的一個熱點，也是挺吸引消費者的新玩意兒。人們開始能夠透過蒐集與累積自身的資料，追蹤自己的行為。這對行銷人員來說也是個巨大的機會。品牌開始提供資料給人們，比如他們用了多少能源、他們的烹飪習慣如何、他們吃下多少熱量等，人們從而能夠將自己的資料與其他人對比，判斷自己有多「正常」（或多不正常）。自我量化的受歡迎，多少也證明了我們都有點自戀，永遠對自己最感興趣（當然這不是件壞事）。

把麵包從神奇變實用？

實用性正成為廣告的一種新手段，讓我用這個一九二一年在北美創立的麵包老品牌——神奇麵包——解釋給你聽。神奇麵包是第一個推出切片麵包的品牌，也造就了這句俗語：「有切片麵包以來（有史以來）最好的東西。」（The best thing since sliced bread.）這個麵包品牌在歷史上歷經許多大事件，比如一九四〇年代由政府資助的「營養提升計畫」，在麵包裡加入維生素與礦物質。但事實上，造就神奇麵包歷史性成功的關鍵來自它的廣告。正如密西根州立大學廣告系講師傑夫・理查茲（Jeff I. Richards）所言：「廣告就是神奇麵包的神奇之處。」

我們舉三個神奇麵包的著名廣告案例。第一個是一九五〇年代的作品，廣告裡展示的是品牌向一個小男孩介紹神奇麵包的多種神奇營養成分，讓小男孩驚喜萬分的情節。這支廣告片長達一分鐘（在那個年代，電視廣告往往長達一分鐘或更長，因為當時媒體費用相對低廉，參 QR Code 29）。下一支廣告則於二〇〇六年播出。這時候，神奇麵包的宣傳已經從純粹的廣告演進到創造「品牌化內容」（branded content）的階段，它植入了威爾・法洛（Will Ferrell）主演的熱門大片《王牌飆風》（*Talladega Nights: The Ballad of Ricky Bobby*）。在電影中，瑞奇・飽比的賽車和賽車服上面印滿了神奇麵包的名字與顏色。最後一支是二〇一三年的例子，一輛由 Nascar 賽車車手柯特・布希（Kurt Busch）駕駛的真實賽車成了神奇麵包的「品牌車」。在原本擁有神奇麵包的企業破產之後，神奇麵包品牌的新東家 Flowers Foods 為了向當年風靡一時的《王牌飆風》致敬，不但贊助了 Nascar 賽車車隊，

QR Code 29

還實現了當年電影中賽車的真實復刻版（參 QR Code 30）。

我們可以從這三支影片裡看到神奇麵包在溝通創新上的持續沿革（從傳統電視廣告到品牌化內容，再到後現代調調的贊助活動），而這三種廣告形式做的都是樹立形象的工作。三支影片都是透過又酷又具引領性的形象，嘗試持續塑造神奇麵包的「神奇」。廣告，就是包裹在麵包外面的光環，足以把一條平凡的白麵包變成「神奇」麵包。廣告的長處正在於創造一個吸引人的形象，來為產品加持。在這個例子裡，廣告創造了產品的「神奇」，也就是被消費者認知的價值，而這是看不見、摸不著的無形價值。

廣告以及它所創造的形象，也只能到此為止，關鍵是產品本身必須能夠達成並滿足消費者的需求。如果消費者說：「等等，也許神奇麵包沒那麼棒，我想要更健康的選擇。」在這個點上，廣告能做什麼？只是繼續樹立動人的形象並不能解決問題。這時候要改變的是產品本身，而這也是神奇麵包的製造商決定做的事：推出全穀物與全麥的神奇麵包。

但我們來想像一下廣告可能面對的難題。產品銷售不佳，但製造者無法調整或改變產品，這種情況其實非常普遍。那麼，你如何說服消費者購買這個產品？解決方案就是把產品在消費者眼中變得更有價值。這時，你可以設法為產品賦予「實用性」。

行銷顧問弗雷德・普法夫和亞特・卡農（Fred Pfaff & Art Cannon, 2013）在廣告業刊物《廣告時代》中曾撰文指出，廣告應該從純粹的形象建立前進到實用性的建立：

> 廣告鉅子們一向將品牌的事業建立在情感層面上，但在一個人人以行動為先的時代裡，這顯然是不夠的。行銷不能再僅僅是傳遞你的理念，而是要創造一些機制，讓人們能夠在日

QR Code 30

常生活中感受你的價值，從而讓他們走進你的品牌。因此，表達觀點只是品牌工作的開始，還需要加上一系列的技術手段來讓你的承諾成為現實。

有時候，只是告訴人們你的產品有多棒是不夠的。這時你需要為產品增加價值：實用性。

比如在神奇麵包的例子裡，也許你可以考慮隨包附贈一個午餐盒（品牌形象與產品並沒有改變，但是加上了實用性）。或者，你也可以在包裝裡附上一支木製奶油刀（在北歐很流行），人們用起來就更方便。也許，你可以創建一個手機應用程式，提供消費者關於麵包優於其他食品的營養價值資訊。再也許，這個ＡＰＰ給你的是用麵包料理三明治的「神奇」食譜。其實因為移動設備的普及，行銷能夠創造的實用性已超過過去所有的想像。

用現成材料創造新價值

如果我們同意這個算式：價值＝達成我的目標的能力÷價格，那麼行銷人員的終極目標就是以不增加成本為前提，做好這道算術題。品牌越能夠以不增加自身成本的方式（或不提高售價的方式）帶給消費者更多價值，就能變得越有吸引力。前面介紹過，二〇一三年，我們基於藝術系列飯店能夠運用的既有條件創造了額外的新價值。在這個大獲成功的「偷走班克西」活動（詳見第九章）之後，我們又接到一個任務，需要再找到一個刺激人們訂房的方法，尤其是針對夏季這個住房淡季。我們想要給顧客帶來一些新價值，不過飯店能給的預算十分有限。因此我們轉而著眼於飯店已經有的東西——他們的既有資產。以飯店這個行業來說，其實最大的資產就是沒人住的空房間。我們究竟能夠創造怎樣的價值，既不會把品牌變得廉價，又能讓它賺更多錢呢？

最後創造的解決方案叫做「延時退房」（Overstay Checkout）。做法就是，除非飯店住客所住的房間已經被下一位客人預定了，否則他們可以免費繼續住下去。在第二天早上，住客可以打電話到櫃檯詢問能否延時退房。如果接下來房間並沒有預訂，他們就能免費再住一晚。到了再隔天早上，他們又可以繼續再詢問櫃檯。有些客人在飯店免費多住了超過一星期。消費者對於能夠免費過夜當然高興，對飯店而言，其實也沒有增加什麼成本，因為反正房間空著也是空著。

這個方案帶給消費者的實用性顯而易見，而飯店一樣獲益。訂房率提高了，因為客人都想得到免費住更久的機會。更多顧客入住，他們也在飯店的酒吧與餐廳產生更多消費。這個創意帶來許多正面的公關報導（約價值一百五十萬美元）以及在社交媒體的擴散。活動的結果，飯店的訂房率比預定目標還高出五五％。現在飯店已經形成一個固定機制，能夠根據營業狀況彈性啟動或停止延時退房。這個專案後來贏得了一座坎城銀獅獎（創意類）和一座艾菲金獎（有效性類）。除此之外，還獲得世界廣告研究中心（World Advertising Research Centre, WARC）頒發的「二〇一三年全球最具創意活動」獎項以及一萬美元的獎金。這個方案在有效性上能夠獲得廣泛肯定，主要在於我們找到方法將飯店已有的現成資產（飯店空房間），轉換成為帶給消費者的額外價值。案例影片請參 QR Code 31。

QR Code 31

實用性提高行為動機

法國奧美廣告從它的客戶IBM那兒接到這樣一個工作指令，看看如果是你會如何處理。IBM告訴奧美，它接下來要做到好幾件事。首先，他們要用廣告來傳達「智慧城市」（Smarter Cities）這個價值定位，並帶給消費者實用性；也就是說，它已經決定，認為表達「智慧城市」的最好方法，是做出些真正聰明（而且有用）的事，而不只是談一談。其次，它決定將要使用的主要媒體是戶外廣告，不管是城市裡的一般居民還是企業領導者，都很容易接觸到。基於這些要求，你會怎麼做？你如何運用實用性來創造價值？

法國奧美的確找到了值得稱道的聰明方案。想像一下，你正好經過一塊刊登著IBM廣告的看板，你會留意它嗎？如果會，它會讓你對IBM產生怎樣的想法？不確定？我想，那要看廣告裡說了什麼。

再想像一下，你正走在上班的路上，突然天空烏雲密布，雨點開始灑下。你要找地方躲雨，周圍看了一圈，發現唯一能躲的地方就是一塊戶外看板，看板的頂上四分之一部分向外彎曲，剛好成為一個你可以躲在下面避雨的空間。看板漆成了醒目的藍色，上面寫著：「智慧城市需要聰明的點子，加入www.people4smartcities.com一起來聊聊。」廣告下半部分寫的則是大大的「IBM」。你現在覺得這個廣告怎麼樣？也許你還會進這個網站看一看。這個簡單的創意，是不是能讓你感覺IBM挺聰明的？

繼續這個故事。你繼續走向公司，走到一半，發現鞋帶鬆了，於是你要找個地方坐下來綁好鞋帶。向前面望去，你又發現另一塊看板。這塊看板彎曲的是底部，向上彎成一個人們可以坐在上面的平面，並且漆成像公園長凳的樣貌。這一次廣告頂部寫的是：「坐懷一個讓城市更好的聰明想法？快來 www.people4smartcities.com 分享吧。」一如前面，在廣告下半部分你會看到大大的「ＩＢＭ」。

上面是ＩＢＭ和法國奧美廣告合作的一系列戶外廣告中的兩個例子。在這一系列廣告獲得坎城戶外廣告大獎後，奧美廣告全球創意總監蘇珊・韋斯特雷（Susan Westre）是這麼說的：「我們一直想找到一個創意，能夠接觸一般市民，又能同時與城市管理者溝通，所以我們決定以戶外廣告作為媒介。ＩＢＭ一直堅信要能在溝通活動中創造『實用性』，從提供有用的資訊到創造感同身受的體驗。」（Ogilvydo.com, 2013）

這個廣告的實用性不但傳達了品牌定位（智慧城市），也帶給消費者實實在在的好處，這就是運用實用性的終極目標。你可以參考一下它的案例影片（QR Code 32）。在作者撰寫本書時，這個專案剛剛正式推出沒多久，所以這裡還無法提供結果有多成功的具體資料。不過，它已經清楚地示範了這個原理：為人們提供額外的實用性，有助於影響他們去做你希望他們做的事。

你可曾體驗過租屋之怒？

realestate.com.au 是澳洲一家地產服務網站。當它決定從原本的房屋銷售服務擴展到雪梨市的房屋租賃業務時，聰明地運用了實用性刺激這個工具。房屋租賃是個高度競爭市場，人們要找到合適的房子非常不容易。需要租屋的人會覺得每次搬家都是一個艱難的過程，總

QR Code 32

有一大群也需要租屋的人跟你一起擠在這條長長的隊伍裡。研究還發現，租屋的消費者都覺得無法得到仲介公司的善待；相對於買房顧客，租屋者都被當成次等公民，這樣的經驗既糟糕又惹人生氣。我們為這些心懷不滿的租客所體驗到的氣憤取了個名字：「租屋之怒」（rental rage），並在媒體上進行散播。

同時，我們還為租屋者創造了一個以實用性為出發點的解決方案，叫做「房屋租客會所」（Real Estate Renters Retreat）。我們把一家五星級飯店的一整層樓改造成專門提供給充滿焦慮的租屋者的休憩空間。來到現場的租客只要在網站上註冊，並且證明自己正在找房，還能參加兩天一夜飯店住宿機會的抽獎，共有幾百個機會。我們在現場舉辦盛大的雞尾酒會，讓人們能自由交流，同時邀請一些媒體和名人一起參與活動。

這項活動在二〇〇七年十月當月，就為網站帶來七·八％的訪問量成長。在網站上註冊的人中，有四二％選擇接受 realestate.com.au 提供的定期資訊。這個專案讓品牌展現了對租屋者的同理心以及所能提供的價值，也創造了遠高於傳統廣告的消費者參與性。

實用性讓事情更簡單

還有一個透過實用性為消費者創造新價值的好例子。一九九九年，來自英國的超市賣場巨人特易購（Tesco）進入韓國市場，以 Home Plus 之名開始展店。但經過多年之後仍然是落後於 E-Mart 的第二大連鎖超市。Home Plus 面對的挑戰，是要以比對手更少的店創造更好的銷售成長。它的廣告公司第一企劃（Cheil Worldwide）想出一個好創意，透過創造實用性刺激更多的銷售。它的想法是：把地鐵站變成虛擬的超級市場。如何做到？當通勤者在月臺上等待列車到來時，他們面前的玻璃幕門不再空空如也，而是變成超市貨架的畫面，上面排列得整整齊齊的是超市販售的商品圖片，如同你正站在超市走道對著貨架的感覺一般。通勤者可以在這個虛擬貨架上選擇各種商品，比如飲料、早餐麥片以及麵包等，也包括肉類等生鮮食品。購買的方式很簡單，只要用手機掃描產品圖片上的二維條碼，就能結帳付款了。如果買到一半要上車了，因為在地鐵裡網路暢通無阻，還可以在路上繼續採購。等他們回到家，購買的商品很快就會快遞到家。這個做法把大家熟悉的購物習慣與現代科技進行完美結合。這個專案在三個月內將Home Plus的銷售額提升了一三〇%，並讓註冊用戶數增加了七六%。案例影片請參考YouTube（參QR Code 33）。

這是利用實用性進行溝通的一個好例子，也是廣告人透過提供額外的好處與服務影響人們行為的極佳範例。他們把原本要花在傳統廣告上的錢轉而花在提供實用性上，從而創造了更多的價值。

QR Code 33

幫助霍桑球迷保持連結

基於對實用性的理解，我們形成了對愛迪達與霍桑足球俱樂部的策略建議。我們決定要創造的價值來自一個APP，能夠幫助球迷在塔斯馬尼亞看球期間保持連結，我們把它稱為「霍桑粉追蹤器」（Hawkspotter）。「霍桑粉追蹤器」能讓球迷看見其他的註冊球迷，在每一場球賽的三小時前、球賽當時以及球賽的三小時後，各身在什麼位置，於是他們很容易就能找到附近的其他球迷，分享每一場比賽的激情。每個星期，球迷們還可以點開ＡＰＰ，找到其他球迷們在哪裡聚會，讓他們容易相互交流。下面是當時霍桑隊對球迷發布ＡＰＰ時的介紹：

全新愛迪達「霍桑粉追蹤器」ＡＰＰ正式推出

澳洲愛迪達公司與霍桑足球俱樂部攜手，在今天正式推出一個革命性的智慧型手機應用程式，讓霍桑隊的廣大球迷在比賽期間能夠精確查找其他球迷的所在位置，幫助球迷更容易彼此連結與相聚。

「霍桑粉追蹤器」是世界上第一個專為足球迷設計的應用程式，球迷只要使用臉書帳號或簡單開設一個新帳號註冊，就能在賽前、賽中和賽後找到其他球迷的所在地，一同狂歡，讓觀看球賽的享受得到新的提升。

這個ＡＰＰ現已在iOS設備上提供免費下載服務，霍桑隊球迷們從此能夠與來自澳洲各地的其他球迷相互交流，還能收到特殊優惠以及各種相關球迷活動的即時通知。

除此之外，由於目前有越來越多霍桑隊賽事在塔斯馬尼亞進行，這個應用程式也特別為定期跨越巴斯海峽朝聖的球迷提供出行的保障。

從此以後，球迷無論身在墨爾本還是朗瑟斯頓（Launceston），都能快速又方便地衝到那些擠滿同隊球迷的酒吧裡，一起狂歡。

這個ＡＰＰ將會促成全國各地霍桑隊死忠球迷的大串聯，所以每當比賽日，無論你在哪裡，都不用再擔心會一個人孤單看球了。

全新「霍桑粉追蹤器」智慧型手機應用程式，本周開始在 iTunes 上提供下載。

霍桑粉追蹤器的成效有好有壞。應用程式下載量有數千次，但由於功能上的一些局限性，重複使用率並不高。作為廣告人，這給了我們很重要的教訓。為消費者創造價值的難度越來越大，除了樹立美好形象，我們還有更多工作要做到位。當霍桑粉追蹤器的功能有所完善之後，代表著粉絲會心甘情願每週在手機上花好幾個小時，和愛迪達品牌在一起；而愛迪達也能通過它在零售店提供一些特別的優惠給這些粉絲。相對於只是在廣告裡說自己多麼支持霍桑球迷，透過實用性的實現，愛迪達能讓球迷看見品牌真正有所行動。

家裡的實用性

你如何運用實用性原則影響身邊的其他人？在我小時候，媽媽唯一能讓我乖乖打掃房間的方法，就是等到週末我需要她開車把我載去某地的時候。每當我要她載我一程，她的回答永遠是「先把你房間打掃乾淨再說」。這個實用性（載我一程）就成了我行為的正向強化力量。有個原則很重要：相對於懲罰，獎勵更能讓人全力以赴。媽媽答應在我打掃房間之後載我一程，會比告訴我如果不打掃就用拒絕載我作為懲罰帶來好得多的激勵效果。正向的強化如果能搭配下面這些條件，就能發揮最大效果：在適當時間使用（立刻能得到）、提供適當獎賞（不需要大但要滿足渴望）以及保持一致性（讓人們能夠預期獎賞的發生）。

把實用性作為行動刺激，也能夠讓事情簡單一些。我們假設你的朋友總是在你們一起報的昂貴健身課上遲到，你有什麼辦法讓她準時出現？你已經跟她好說歹說叫她不要再遲到，但她說她就是沒辦法在早上爬起床所以依然遲到。從實用性角度，你可以：

- 送她一支帶鬧鈴功能的手錶。
- 送她一個起床時間已經設好的鬧鐘。
- 每到上課那天提前打電話叫她起床。
- 去她家把她載去上課的地方。

透過實用性，我們可以找到行為的障礙點，讓行為變得容易發生，並且為行為創造更多的額外價值。

重點回顧

實用性能為消費者與行銷人帶來雙贏。如果廣告所創造的實用性讓品牌或產品更能滿足消費者的需要，消費者就會感受到更多的價值，並且獲得更大的動力，行為改變的可能性也就大增。因此，如果廣告人能把一些廣告預算轉移到實用性的創造上，消費者接收到的就不僅僅是你的形象。在我們的例子裡，霍桑隊球迷得到彼此連結的橋梁，而藝術系列飯店的客人能夠免費多住幾晚。這些實用價值能夠有效提高動機，「房屋租客會所」活動為焦慮的租客提供在五星級飯店免費度週末的機會也是一例。還有在地鐵站購物、在IBM的看板下避雨等，都是實用性能夠超越廣告的不錯範例。

行銷創意人

羅希特・巴加瓦

我們往往基於自身的利益而產生行為的改變。這當然是最理想的狀況，但也會有例外。其實，很多時候我們之所以改變行為，是因人而非因事而來。因人而來的改變就源於一件事：啟發（inspiration）的力量。那些能夠啟發我們的領導者，就是能夠引導我們改變的人。

我們跟隨的，第一是人，第二才是想法。

這就是為什麼常說「沒有領導者的革命」是不會成功的。我們可以從中學習什麼？假如你想要激勵人們做出改變，光是傳遞一個很棒的資訊是不夠的，你還需要一個很能啟發人的溝通者來傳遞這個資訊。

羅希特．巴加瓦（Rohit Bhargava）是暢銷書《喜愛經濟學》（*Likeonomics*）的作者，也是影響力行銷集團（Influential Marketing Group）的創始人。二〇一三年時我在一個會議場合上認識了羅希特，發現原來我們的工作軌跡曾經差點相交，因為他曾在雪梨的李奧貝納廣告公司任職。他出的書叫做《喜愛經濟學》這件事讓我覺得很有趣，因為他本身就是個非常令人喜愛的人。

11

樣板化：有樣學樣

要當樣板，樣子好看的比好書讀得多的更吃香。

——莫可哥瑪．莫寇諾阿納（Mokokoma Mokhonoana），南非作家、哲學家

在太空人還不存在時，廣告世界裡已經有太空人了。

——弗雷德．艾倫（Fred Allen），美國喜劇演員

要不要來杯賈拉咖啡？

「咱們來杯咖啡吧！」女人對兩位坐在客廳沙發上的閨密說：「你們想喝瑞士咖啡？或是法式、維也納式？」說完她興奮地坐直了身子。「我要瑞士！」一位閨密答道。「那我要法式。」另一位說。於是女主人說：「那我就要維也納式吧。」隨著她轉身飄然走向廚房，其中一位朋友說了：「這樣會不會太麻煩呀？」這時候看到，女主人在廚房裡用嘴巴製造著像是咖啡機發出的聲音。她並不需要一部義大利濃縮咖啡機，因為她有賈拉三合一即溶咖啡。這是賈拉咖啡（Jarrah Coffee）在一九八七年推出的廣告，當時賈拉已經成為澳洲城郊

一般家庭廚房必備的普及產品。

賈拉咖啡是一九七〇年代由一位澳洲化學家發明的產品，被視為是辦公室與家庭最方便的咖啡選擇。但在時間快轉四十年後，賈拉咖啡成為一個在消費者相關性上岌岌可危的品牌。如它自己所描述的，市場已經又往前發展了。曾幾何時，三合一即溶咖啡已經被視為低端過時的選擇，同時消費者對於要喝下一杯不知摻雜了什麼不明成分的產品下肚也抱持高度戒心。究竟這味道是什麼成分帶來的？當中的奶粉是用什麼製成的？裡面是不是真的有咖啡成分？甚至，在《冤家母女》（*Kath & Kim*）這部因反映與諷刺澳洲一般百姓生活而大受歡迎的電視喜劇節目中，賈拉咖啡被當成嘲弄的對象。劇中的新時代婚姻諮詢師瑪麗昂，總是會在她怪聲怪氣的諮詢治療結束時，問客人「要不要來一杯賈拉咖啡？」，於是到二〇一二年，這家公司決定讓品牌重生。

首要任務就是找出我們想要影響的行為是什麼。我們安排了一群彼此陌生的消費者與奈科傳播的團隊聊聊，當中有一半是賈拉咖啡的消費者。聊天的地點是一個購物中心，一群人坐在一起討論對這個牌子的想法與感覺。他們一面聊，我一面觀察賈拉咖啡消費者臉上的表情，發現每當大家在討論這牌子時，他們臉上都會露出一抹有點尷尬的微笑，彷彿自己擁有一個討人厭的祕密。這可以從不喝賈拉咖啡那些人的反應中看出為什麼。在談論中，他們會直接嘲笑這個牌子，而且用有點不屑的態度形容喝賈拉咖啡的人。賈拉咖啡的消費者有點受傷，只好保持緘默。這些觀察讓我了解到，這個品牌面臨一個巨大的形象問題，喜歡它的人不敢出聲，覺得這牌子很老土的人則攻擊得大聲又刺耳。

樣板示範改變行為

在這樣的狀況下，我們覺得要幫助賈拉咖啡最好的方法，就是運用樣板行動刺激，這是基於歷史上最有影響力的心理學家之一，亞伯特．班杜拉（我們在第二章提過他），提出的「社會學習理論」（social learning theory）發展而來的概念。班杜拉生於一九二五年，職業生涯多數時間都在史丹福大學度過。他總是面帶微笑、眼神和藹，看起來就是個老好人。班杜拉基於觀察人們在群體中的行為模式，在心理學領域開展了一個新的研究方法。他相信，相對於獨處時如何行事，人類與其他人之間的互動更能決定性地影響人類的行為方式。社會學習理論認為，**我們在觀察「樣板」中學習新的行為方式**；我們都在複製樣板。

這又讓我想起老媽。我小時候她總是不停地對我嘮叨，叫我把房間打掃乾淨。問題是，家裡其他地方一點也不整潔（老媽對不起，但事實真是如此……），即使我媽自己也承認家裡真的髒亂得嚇人（現在還是如此）。記得在一九八〇年代的某一天，老媽下定決心把廚房的櫥櫃打掃一番，裡面掏出來要扔掉的東西，標價用的單位居然還是先令和便士這些老英鎊，而早在一九六六年，澳洲就已經改成十進位新制貨幣了！所以當她催促我打掃房間時，我就會說：「家裡其他地方那麼亂，我為什麼要整理我的房間啊？」這樣頂嘴的確有點不應該，可是我當時覺得很有道理。然後她總是這樣回答我：「叫你照我說的做，不是叫你照我做的做。」這讓我覺得很不服氣，也沒辦法心甘情願地打掃房間。為了這件事，我們吵吵鬧鬧了好多年。

一直到我上大學學了心理學，我興高采烈地把樣板效應理論講給她聽。我說，根據班杜拉的社會學習理論，她的行為影響力比她說的話大得多。她如果要我保持房間乾淨，就必須把家裡其他地方也弄乾淨。我現在也終於明白，當時這樣跟媽媽講話她肯定很不爽。不過撇開我的不孝，我媽講的「叫你照我說的做，不是叫你照我做的做」，這種說法是無法發揮作用的，因為我們都是模仿的動物。班杜拉（1977）是這樣說的：

> 人類如果必須完全依靠行為帶來的結果來學習事物，是非常耗費力氣的，其危險性就更不用說了。還好，人類多數的行為都是從觀察樣板學習而來：從觀察別人來學習一個行為該如何進行。然後這個經過消化的資訊，在下次遇到相同場景時就成了行動的指導。

展現樣板理論最經典的心理學實驗也是來自班杜拉（Banduram, Ross & Ross, 1961），這是我在大學讀心理學時學到的第一個實驗。實驗中有兩組小孩和大人分別被帶到不同的房間，兩個孩子的面前都放了一些玩具，兩個大人的座位前則都有一組玩具、一根木棒以及一個人形不倒翁。在第一組大人和孩子所在的測試中，大人在玩玩具大約一分鐘之後，把注意力轉移到不倒翁，然後開始暴力地對待它，用木棒狂打這個可憐的人偶。

在第二組參與測試的大人和孩子中，大人也是從玩玩具開始，然後走向不倒翁。不過這位大人並沒有攻擊它，而是開心地跟人偶玩了起來。十分鐘之後，兩個小孩子分別被帶到另一間擺滿玩具的房間。他們只有兩分鐘玩玩具的時間，然後玩具就會被收走，這是為了激起小孩子的不開心。接著，孩子又被帶回到有不倒翁的房間裡。你可以猜到接下來發生的事嗎？沒錯，看見大人用木棒打不倒翁的小孩子複製相同行為、也去揍不倒翁的比例，明顯高出許多。你可以欣賞一下關於這個實驗的紀錄片（參 QR Code 34）。

從樣板變成常規

樣板會帶來擴散效應。如果實驗中打不倒翁的小孩到了兒童遊樂場繼續他的暴力行為，就可能成為其他小孩的樣板——形成「層疊效應」(cascading effect)。我的前老闆、附加價值品牌諮詢公司的馬克．謝靈頓曾經寫道：「每一場雪崩都是從一片片的雪花開始堆積的。你也許改變不了『他們』，但你可以改變『他』，然後讓其他人去模仿。」（見第七章的「行銷創意人」部分）

有支山坡上音樂會的影片（參 QR Code 35）正足以反映馬克所說的現象。如果可以，我希望你把書放下，花幾分鐘看看這支影片，保證你會喜歡。在影片裡你會看到，一名孤單的男子旁若無人地陶醉在自己自由奔放的舞步中。過了一會兒，另一人加入他，接著又有兩個人也一起跟著跳。然後突然之間，一大群人如雪崩般湧入，加入這個瘋狂的舞蹈隊伍，山坡上的一個「新常規」就此誕生。

當樣板足以推翻現狀、創造一種新的「社會規範」時，就能發揮非常大的力量。其中通常會有一個關鍵轉捩點，過了這個點，不參與新行動反而會被視為奇怪。在前面這名瘋狂舞者的例子裡，社會規範從原本的「看瘋子跳舞」變成「像瘋子一樣跳舞」。當多數人都開始跳舞，其他人要加入他們就變得非常正常。那麼，如果你想鼓勵整個山坡的人開始跳舞，你會怎麼做？

QR Code 34

QR Code 35

一、你會和那個傢伙一樣，自己先開始跳起來？

二、你會做廣告來叫大家跳舞？

答案當然是一。諺語說的是「猴子看到什麼就做什麼」（Monkey See. Monkey do.），而不是「猴子聽到什麼就做什麼」（Monkey told. Monkey do.）。

社會心理學家羅伯·席爾迪尼曾經針對社會規範與其影響做過非常廣泛的研究。他和團隊透過研究辨識出兩種類型的社會規範：「敘述性規範」（descriptive norms）和「指令式規範」（injunctive norms）（Cialdini, Kallgren & Reno, 1991）：

- 敘述性規範指的是圍繞一個特定行為的既存規範。（「其他人是不是都這樣做？」）
- 指令式規範指的是圍繞基於標誌、規則與法律所定義的正當行為預期形成的規範。

也就是說，你周圍大多數人會接受或不接受某個行為。（「如果我這樣做，人們會怎麼想？」）

舒爾茲（Schultz）和同事們（2007）研究了一些警惕年輕人不要在狂歡時酗酒的宣傳活動後，證實這兩類社會規範有互相混淆的可能性。他們發現，這類宣傳活動大部分採用的都是敘述性規範，強調「未成年人飲酒很危險」。這個說法其實反而帶來問題，因為這塑造了一種印象，似乎大量飲酒的未成年人數量很多，飲酒行為反而變成社會規範（即便宣傳活動的本意是降低未成年飲酒的發生率）。在這個例子中，比較好的策略會是採用指令式規範，傳達「絕大多數年輕人拒絕飲酒」的資訊。

另外一個則是身邊的例子。我最近收到公司同事費伊發出來的郵件，內容是關於希望辦公室的同事回應捐款，幫助在近期地震災難中嚴重受創的菲律賓災民，提供他們罐頭等簡便食品。

> 各位好：
>
> 大家都知道，潔克絲正在收集衣服、罐頭等各種物資，準備寄到菲律賓幫助那些在災難中失去一切的災民。
>
> 但是我們放在三樓收集大家捐助物資的箱子幾乎空空如也，而潔克絲打算明天就要把東西寄出。
>
> 所以拜託大家，今晚回家務必打開你的櫥櫃，找出你不太需要的罐頭。看看你的衣櫃，有沒有已經很久沒穿的舊T恤、襯衫或牛仔褲等。明天把它們帶來，放進三樓的箱子裡。
>
> 謝謝你的留意與幫助。施比受更有福。

根據席爾迪尼的理論，這封郵件不經意地傳達了一個資訊：不參與捐助是大家已經形成的常規。也許這封郵件可以採取指令式規範的角度，改寫成這樣：

> 各位好：
>
> 大家都知道，潔克絲正在收集衣服、罐頭等各種物資，準備寄到菲律賓幫助那些在災難中失去一切的災民。

我們已經收到很多充滿愛心同事的捐助，而還有許多同事告訴我們有東西要捐，但忘了帶到公司。請你抓緊時間，因為潔克絲明天就要把東西寄出去了。

所以拜託大家，今晚回家務必打開你的櫥櫃，找出你不太需要的罐頭。看看你的衣櫃，有沒有已經很久沒穿的舊T恤、襯衫或牛仔褲等。明天把它們帶來，放進三樓的箱子裡。

謝謝你的留意與幫助。施比受更有福。

這樣的郵件寫法，暗示的是已經有很多人參與了捐助，如果你也加入其中，就能得到（那些充滿愛心的）同事的正面看待。

簡而言之，如果人們目前的行為與你的期望背道而馳，不要把這當做強調的重點，而應該運用指令式規範，把你所期望的行為塑造成一件已經在發生的事，看起來是周圍大多數人都會接受的一件事。

酷樣板

當我在附加價值品牌諮詢公司任職時（公司很棒，但是名字不太棒），我的職務是全球酷獵人。所以在我快要三十歲的那段時間，我總是要全世界到處飛，並住在那些最酷又無比奢華的飯店裡。我的工作內容包括在街頭為我的客戶百事可樂與李維牛仔褲（Levi's）搜尋最新的流行趨勢。之所以會接到這個工作，是因為我完成一篇臨床心理學的論文〈找出造就酷人物的深層結構〉（Identifying the Underlying Constructs of Cool People, Ferrier, 2014）。

其中一個最有趣的發現，就是所有很酷的事物、品牌、產品或飯店都有個共同點，那就是只要酷人物停止使用，它們就不再酷了；只有當酷人物在使用，這個品牌才酷得下去。這件事勾起我的指導老師阿黛爾．希爾斯（Adele Hills）和我對於「挖掘酷人物所需具備的特質」這個題目的高度興趣。首先，我們採訪了很多人，要他們列出心目中最酷和最不酷人物的名單。當名單整理出來，我們用來問受訪者：「這些人有哪些相同點與不同點？」經過這個過程，我們列出一份很長很長的要素清單，再透過統計分析提煉出可以讓一個人成為酷人物的五大要素：

一、自覺與自信（**S**elf-belief and confidence）：他們往往具備強大而不可撼動的自我意識與自信心。

二、挑戰常規（**D**efying convention）：走自己的路，尤其是敢於改變做事的方式。

三、低調面對成就（**U**nderstated achievement）：他們在各自領域大有成就，但非常低調。這通常代表他們在心態上的強大控制能力，讓人覺得「非常酷」。

四、關懷他人（**C**aring for others）：他們許多都是悲天憫人的人道主義者，或許也是因為他們的能力都高於常人。

五、精力充沛且廣結善緣（**E**nergy and connectedness）：他們投入大量的時間與人、媒體和世界保持緊密連結。

我喜歡用這五個要素首字母拼成的「SeDUCE」（誘惑）或「The Seduction of Cool」（酷

誘惑）來幫助記憶。這些「酷人物」以成人（十八歲以上）男性居多[18]，並投身於他們熱愛的領域：人權、政治（一般比較偏左派）、音樂和藝術。我身為全球酷獵人時的工作，就是找出這些酷人物，了解他們的期望、夢想與生活形態。然後將蒐集到的資訊提交給我的客戶，（理論上）他們會再運用這些資訊發展這些酷人物會喜歡的產品與宣傳動作。

酷是個迷人的話題。當我的論文完成之後，世界各地的許多媒體都發布了關於這項研究的消息，號稱我破解了「何以能酷」的密碼。它甚至上了《紐西蘭先鋒報》（*New Zealand Herald*）的頭版（可能「酷」對紐西蘭人來說真的很重要）。那是二〇〇二年的事了，從那時候開始，我發現每隔兩、三年，就會出現媒體轉載報導某個研究生完成一篇與「酷」相關的論文的消息。正如身兼新聞記者與歷史學家的湯瑪斯．法蘭克（Thomas Frank）所著《酷的征服》（*The Conquest of Cool*, 1997）中提到的，我們多多少少都渴望自己能夠變酷。在我的論文出現之前，廣告人早就開始解讀酷的符號（像特立獨行、遠離世俗、走自己的路這類主張），然後用在消費者身上。酷，仍然是我們這個時代追求的主流審美觀點，這也就是酷人物經常被用來作為樣板人物的原因。

按計數器怎麼變酷？

Lynx（在多數國家用的品牌名是Axe）是世界上最棒的品牌之一。我之所以這樣說，因為它有個非常清晰的品牌定位：「Lynx 讓男生在約會這場遊戲中取得優勢。」或者再簡單一點：「Lynx 能讓你在女性面前更有吸引力」。你應該能想像廣告人要把這個品牌承諾變成現實是多麼有趣的事，難怪 Lynx 成為所有廣告公司最想要服務的客戶之一。我為 Lynx 服務過五年，下面要跟大家分享的是我們與 Lynx 的第一次、也是最大膽的一次合作專案。

Lynx 的生產商是聯合利華公司，當時負責 Lynx 品牌與我們對接的行銷總監是莎倫·派克（Sharon Parker），一位行事乾脆俐落的愛爾蘭女性。她需要廣告公司協助在澳洲市場推出 Lynx Click 這個產品。這是一次全球同步的上市活動，品牌方也已經預定要由好萊塢男星班·艾佛列克（Ben Affleck）擔任產品代言人。

我們來到莎倫的辦公室，她把預定要拍攝的廣告腳本給我和我的同事保羅·史旺（Paul Swann）看，上面畫著一格一格講述廣告故事過程的手繪稿。故事大概是：班·艾佛列克走在街上，手裡握著一個計數器。每次有女孩盯著他看，他就會按一次計數器。一天下來，他的計數器累積了可觀的數字。接著他走進一部電梯，身邊站著一位瘦巴巴的男士，手裡居然也握著一個計數器。我們的男主角瞄了這傢伙手裡的計數器一眼，發現上面的數字是他的好幾百倍！原來瘦巴巴的男士擁有一個祕密武器：Lynx。男生把頭扭向班·艾佛列克，聳了聳肩，彷彿在說：「不服氣嗎？用 Lynx 啊。」莎倫問我們對這腳本的看法如何。我們覺得

⑱ 作者註：這裡有件事你可能會覺得很有趣。我曾對一個客戶做一場演講，談的是如何把品牌變酷（你一定能想像，這是很多行銷人士深感興趣的話題）。這場演講的對象是一家大型企業的所有行銷團隊人員，一如很多行銷部門，裡面女性占比很高。前面提過，其中一個讓人酷起來的條件（根據我們的研究）就是男子氣概。男人認為酷的人裡面，百分之百都是男性。而女人認為酷的人裡面，男性比例也遠遠高於一半。男人只覺得其他男人酷，女人則覺得男性女性都可以很酷。這就是為什麼很多品牌都希望與女性化風格太明顯保持距離。如果你要把一輛車同時賣給男性和女性，你一定會用男性駕駛者來演繹這輛車。我嘗試向聽眾解釋這一點，但反應似乎不太好。當晚大家在一起飲酒應酬時，有一位女士（我猜她喝多了）把一杯葡萄酒潑到我身上，還罵了我一句：「歧視女性的豬！」然後揚長而去。

還不錯，但故事本身的內涵以及與消費者的相關性不太夠。保羅接著問：「但為什麼班．艾佛列克和那個用Lynx的男生要拿計數器計算有多少女生注意他們？」莎倫答道：「哈！這就是你們的工作。你們要想辦法在這支廣告播出之前把按計數器變成一種流行。」

這真是一次神奇的工作簡報。聯合利華一向是勇敢的行銷機構，對需要冒的險從不畏懼。我們的任務是「把被女孩注意時按下計數器變成一件很酷的事」。如果能在廣告於澳洲播出前完成這個任務，看起來就會像是Lynx在一個新潮流形成時就已走在前沿，給予品牌一種酷的地位。

我們要做的第一步就是找人帶頭按計數器，並傳達「有女孩注意你時你可以按一下」的意涵。這個意涵的界定非常重要，因為「數女孩」這個動作可能讓人感覺非常不自然、貌似帶有性別歧視、自戀狂，或者就是讓人覺得很蠢。我們想到嘻哈音樂會是最完美的介質，因為它本身就已經含有男人大搖大擺的調調以及渴望吸引女孩注意的特性。在嘻哈的語境之下，表現與性相關的題材也是大眾能接受的。另外，音樂永遠是在與年輕市場打交道時最容易最受歡迎的方式。在我們回公司路上的計程車裡，我們決定找一位嘻哈音樂人來帶領這個按計數器的酷潮流。

我們找金．卡特（Kim Carter）幫忙，她是對嘻哈音樂圈熟門熟路的一位藝人經紀人。她找到一個正開始竄紅的澳洲雙人組合肯．黑爾與X武器（Ken Hell and Weapon X），他們就是我們要用來把按計數器變酷的核心引爆點。帶著想法，我們回到莎倫在聯合利華的辦公室。把概念提給莎倫，給她聽肯．黑爾與X武器的音樂，並宣布這個雙人組合將展開他們的「Click國際巡演」（International Click Tour，澳洲和紐西蘭就是這個「國際」）。他們將在澳洲和紐西蘭舉辦巡迴演唱會，在每一場演出時都會手握計數器，並且不斷地按。樂迷進場時也會得到免費的計數器，所以他們可以臺上臺下「互按」。我們還打算設置一個網站，在上面提供搭訕祕訣，同時會顯示一個數字持續滾動更新的計數器，並在網頁上播放來自樂隊穿戴針孔攝影機的剪輯影片。看完這些想法，莎倫同意了我們的策略以及把按計數器變酷的思路。最後，整個方案得到莎倫的確認，我們開始著手執行。最終的執行方案，幾乎與我們提案中的想法一模一樣。

隨著肯．黑爾與X武器巡迴演唱會的展開，同時四處推廣按計數器的動作，在音樂的受眾群體中，按計數器開始成為一種新的社會規範。之後當班．艾佛列克的廣告推出時，許多年輕人都已經熟悉（或至少知道）按計數器這個動作。肯．黑爾與X武器所發揮的作用，就如同那個在山坡上獨自熱舞的人，最終創造了一場雪崩。我知道這件事聽起來有操縱之嫌，不過我希望用這則故事來展現樣板可以如何影響行為：樣板效應能把一個行為變成新的社會規範。

那麼結果如何？Lynx Click 成為澳洲最成功的一個品牌延伸新品上市案例。樣板這個行動刺激，確實能夠把一個新行為變得為社會所接受。在 YouTube 上你也可以找到這個專案的參考案例影片（參 QR Code 36）。

QR Code 36

廣告如何運用樣板效應？

很明顯地，樣板效應有很廣的應用層面。當看見某種行為，我們會仿效，然後其他人再來仿效我們，流行趨勢就是這麼形成的。你會觀察朋友（或雜誌模特兒）的穿著方式，然後受到影響去買相同的服飾。在廣告界，還有其他創造樣板的技巧：

- **證言式**（testimonial）：找人把他們對產品的正面看法寫下來，在 Expedia 這類所謂客觀的網站或媒介發布。在寫下這些背書文字時，作者就是在為品牌擔任樣板的角色。
- **名人代言**（celebrity endorsements）：透過付費方式邀請知名人物或高信譽度人物來廣泛傳遞一個資訊。
- **精準背書**（selective targeting）：找出某個具備象徵意義的群體，讓他們出面為品牌背書，比方說，健身房裡的專業個人教練。
- **影響力背書**（influence targeting）：利用在某一專精領域的專家作為樣板，而他們必須在社交媒體上具備高度影響力。現在要檢驗一個人的社交影響力，最簡單的方法大概就是去查他們的「影響力指數」（Klout，可參 QR Code 37）。在網站上會以一個評分指數衡量某人在社交媒體世界的影響力，分數從一分（沒有影響力）到一百分（極有影響力）。
- **社交媒體認證**（social media proofing）：鼓勵在臉書或其他社交媒體上為品牌按「讚」，按讚的人就會對他們的朋友產生樣板效應。
- **公關造勢**（public relations hype）：運用公關的力量創造一種氛圍，看起來很多人都在參與某個品牌的某件事或為之興奮。

廣告人總是花很多時間在衡量誰才是最適合某個廣告宣傳活動的最佳樣板，主要考慮的

QR Code 37

兩個因素是可親近性（accessibility）與魅力度（aspiration）。你會希望這個人對你的目標對象而言是有親近感的（「我和他差不多」或「我可以跟他是朋友」）；而同時又必須具備為你的品牌創造吸引力的魅力（「我希望能像他一樣」）。這有點像網球的「挑戰板」（bumper board），根據這個排名，你會努力挑戰排在你前面的那些人，讓自己的排名往上移動。多數人只會挑戰排在自己前面的一、兩個，最多三個人。我們不可能一下子直接挑戰第一名，因為幾乎沒有贏的機會。

總的來說，樣板的人選要視你的品類與任務而定。一位很有名的酷明星可能對推廣一個杜松子酒品牌是完美人選，代言電動工具恐怕就不行。有效的樣板人物必須具備以下特性：

一、**專精**（expertise）：在某個領域的專業度越高或越被大家認為他們具備豐富知識，他們就越能成為成功的樣板。

二、**吸引力／受歡迎度**（attraction/liking）：一個人們喜歡或能讓人產生連結感的樣板人物，通常能帶來比較好的樣板效應。廣告人會運用像「Q指數」（Q Scores）或其他類似的工具來評估某個樣板人物多受到人們喜愛。Q指數誕生於一九六三年，它根據受歡迎度與知名度，將演員、運動員、明星等名人等進行排名（Finkle, 1992）。

三、**抓住眼球**（attention getting）：越有趣、令人意外以及容易令人產生關聯性的樣板人物，效果越好。

四、**契合度**（fit for the job）：這是個要從品牌角度考慮的課題，你想找的樣板人物是不是你的品牌最適合的代言人？

名人的影響力

英國的凱特王妃（Princess Kate）是當今最有影響力的樣板人物之一。當她穿了某一款衣服時，女性便趨之若鶩，這種現象稱為「凱特效應」。相同現象也出現在她的寶寶身上，當人們發現凱特王妃為喬治王子（Prince George）買了一件 aden+anais 的嬰兒棉抱毯之後，創造了爆炸級的需求量。澳洲的 aden+anais 品牌擁有者雷根・莫亞—瓊斯（Raegan Moya-Jones）告訴《紐約每日新聞報》（*New York Daily News*）說：「我幾輩子也想不到，有一天未來的英國國王會包在 aden+anais 的襁褓裡出現在世人面前。我當時一聽到這個消息的反應是嗤之以鼻，因為我真的以為別人在跟我開玩笑。這件事對我的生意當然大有幫助。」重點是，他們並沒有花一毛錢請凱特王妃代言，於是更讓人信服。

在廣告工作中，我們花很多時間在品牌與樣板人物的配對工作上。撇開用Q指數來評估，事實上這件工作的決策過程往往很不科學。實際狀況比較像是：

「學生們是不是仍然喜歡瑞奇・龐汀（Ricky Ponting）？」

「嗯，我想是。」

有個生產優酪乳的客戶想找名模米蘭達・柯爾（Miranda Kerr）代言產品，而這個決策並沒有什麼「科學」的成分。米蘭達方面確認了可以為產品代言，也有興趣，但最終客戶決定不用她，因為那段時間米蘭達代言了太多其他的品牌。

使用名人代言，有一種有效也帶有風險的策略，就是讓名人親身示範產品的有效性，把產品所訴求的功能變成事實。二〇〇八年十一月，減肥品牌珍妮・克雷格（Jenny Craig）請到喜劇演員瑪格達・蘇班斯基（Magda Szubanski）擔任品牌大使。瑪格達因為在電視劇《冤家母女》（*Kath & Kim*）中扮演莎倫這個角色而大受歡迎。珍妮・克雷格品牌預先已將代言費付清，但其中五〇%要等到瑪格達確實達到減肥目標後才能兌現。於是我們在媒體上看到很多瑪格達努力減肥的消息，以及她感謝珍妮・克雷格品牌的相關報導與訪談等。

可惜的是，這個合作關係（包括減肥計畫）沒有持續太久，瑪格達與品牌方在二〇一一年六月決定分道揚鑣。不過瑪格達在代言期間的確發揮了為品牌引領行為的作用，引起很多人的仿效，大家紛紛加入這家公司的減肥計畫（也許之後也跟她一樣放棄了）。

另外一個有效的名人代言案例是雀巢公司的Nespresso咖啡機，在全球各地拍攝的廣告裡，帥氣迷人的喬治・克隆尼讓無數女性為之神魂顛倒。根據雀巢公司公布的資料，他的代言讓全球業績成長了三〇%。成功的原因是什麼？喬治・克隆尼的氣質穩重瀟灑、溫文爾雅，正是這個產品給人的感覺。這個產品的對象是像喬治・克隆尼這樣富裕又帥氣的人群，他們忙著周遊世界各地，無暇顧及咖啡豆、咖啡渣這些瑣事，所以他們需要膠囊咖啡機。但其實喬治・克隆尼是不是真的在他世界各地的某個家裡放著一部Nespresso咖啡機？天知道，這也不重要。喬治・克隆尼是個討人喜歡的傢伙，包括很多其他的代言名人也都是，我們喜歡他們，因為他們帶給我們熟悉感，這是透過雜誌、電影和電視等媒體累積在我們心中的認知。當然，我們不可能都付得起錢請喬治・克隆尼這種大咖來示範我們所期望發生的行為，不過沒關係，很多其他樣板人物一樣有效。

根據布朗與菲奧雷拉（Brown and Fiorella, 2013）的研究，名人代言或以名人作為樣板，原本主要是新興品牌為了能接觸更多消費者而採用的策略。在今天，更重要的是要確保樣板人物能夠帶來適當的影響力（基於像影響力指數、Q指數以及在目標市場的受歡迎程度等進行評估），以及樣板人物與品牌本身的契合度。

為賈拉咖啡尋找樣板

那麼，如何運用樣板效應讓賈拉三合一咖啡重振雄風？我們了解到，喝賈拉咖啡的人的確喜歡它的口味，否則不可能仍然能夠維持銷量穩定。問題在於，賈拉的消費者不好意思讓人知道他們喜歡這個品牌。我們要能讓賈拉用戶站出來，這樣他們就會知道自己並不孤獨。如果能讓一個有影響力的人物擔任樣板、喝賈拉咖啡並且享受這個產品，其他人就會跟隨他。眼前的挑戰是要找到這個合適的樣板人物。

賈拉咖啡的品牌定位是「跳脫日常，輕鬆一下」。我們想要人們用賈拉咖啡取代他們的日常飲品，通常就是一般的咖啡。關於代言人，我們想了一大堆可能性，直到有人提到女爵士愛德娜・埃弗拉吉（Dame Edna Everage）。

幾乎每一個澳洲人都認識這位由演員貝芮・韓福瑞斯（Barry Humphries）扮演的有趣人物，她頭頂紫色頭髮，往往出現時還會帶著紫色劍蘭。這個角色還曾經出現在美國電視劇《艾莉的異想世界》（*Ally McBeal*）以及一些英國節目中，所以她也已經具備國際知名度。

女爵士愛德娜・埃弗拉吉這個角色誕生於一九五〇年代，是一個代表心胸狹窄的澳洲城郊居民的諷刺性角色。我們直覺判斷這會是個理想的選擇，因為她恰好符合品牌有點過時、同時又眾所皆知並且存在於我們目標群的記憶中等特性。我們做了消費者市調，人們覺得她雖然不是人人嚮往的人物，但都喜歡她的風格以及玩世不恭的調調。那麼在我們評估有效樣板人物的條件上，她的表現如何？

一、專精：愛德娜女爵士的身分是「城郊家庭主婦」，這個角色自然知道怎樣的一杯熱飲最適合下午時光。

二、吸引力／受歡迎度：愛德娜女爵士知名度高，大家都喜歡。她並沒有Q指數可供判斷，但在焦點團體中受訪者都很喜歡用她代言這個想法。她具備足夠的吸引力與親近感。

三、抓住眼球：一名尖酸刻薄又有一頭紫色頭髮的城郊家庭主婦夠不夠抓住眼球？沒問題！

四、契合度：品牌定位是「跳脫日常，輕鬆一下」，愛德娜女爵士正是演繹這種價值觀的最佳選擇。

咖啡時光

在創意上，我們捨棄傳統廣告，取而代之的是舉辦一場徵集活動，邀請人們參與爭取與一位澳洲的標誌性人物一起喝杯咖啡的機會，但我們先不說這位人物是誰。在面試了好幾名參加者之後，我們選擇來自墨爾本城郊莫尼塘區（Moonee Ponds）的海倫，而愛德娜女爵士的「家」剛好也在這個地方。二〇一二年七月的某一天，我們告訴海倫，這位澳洲大人物將到她家喝下午茶。我們的計畫是，把愛德娜女爵士從敲門開始到讓海倫大吃一驚的過程拍攝下來，將這些材料變成廣告影片，並剪輯成網上的內容。

我們看到身著淺黃色與黑色裝束的愛德娜女爵士，一面走在人行道一面告訴觀眾：「我今天要讓一個人好好跳脫日常，真正輕鬆一下」。隨著她敲開了大門，見到她的海倫驚聲驚叫：「我的老天！」走進海倫家，愛德娜女爵士開始動手沖泡賈拉咖啡，並且聊到自己一直覺得賈拉咖啡「總能讓人精神一振」。「我該來杯『法式風情』還是『白色喜悅』呢？」她用拇指和食指支著下巴問道。「想知道海倫和我之間還會發生什麼事，就上賈拉的臉書瞧瞧吧！」愛德娜女爵士一邊對著鏡頭講話，一邊笨手笨腳地打翻桌上的一排賈拉咖啡產品。這支廣告既不做作又好玩，不妨欣賞一下（參 QR Code 38）。

拍攝廣告時，我們同時還拍了愛德娜女爵士的其他片段。她在影片中表示，很想和其他有影響力的名人一起坐下來喝杯賈拉咖啡。這裡面打的算盤是，如果能把其他有影響力的人給拱出來，他們就會再次形成對其他不同人群的樣板效應。圖11-1展示的是我們所期望的延伸效果。我們把這些額外的內容放在網路上，同時直接發給這些不同的樣板人物，希望他們會在自己的社交媒體上分享。內容還發到運動明星謝恩．沃恩（Shane Warne）的推特上，希望他會再轉發給他上百萬的推特粉絲（結果他並沒有這樣做）。

我們的目的是讓愛德娜女爵士肯定城市郊區的生活方式、肯定賈拉咖啡，讓人們在購買賈拉產品時不再有所遲疑。同時因為我們在包裝上也用上愛德娜女爵士的形象，超級市場很願意配合在店中顯眼的位置大量陳列。最終，這項宣傳活動帶來一定程度的成功：銷售額獲得大幅提升，也得到通路夥伴（超級市場）對這個大手筆廣告活動的全力支持。通路商很喜

QR Code 38

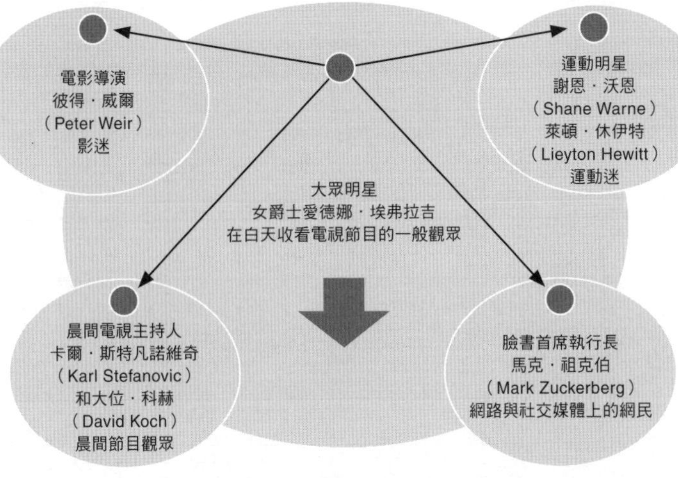

圖 11-1　運用多樣化樣板人物來影響多樣化的人群

歡品牌大打廣告，這樣他們就能在銷售中獲取利潤。事實上，通路商常常會逼迫品牌多花點錢在廣告上，來交換保有超市中比較好的貨架位置的權利。正因如此，客戶在愛德娜女爵士這個專案上投入了很多錢。雖然最終銷售大有成長，但並沒有到達預期的那麼多。儘管客戶非常喜歡這個宣傳活動（我們也是），但第二年就不再繼續了。

運用樣板效應影響行為

其實想促成行為的發生，並不一定非要高知名度的樣板人物不可。想想看，假設有一位健康領域的專業人士想影響你的行為，如果他是位醫師，但本身是個胖子，你會不會遵照他給你的減肥指令做？還有其他類型的健康諮詢人士，比如物理治療師，常常遇到沒辦法讓病患依照要求好好做運動的問題。你大概能想像那個過程：你走進一位物理治療師的診療室，他仔細搞清楚你的身體出了什麼問題。然後你拿到一張紙，上面列著一些運動指令，要你回家照著做。某些心態非常積極的病患真的會回家做這些運動，但其他很多人就是做不到。如果是你，你該如何幫助病患改變行為，讓他們步上康復之路？

物理治療師安娜—路易斯．布維爾（Anna-Louise Bouvier）創造了一個經典的樣板效應案例，回答了這個問題。一九九五年，她設計了一個叫做「理療運動」（physiocise）的課程（參 QR Code 39），課程包含一系列一小時的訓練，每一堂課都由一位理療師帶領，教導病患各種機能性的運動與動作。教室裡有一面鋪滿鏡子的牆面，最多八名學員在課上觀察並模仿老師示範的動作。老師就是樣板。在樣板效應的刺激下，他們乖乖做運動。做出了被期望發生的行為。簡單的道理就是，當引導者親自示範行為，人們跟著做的可能性比較高。

假如你在主持一個會議或工作坊，當你告訴人們你需要的行為時，你也要成為這個行為的樣板。假如你要人們站起來說話，那麼你也該站著進行簡報。假如你要提案的人坐著，你自己也要坐著說。如果你自己不具備擔任樣板的技巧，就找個適合的人當樣板，幫助你示範你想要的行為。不過關於這一點，我有個提醒：大多數人多少都自認是獨特的個體，不希望自己被群體擺佈。如果你設置的樣板太刻意，或示範的行為壓抑了個人的自主空間，那可就不一定會被眾人複製。另外，樣板人物必須是對的人選，條件還是我們在前面提過的那些。

如果任務是要為本地的高中募款，要瞄準目標，就要先找出來誰是群體中具有影響力的人。想辦法把這些影響力人士納入你的隊伍，讓他們支持你的訴求。還有，查一查他們的「影響力指數」。我知道，這聽起來有點現實，但這些指數早已普遍運用在各大品牌的行銷規劃中。二〇一三年五月，美國航空公司（American Airlines）為所有 Klout 影響力指數超過五十五分的人免費提供機場貴賓室。二〇一〇年，各大飯店紛紛針對高影響力指數人群提

QR Code 39

供入住飯店的折扣優惠，目的當然是希望他們會在社交媒體上曬圖，幫忙宣傳飯店。「影響力指數」已然成為一個人受歡迎程度的指標，而受歡迎程度是能成為樣板人物的重要條件。為什麼？因為他們能夠觸及更多人、影響更多人。

用樣板引導疏散

下面是又一個關於人類天生愛仿效他人的例證。二〇一二年的一天晚上，管理當局關閉了連接雪梨市中心與城北郊區的雪梨海港隧道。隨著黃色閃光箭頭標誌的指引，車輛依序進入卡希爾快速道路繞道而行。與此同時，消防局人員開著卡車進入隧道北口。在北口外大約兩百四十公尺處，消防員停下卡車，把一輛報廢的破車放置在道路左邊的路肩。接著，他們放了一把火，點著破車。

隨著火焰與濃煙灌進隧道，三十二名十六到八十一歲的志願者在一輛引導車的帶領下，依指示開車進入隧道。直到他們到達距離著火車輛只剩一百公尺時，有個標誌叫他們立刻停車。接下來大概有一分鐘時間，什麼也沒有發生。這些志願者並不知道有一群安全專家暗中觀察他們的行為。他們會怎麼做？

在那一分鐘，志願者多數表現出不知如何是好的彷徨，有些人下車查看，接著又坐回車裡。其他人則是搖下車窗，東張西望想知道到底發生什麼事，甚至還有人拿起手機拍下濃煙的照片。直到他們聽到隧道播音系統與車上收音機發出一個廣播指令，叫他們下車並走到一扇畫有特別標誌的通道門口集合，他們可以經由通道向隧道的南口疏散。

研究人員（Burns et al., 2013）觀察到，這些駕駛員都不想當第一個下車的人。在之後的訪談中，有個人說：「我看見上面那個標誌，於是打開車門，然後發現其他人都還坐在車子裡，所以我又坐回車裡，把門關上。」另外一人說：「如果別人都不下車，我下車好像很奇怪。」還有一人搖下車窗看其他人在做什麼，說：「直到有人開門下車，我們才跟著做。」第一個開門下車的是一群年輕的男生。最後這群志願者被帶到北面的隧道辦公室，與此同時，破車的火被熄滅並移至安全的地方。

研究中九四%的參與者說他們的決策受到其他人行動的影響。即便在可能危及生命的緊急情況下，我們仍會根據其他人行動來決定自己怎麼做。所以，如果你真的遇到緊急情況，務必嘗試採取行動，同時也要明白你的行為會引導其他人的行動。這件事至關重要，菲力浦・忍巴度（因史丹福監獄實驗而出名的心理學家）曾經號召一個行動計畫叫「身邊英雄」（Everyday Hero），希望透過指導人們在遇到緊急情況時該如何行動，以拯救更多的生命。

重點回顧

在行銷上，大家都喜歡用很酷的人作為樣板人物，因為在我們的社會中，多數人都非常想要酷，想要擁有酷的價值與酷的美感。所以無論是選擇一個咖啡品牌或追隨一個「按計數器」的潮流，我們往往都在仿效他人，尤其是那些酷的人。這就是為什麼樣板能成為一個擁有強大影響力的工具。

當一個行為很容易做到但欠缺動力時，樣板效應往往最能夠發揮作用。要運用樣板效應影響行為，就要選擇最合適的樣板人物，吸引人們的注意，示範想要的行為，然後讓人們跟隨。與此同時，你的行為與你所宣導的必須一致。如果你在宣導資源回收自己卻做不到，那就不可能成功，因為其他人仿效的不是你怎麼說，而是你怎麼做。最後，確定你展現的是你所期望發生的行為，而不是可能誤導的「敘述性規範」。

（也算是）行銷創意人

安娜・費里爾

我覺得樣板效應真的很重要，你必須言行一致，告訴大家「這件事該這樣做」，然後做出來，讓他們看到，再讓他們跟著你做。而且你必須一直這麼做下去，不能懈怠。比方說，約客戶在外面喝杯咖啡時，我會很留心自己的所作所為，因為我希望盡量給我的團隊做出最好的示範。當面對的是兒子時，道理也是一樣。孩子會從他們對周遭的觀察中學習，向和他們一起生活的人學習。如果他們看到的是一個關心他人的好人，他們也比較可能成為一個這樣的好人。可是亞當，能不能不要在你的書裡引用我的話？

●●●●●●●●

安娜．費里爾是我的太太，也是我兒子艾斯特瑞克斯最親愛的媽媽。她也是一位幫助受創女性的社會工作者，為她們提供居住安排上的協助。

第3部

容易型行動刺激

容易型行動刺激 >>	以下介紹的三種容易型行動刺激，可以提高人們從事某個行為的能力，它們是：賦予技巧、化繁為簡和承諾。在這一部，針對每一種行動刺激各有一章進行說明。

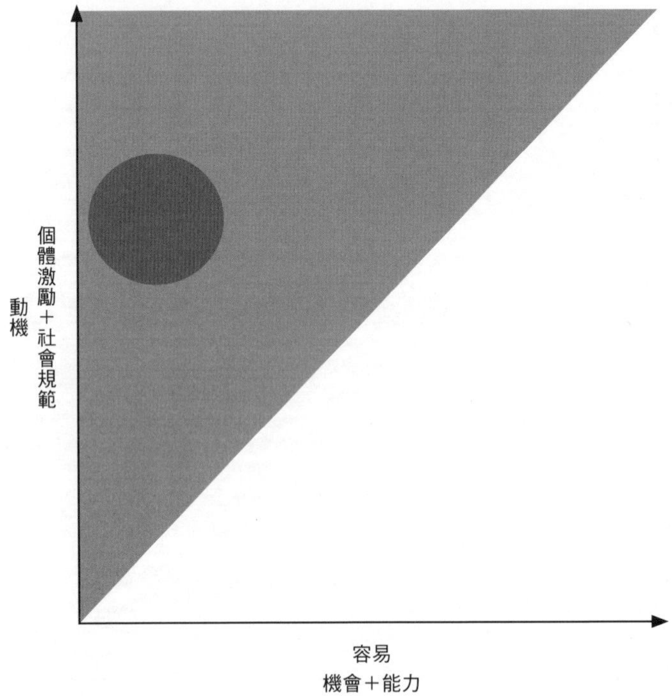

12 賦予技能：終結「我不知道怎麼做」

每次有人在採訪時問我有什麼嗜好，我總是說我喜歡騎自行車。其實我每次騎車都只是為了能快一點趕到彩排的地方。

——傑西．艾森伯格（Jesse Eisenberg），美國演員

下棋，是在廣告公司之外，你能找到的另一種浪費人類聰明才智的方式。

——雷蒙．錢德勒（Raymond Chandler），美國作家

來下盤棋

這一章我們談的是技能。為了解釋為什麼這是一種影響人的強大工具，我要跟大家分享一個小小的成就。我小時候曾經贏得西澳十二歲以下組別的國際西洋棋冠軍，我之所以很會下棋要歸功於爺爺。我的爺爺魯迪和奶奶蘿絲是德國的猶太移民。在二次大戰期間，魯迪很幸運地得到家裡的一些資助，讓他和蘿絲能夠逃離納粹的魔掌（他的兩位兄弟瑞克斯和根特以及其他家人則不幸在納粹大屠殺中罹難）。魯迪和蘿絲先逃到倫敦並買好再前往雪梨的船票。在漫長的航行途中，蘿絲因為暈船而飽受折磨，當船隻中途在伯斯停靠時，她覺得他們

已經逃得夠遠，坐船也坐夠了，於是他們把家安頓在伯斯。

我從小就是個麻煩精，我姊姊貝琪則完全相反，她是個非常聰明、勤奮又創意十足的甜姐兒（順帶一提，貝琪也在廣告界工作。當年我們到新加坡度假時，她帶著她在廣告金獎學校〔Advertising AWARD School〕[19]的作品去上奇廣告面試，得到她的第一份工作）。貝琪剛好是在魯迪生日那天出生的，也永遠是他的最愛，我想所有為人子孫的都很能理解這樣的感情。

在我的記憶裡，魯迪是個優雅、可愛、聰明又充滿愛心的老人，他在橋牌和國際西洋棋上特別在行。教我下棋是蘿絲的主意，她覺得這有助於拉近祖孫之間的感情。我還記得剛開始下棋的情景，我們會拿出一大張布滿綠色和白色方格的棋盤，放在一張玻璃咖啡桌上。魯迪坐在他的藍絲絨椅子裡，我則跪在地上。一開始，魯迪會犧牲他的大部分棋子，除了他的國王、皇后和一些卒子。即使這樣，他還是能下贏我，不過我也無所謂。我仍然記得每次我們要開始下棋時的那種興奮，我非常喜歡那種感覺，喜歡那種全神貫注、思考策略並在腦袋裡考慮好幾種可能步數的感覺。我們經常一下就是好幾盤，所以想必他也非常樂在其中。

漸漸地，在持續下了一、兩年棋之後，我開始偶爾能夠打敗魯迪。從那時候起，他開始帶我去他朋友們的家裡跟他們下棋。於是我一個毛孩子，常常會跟六、七名猶太老頭一起下棋下到晚上。我媽媽很鼓勵我下棋，還幫我報名參加一些比賽，每次比賽前都會特別買魚給我吃（據說可以補腦）。

於是我的棋藝在同齡人中相對突出，原因在於持續的大量練習而非天賦。在麥爾坎．葛拉威爾（Malcolm Gladwell）二〇〇八年出版的《異數》（*Outliers*）一書中，他舉證道，任何技巧在累積一萬個小時的練習後，就能達到精通的境界。我不知道我是否下足了一萬小時的棋，不過在我下棋的高峰期，我的確是挺厲害的棋手。

在經年累月下了這麼多盤棋之後，我已能立刻辨識棋局中呈現的模式，並在決定走哪一步之前於腦中檢視所有可能的策略。康納曼（2011）認為，下棋時，大腦透過系統二進行理性思考之前，系統一已經把所有可能方案找出來了（關於兩個系統的思考，詳見第五章）。對一件事越是精通，就越能應付高複雜度的狀況。國際西洋棋大師往往光是靠系統一的思考，就能夠輕鬆打敗一般的棋手。我從來不覺得下棋是一件辛苦或有壓力的事，而是個愉快的過程，所以只要有人找我下棋，我總是迫不及待地接受。當人覺得一件事很容易做到時，就會更願意去做。

一個關心排泄問題的客戶

西蒙．格里夫斯（Simon Griffiths）曾在墨爾本大學教授經濟學，他現在的身分是社會創業家。也就是說，他的事業圍繞與支持著社會性議題，比較算是奉行社會資本主義的商業模式（在為善的同時也創造利潤）。他在其中一項事業上需要尋求專業協助，因此約了時間要到我們辦公室聊一聊。在此之前，我在 Google 上搜了一下他的相關資訊，發現下列這些

---

⑲ 作者註：如果你住在澳洲，想要進廣告公司擔任創意人員，其中一個最傳統也最有效的方式，就是去讀這所廣告金獎學校。

他的個人成就：

- 一級榮譽學位。
- 二〇〇五年墨爾本大學創業融資展（最高分）。
- 二〇〇六年「羅德獎學金」（Rhodes Scholarship）入圍。
- 二〇一〇／一二年美國社會資本市場會議（SOCAP Conference）獎金得主。
- 二〇一〇年澳洲社會企業家學校（School for Social Entrepreneurs）會員。
- 二〇一〇年美國綠色回聲（Echoing Green）獎金入圍。
- 二〇一一美國高峰系列論壇（Summit Series）會員。
- 二〇一一年墨爾本TED演講嘉賓。
- 二〇一一年美國Unreasonable Institute會員。
- 二〇一三年金鑰匙協會榮譽會員（Golden Key Honorary Member）。

看來我們要迎接的這位客人可不是等閒之輩。不過當他來到我們的辦公室，我才發現他不是我們以為的那種嚴肅學院派，他很年輕、有型，而且無比自信。西蒙跟我們介紹了他的這個創業專案，他打算生產與銷售衛生紙。乍聽之下實在不太令人興奮，深入了解之後才明白它的意義：他要生產的衛生紙在生產過程使用的汙染物質將遠低於傳統衛生紙，而銷售利潤的五〇％將用做發展中國家乾淨水源及衛生重建等專案的資金。西蒙與他的創業夥伴是在知道全世界有二十五億人口沒有乾淨廁所可用這個事實之後，決定成立這家公司。這樣的人口數大約是全球人口的四〇%，也因此痢疾引發的相關疾病病患占據了撒哈拉沙漠以南所有醫院的半數病床，每年奪去兩千名五歲以下兒童的生命。實在是令人震驚的數字。

西蒙告訴我們，他需要募集五萬美元，才能讓第一批生產出來的衛生紙順利發貨。這個衛生紙的名稱叫做「因為你在意」[20]。在聊天中，西蒙和我還發現我們在伯斯讀的是同一所小學——斯溫伯恩小學（Swanbourne Primary）。那是一所超級棒的學校，一直在我心裡占有一個溫暖的位置。最後，我們決定助西蒙一臂之力，而我們的收費是在達到五萬美元的目標之後，在每多募集到的一美元中提取二〇%。他表示同意。

「賦予技能」與廣告的關係

假如你是依照順序讀這本書（就算不是也沒關係），你會知道這是開始討論容易型刺激的第一個章節。如之前在第三、第四章所提，一般情況下，廣告人都致力於透過強化人們做某件事的動機而達到改變其行為的目的。然而，如果問題不出在動機（動機本來就存在），反而是因為人們並不具備去做你想要他們做的那件事的技能，那該怎麼辦？在一個越來越複雜的世界裡，人們不買你品牌的產品或不做你希望他們做的事，最大的障礙可能就是他們不知道該怎麼做。

所以，雖然往往不太明顯，但其實在廣告裡賦予消費者技能非常重要。就像我沒學習下

⑳ 編註：原文 Who Gives a Crap 又可譯為「排泄的人」，此為一衛生紙廣告專案名稱。

棋之前不會去買棋盤一樣，在我不懂怎麼用對的術語點威士忌之前，我也沒在酒吧點過一杯威士忌。這就是威士忌品牌要投入資金舉辦威士忌品飲活動的原因，這樣做不只是為了讓人們懂得品飲威士忌，更要教會參與者關於威士忌的術語，以及酒在風格與風味等方面的細微差異。當人們走出活動會場，不只對這種酒所代表的文化有更多了解，更重要的是，他們被賦予了談論威士忌（以及描述其風味）的能力。這麼一來，他們在未來購買威士忌的可能性大增，尤其在酒吧或夜店裡，他們再也不用擔心自己對這種酒表現出一無所知的尷尬。

有時候人對於做某件事情，會想要保持一種愉快的無知狀態，於是他們可以逃避去做這件事。比方說，小孩說自己不會洗碗——「我不知道怎麼做。」但還有更多其他時候，人們因為不知該怎麼做，只會靜靜地避開那件事。欠缺做某件事的技能，其實是阻礙人們做出你所期望行為的最真實也最常見的障礙。要改變這個狀況，你要做的第一件事，就是把他們說自己不具備的能力帶給他們。這在廣告上非常重要，人們如果沒能力用你的產品，就不會買你的產品。**光是讓人們「覺知」你的品牌早已遠遠不夠，他們還要知道你的產品怎麼用**。

演示影片

你知道怎麼把嬰兒放進汽車安全座椅裡嗎？在兒子出生前，我們一直忙著準備迎接小傢伙的降臨。有一天太太問我：「等我和兒子出院時，你要負責載我們回家。你有沒有想過，我們車上需要一張嬰兒安全座椅？」在那一刻我大腦一片空白，我從來沒留意過這個產品，也從來不曾試過把嬰兒放進這樣的座椅中。在那一刻我當然有了強烈的動機，我必須學會如何把兒子放進兒童座椅中，讓他安全又舒服，但我對於所需的技巧一竅不通。於是，我到店裡買了一張安全座椅，請店員幫我裝在車後座。當他差不多裝好時，我問他：「兄弟，我該怎麼把寶寶放進這東西裡？」

他沒有取笑我的無知，反而拿出一個塑膠娃娃說：「介紹我的桃樂絲給你認識。」然後他問我有沒有智慧型手機。「拍下我示範的步驟，下次需要時你可以參考。」

就在一個天氣有點涼的星期六早上，我認真拍下了一個男生把一個叫做桃樂絲的娃娃放進汽車安全座椅的過程。不過我得承認，這段影片幫了我和太太好幾次忙，那的確是個超棒的培訓材料。另外我們也是透過演示影片，才學會使用我們買的柏格步嬰兒推車（Bugaboo pram）。現在不管是汽車座椅還是嬰兒推車，我已經得心應手。

吉姆·庫克洛（Jim Kukral）曾經在《赫芬頓郵報》（*Huffington Post*）發表一篇文章（2012），認為「演示影片就是新一代的資訊圖（infographic）」。一般這些影片都很短（一至三分鐘），很容易在線上平臺分享，也便於貼進新聞稿、社交媒體和網站中。它們越來越流行，因為：一、現代人需要快速學會新技巧或掌握新科技；二、智慧型手機以及越來越便捷的寬頻，讓影片隨時隨地都能播放。

激情部落客（Bloggers Passion）上的桑尼·阿羅拉（Sunny Arora, 2013）則將演示影片的用途總結如下：

一、**推出一個產品**：幫助人們從本質上了解一種新產品或服務。

二、**詳細解釋一個複雜的資訊**：比方說如何使用嬰兒車。

三、**連結消費者：**視覺化地展示一樣東西，往往比用文字描述要容易得多。如何打開一輛柏格步嬰兒推車正是一例。

四、**接觸更多人：**視訊內容本來就易於分享，一段演示影片當然也可以很有看頭、讓人願意分享。

五、**差異化：**假如你是業界唯一一家運用演示影片的公司，你就有機會比競爭對手做到更有效的溝通。

在我的經驗裡，演示影片是一種影響行為的精彩途徑，因為它不但透過提供使用技巧促進了購買意願，如果內容夠有娛樂性，還會增加消費者與品牌接觸的時間。顯而易見，視訊內容越來越重要，因為線上消費的人群越來越多，而他們只會買自己知道怎麼用的東西。讓他們具備相關能力與技巧自然至關重要。

一個令人愉悅的如廁體驗

那麼，我們該如何利用賦予技能的行動刺激幫助西蒙籌得五萬美元呢？我有幸得到心理學家西蒙．柴契爾的協助。這位西蒙最拿手的領域是身心的互動關係。他離群索居，住在樹林裡的小屋中，卻是我所認識的人當中最有趣而可愛的人物之一。西蒙告訴我們，上廁所是「我們多數人一天之中最『醒覺』（mindful）的一段體驗。」他解釋，所謂「醒覺」就是活在當下，完全無須對過去或未來掛心的一刻。他說坐在馬桶上就是「走進一間疏離的小房間，專注於自己的身體，心無旁騖。在排泄的那一當下，一切煩惱煙消雲散。」所以人走進廁所，要的就是這個「感覺美好的體驗」。

基於這個洞見，我們創造了一個圍繞著「感覺美好衛生紙」概念的重塑框架（見第五章）。由於產品中五〇%利潤將用於資助發展中國家的衛生建設，人們應該會因為自己花錢順便做善事而感覺美好。對我們而言，最大挑戰是如何把這個複雜的故事說給不認識這個品牌的人聽。我們得告訴他們品牌的理念、背後的緣由，還要讓他們容易參與。最後我們決定，把品牌傳遞給人們最好的方式，就是製作一支演示影片，而且是讓人們願意看的影片。

結果創業家西蒙是這樣發動募款的。隨著你點擊「播放」按鈕，一陣一九五〇年代風格的音樂會傳來，同時出現字幕：「可不可能你每次排泄都能為世界帶來一點改變？」接著就會看到藍眼珠、留著絡腮鬍的西蒙出現並自我介紹。隨著鏡頭拉開，你會看見他拉下褲子正坐在馬桶上，手裡拿著一卷衛生紙作為道具。他解釋自己的想法，並穿插了許多雙關語，有趣地傳達他的理念。在影片最後，西蒙宣布，直到五萬美元籌齊之前，他不會離開坐著的那個馬桶。為了證明這一點，他還進行網路直播。我們把這個募款活動塑造成一項挑戰；因為人們容易對稀缺性做出反應，所以當我們框定一個特定的時間範圍時，更容易讓捐款成為行動。同時我們還刻意樹立真實性，用的就是公司執行長西蒙本人。

隨著這部演示影片（參 QR Code 40）在全球各地分享，捐款也開始累積。西蒙在五十個小時後募得第一個五萬美元，終於能開心地從馬桶上站起來了。這也鼓勵他決定「乘勝追擊」，要募到六萬五千美元為止。到最後，共有七萬七千人收看了這支影片，其中有一千三百人捐錢或買衛生紙。

QR Code 40

這個噱頭引起全球許多媒體的關注。其中一則標題用的是「天呀！這傢伙為什麼卡在馬桶上?!」（Paine, 2012），並將影片嵌在新聞故事中。還有許多不同領域的媒體如缺公司、《赫芬頓郵報》和MTV全球音樂電視臺等，也都報導了這個活動。活動資訊在推特上也得到很好的擴散，總計接觸人數達到兩百五十萬人，包括一大批媒體與名人也紛紛轉發。我們將群眾外包網站（參QR Code 41）作為播放這部影片的主平臺，也被該網站當成教其他人如何製作這類影片的案例示範。同時，該網站還把這個活動列為它們二〇一二年的「十大代表案例」（Nunnelly, 2012）。「因為你在意」的業務現在仍在繼續增長，你可以透過網站了解它的近況：（參QR Code 42）。整個案例的影片也可以在YouTube找到（參QR Code 43）。

QR Code 41

QR Code 42

QR Code 43

你的假設不一定對

廣告人總是假設，要改變人們的行為就要先增強人們的動機。其實有時候，你需要的只是把行為變得容易做到。這讓我想起我住在新加坡聖淘沙島上的W飯店（W Hotel）時遇到的狀況。W飯店是喜達屋（Starwood）集團旗下最時尚的飯店品牌，飯店裡的每一樣東西都被設計得超級酷，酷到很多設施我都不知道該怎麼用。在飯店的第一個早晨準備沐浴時，我嘗試打開水龍頭。在各種手忙腳亂都開不了之後，我在開關把手上方看到這個標示：

一、請拉起

二、調到您喜歡的溫度

這個小小標示的用意是要幫助我了解如何操作水龍頭開關，但基本上什麼也沒說。雖然設計酷得不得了，但是一點也不便於使用。

另一個比較嚴肅的例子來自美國北達科他州（North Dakota）。這個地方一年中有五個月的氣溫平均低於攝氏零下五度，是個極寒之地。這樣的天氣讓流行性感冒很容易在當地肆虐，尤其是六十五歲以上的老年群體（因感冒引起併發症而死亡的病例中，九〇％在六十五歲以上）。因此，流感疫苗注射在北達科他州就是一件生死攸關的大事，但要想讓住在郊區的人確實完成預防注射卻是一件難事。雖然疫苗費用獲得政府補助（也就是免費），但要讓人們搞清楚何時、何地以及如何接受注射，卻成了一大難題。

北達科他州州立大學的心理學家做了一些測試，想知道傳遞不同的資訊是否會帶來不一樣的預防注射率（McCaul, Johnson & Rothman, 2012）。他們針對州內郊區六十五歲以上的居民寄出一萬六千封信件，其中有些人收到的是「提醒信」，其他人的則是「行動信」，兩種信件都同樣包含下述關於流感的一般資訊以及可能帶來的健康風險（McCaul, Johnson & Rothman, 2012）：

> 流感季節就要來到，所以您該準備安排您的流感疫苗注射了。流感，也就是流行性感冒，是一種非常容易傳播的疾病。任何人想要減少感染流感的風險，避免對健康的危害，都應該接受流感疫苗注射。

除了上述同樣的內容，「行動信」上還加上哪些醫療機構將提供流感注射門診的具體時間和地點，以及如何進行注射的具體資訊（比如要帶哪些證件等），並在信的最後提醒：

B類醫療保險將會支付流感注射費用，前往門診時請記得攜帶您的醫療保險卡。

測試結果說明了一切。附帶具體資訊的「行動信」（告訴他們注射時具體要做的事），將注射參與率提高了近三分之一（從一九．六％提高至二八．二％）。只是簡單地將如何完成注射的實用資訊說清楚，就能讓更多人照著做。這些資訊賦予人們流感注射的所需技能，行為因此更容易改變。

賦予技能如何見效

賦予技能，是透過讓人獲得能力、提供人們所需資源，把一種行動變簡單，於是人們能夠有自信地將之轉化成行為。影響人們的行為，往往就是展示給他看怎麼做這麼簡單，即把技能教給他們。賦予技能主要有以下幾種方式：

- 透過以下幾種途徑提供**培訓**：指導手冊、準則、影片和計畫（就拿蘋果手機的使用說明為例，非常短、非常簡單、容易讀且容易上手）。
- 讓人們**練習**、試用，在決定購買（或其他任何類型的行為改變）之前接觸樣品或獲得體驗。

- 運用工具提供有用的**資訊**，比如巴士／火車／渡輪的路線與時刻表等，並且指導如何最高效地做到這件事（如果提供得好，可以幫助行為發生；但提供糟糕的資訊也可能完全適得其反，比如從前微軟系統裡那個愚蠢的迴紋針人物）。
- 給人們更多的**額外資源**，比如提供免費試用期、幫他們填寫煩人的表格，或是提供到店的交通協助等。

這些策略都能提高人們從事某種行為的能力，協助並影響他們。教會了人們技巧，行為改變的機會就會增加。

與賦予技能相關的還有一個概念：「**自我效能**」（self-efficacy），它指的是人在面對狀況時，相信自己的能力足以達成目標的信念。擁有越高的自我效能，我們就越能將困難與挑戰視為自己搞得定的任務。這是我在鮑勃．蒙哥馬利（Bob Montgomery）博士的著作《成功與動機的真相》（*The Truth about Success and Motivation*, 1988）中學到的概念。我很喜歡鮑勃．蒙哥馬利，不只因為他曾經擔任澳洲心理學會總裁多年，還因為他是澳洲最受敬重的心理學家之一，他在我研究生時期教導過我；更重要的是，我在實際生活中運用了他的許多理論，而這些想法的確對我大有幫助。

鮑勃相信我們的生活中有兩大根本驅動力：「**追求愉悅**」（pleasure）和「**渴望征服**」（mastery）。當我們度假、享用美食或享受按摩時，我們感受到的是愉悅。但只有愉悅並不會讓我們滿足，我們還會渴望征服，比如克服障礙、締造紀錄、接受挑戰並戰勝它。征服包含了內在的驅動力，比如自豪感與滿足感，以及外在的驅動力，比如金錢和地位。阻礙人們去征服的重要因素之一就是能力，因他們不具備相關的技能。所以給予人們做某件事的技能，能夠提高他們的自我效能感及征服環境的能力。

澳洲心理學家瑪麗・拉索許（Mary Luszcz, 1993）對老化與記憶力之間的交互關係進行了研究。她的實驗找了四十名年輕人（平均年齡二十三歲）以及四十名老年人（平均年齡七十三歲），問他們覺得自己的記憶力有多好，然後讓他們進行一系列的記憶力測試。有趣的是，她發現年齡並不是記憶力好壞的指標；真相是那些相信年紀大了記性就會不好的人，記憶力就真的會衰退。所以有時候賦予技能也可以視為一種「加持」，讓人們相信自己具備做到某件事的能力。

賦予技能檢核表

當你想發展一套策略以提高某一特定人群的技能時，可以採用下面這些方法：

一、**評估**目前對行為的理解與能力。人們了解他們需要做什麼嗎？他們有沒有能力做？他們相信自己有能力做到嗎？差距在哪裡？

二、制訂一個**計畫**來提升這群人的能力。創造一些說明人們獲得技能的工具，演示影片就是一例。

三、記住，**征服感比獎賞更強大**。盡可能利用人們的內在動機，幫他們建立一種征服感。人們不只會被金錢等外在利益驅動，更有力的往往是愉悅感與征服感。

憤怒管理

能力與技能不僅關乎物理性的任務，心理技能一樣可以透過學習獲得（Schacter, Gilbert & Wegner, 2010）。想當年，我在新南威爾斯省奧伯倫（Oberon）開放式監獄工作時，傳授控制憤怒的技巧就是我的工作重點之一。許多囚犯都有難以控制怒氣的問題，即使多數人都有改變的意願，但他們不知道自己憤怒時該如何控制，讓自己不要爆發。其中很多人在以暴力解決問題的家庭中成長，長大後也只會沿用相同的模式。

我在監獄裡開設了一個「憤怒管理」課程，通常是在每週三下午，在一間小房間裡與六至十名囚犯一起進行。我們會把桌椅推到房間的角落，全部人都坐在單薄的塑膠椅上圍成一圈。囚犯身穿綠色制服，身上散發著「白色公牛」（White Ox）的氣味，那是一個很受歡迎的自卷香菸品牌名。整個房間裡瀰漫著一種躁動不安的氣氛。回憶一下，你從前在學校裡遇到那些行為失序的青少年，把他們的破壞性再加倍，然後坐滿一整間教室，就是瀰漫在我那間上課房間裡的能量。

課程教他們一些能夠抑制揮拳相向舉動的方法。我教他們包括沉思、深呼吸以及靜心的技巧，還有比如非理性的行為模式、如何以正向思考取代負向思考的方法等。課堂上也會聊到戰或逃反應，以及為什麼身體遇到壓力或怒氣時心跳就會加快。在課程的後段，囚犯會進行技巧的實際演練及角色扮演。在練習中，我經常扮演他們心愛的人的角色，或是扮演會在酒吧裡激怒他們的人。這些方法很直接，而我相信這些灌注的技巧的確有助於減少他們的暴力行為。

培養技巧也有助於恐懼症（phobias）的治療（Choy, Fyer & Lipsitz, 2007）。恐懼症患者需要理解，當他們遇見特定的刺激時會感到恐懼與焦慮，如果能讓自己接受這種感覺，當他們再碰到這些可怕的刺激物時，焦慮感會逐漸減低，感覺會好很多。治療過程中會運用漸進式的刺激，如果你很害怕蜘蛛，一開始會先從接觸蜘蛛的照片開始，然後升級到一隻死蜘蛛，直到最後讓你接觸一隻活蜘蛛。如果不提供技能與方法，想扭轉一個人的恐懼感是很難做到的。不知道克服的方法，不管他們想改變的動機有多高，最終都很難成功。

要掃除「我不知道怎麼做」這種障礙最簡單的方法，就是把行為所需的技巧展示或秀給對方看。如果你的孩子說不知道怎麼把餐具放進或拿出洗碗機，就用你的手機拍一段影片給他們看。在公司裡，如果有人因為不知道怎麼開一場工作坊會議而緊張，你一樣可以為他製作一支視訊教學課程。如果有人不知道怎麼做辦公室的資源回收工作，就把這些人配對成「夥伴小組」，或者指派一名回收輔導員教他們做。

不能只說「不」

想改變行為但不傳授正確技巧，不是效率極低就是根本無效。其中一個代表性例子就是美國在一九八〇年代由前第一夫人南茜・雷根（Nancy Reagan）宣導的「只要說不」（Just Say No）反毒品運動。運動的目的是鼓勵年輕人抵抗同齡人邀請使用毒品的壓力，對毒品說「不」。然而雷根的宣傳反而擴大了毒品的認知度，濫用毒品的狀況持續存在，「只要說不」活動始終沒有帶來減少毒品濫用的效果。

面對一個複雜的問題，南茜．雷根採用了過於簡化的解決方案。反毒運動並沒有為人們提供應付可能吸毒情境的工具，同時沒能對那許多嘗試過毒品但沒有上癮的人予以肯定。

賓州州立大學的費雪與伯奇（Fisher and Birch, 1999）做了一個研究，把「只要說不」效應放在想吃餅乾的兒童身上進行試驗。他們把一些家庭分成兩組，每位媽媽都帶了一大桶餅乾回家。第一組媽媽得到的指令是，每當孩子跟她們要餅乾時總是說「不」；另一組媽媽得到的指令則是，孩子要餅乾時有時候給、有時候拒絕。試驗的結果發人深省。總是被告知「不」的那群孩子，變得對那桶餅乾更為著迷，總是提到它，而且要求吃餅乾的次數比另一組更高。你越是跟孩子說他們不可以得到某樣東西，他們想要的動機就會越強。

只是叫別人做某件事，很少能夠真正成功地改變行為。能夠持久且自發的行為改變，來自授於人們技巧，讓他們能夠自己實踐。正如古云：「不聞不若聞之，聞之不若見之；見之不若知之，知之不若行之；學至於行而止矣。」

重點回顧

人們總是說，廣告人就是在對消費者進行洗腦，讓他們買買買。這樣說起來，彷彿廣告人會潛進你的心裡，慫恿你去買東西。但如果你不知道如何購買，再多慫恿也無濟於事。

我的姊姊從來沒有買過棋，我可買過好多套——但那也是在我學會下棋後的事。當人們越了解你的產品／服務以及參與其中的方法，對他們而言就會更容易。這聽起來理所當然，但就是因為太理所當然，人們往往會忽略。如果人們沒有能力做出你所期望的行為，你的期望就注定失敗。你必須賦予他們所需的技能，比如監獄囚犯需要學習減少自己暴力行為的方法。同樣，「因為你在意」案例也讓我們看到：只要人們了解你的出發點，更重要的是知道自己可以怎麼做，他們就會願意共襄盛舉。

行銷創意人

強．凱西米爾

關於如何改變他人行為，我的第一個反應是，也許你該考慮什麼也不要做。

尤其如果你是品牌行銷人員，也許應該放過別人，不要試圖改變他們。世界上已經有太多人在嘗試改變我們的行為，而這些行為多半根本沒必要改變。說真的，人們要努力維持生計、在生命中找尋意義，已經很不容易，不應該再被這些肆無忌憚的行銷人永無止境地騷擾與侵犯。所以如果你想改變我們的行為，讓我們買一些不需要的東西，何不去做點其他真正有意義的事？比如把你家的庭院好好打理打理？

好吧，這樣的觀點有點偏激（我是指改變行為，無意指責你家的庭院）。許多行為的確需要改變，而且某種程度上，我們多數人的工作都與說服有關：看這個！買這個！學這個！吃這個！想想這個！投票給這個！相信這個！……我的小小建議是，盡量保有一顆利他之心，付出越多就會收穫越多。我們製作Gruen系列節目的宗旨，也帶著一個改變行為的期望。我們要讓人們對自己接收到的資訊、自己買／賣東西的行為能夠多一些思考。身為電視製作人，我們的重點就是做好節目，讓節目娛樂性高、充滿新鮮想法，而非專注於考慮投入時間與精力所得的回報，這是我們對觀眾表達尊重的方式。我們從沒想過為了發財或讓公司賺大錢而做節目（但的確為我們帶來愉快的工作時光）。之所以製作這些節目，我們想呈現的不只是問題，而是解決方案，目的就是能夠刺激澳洲人加入這些我們覺得很重要的思考與對話中。而且坦白說，也因為我們對園藝實在一竅不通。

強・凱西米爾與他的搭檔一起創造了ABC電視臺的Gruen系列節目，並擔任節目的執行製作人，同時也是暢銷作家（擁有超過四部著作）。他一開始是記者。我最早認識強，是在他為了物色上節目的嘉賓（訪談廣告圈人士）時，之後經過多年才漸漸跟他越來越熟。他最感興趣的就是「人」，也因此決心製作電視節目幫助人們、娛樂人們。強本身也是個很有趣的傢伙，更是一位值得深交的朋友。

13 化繁為簡：掃除障礙

對我來說，錯誤分析就是帶來改進的最有效方法。

——唐納．諾曼（Donald Norman），美國認知科學家

這恐怕是我這輩子看過最噁心的廣告。這恐怕是我這輩子看過最噁心的東西。

——威爾．本斯（Will Burns），《富比士》（*Forbes*）雜誌評論員

十四歲男孩與青春痘

對於十四歲年紀的男孩子，身體就要跟他們開一個殘酷的玩笑了。這個叫青春期的東西來臨時，荷爾蒙不只讓他們開始對性產生興趣，也會開始蹂躪他們的皮膚（這個組合實在不幸）。結果呢？就是一顆顆帶膿的青春痘冒出來，而且一長就長很多。針對青春期男生的需求，曼秀雷敦（Mentholatum）公司創造了歐治（Oxy）抗痘乳膏。它要解決的問題是，品牌如何與這些飽受痘痘折磨的男生產生連結，並說服他們使用抗痘乳膏。

從源頭開始，產品面對許多需要克服的障礙。

首先，歐治只在藥房管道銷售。你能告訴我，上一次你在藥房裡遇到十四歲男孩是什麼時候的事嗎？這些店裡擺著的全是令人尷尬或來自外國的產品。另一個問題是，許多男孩子不好意思跟爸媽開口，要他們幫他買青春痘藥。如果家裡浴室原本就有抗痘乳膏，他們可能會拿來用，但大部分男生不會主動提出需求。那些願意開口的對品牌名又一無所知，這對廠商與廣告公司也是一個大問題，所以交給我們的任務，就是要讓這些長痘痘的男孩能夠簡單輕鬆地拿到歐治的乳膏樣品。

我們的客戶已經備好一萬份產品樣品，他們相信，只要這些年輕男生試用過歐治抗痘乳膏，就能說出品牌名，要父母買給他們。然而比較麻煩的問題是，客戶的預算非常有限。

在規劃策略的過程中，我們用 Google 搜尋「青春痘」這個詞。出來的結果除了維基百科的科普之外，第二受歡迎的搜尋結果就是 YouTube 上一支叫〈史上最強擠痘痘〉的影片，顯示的畫面是正在擠壓一顆大痘痘的兩根邪惡手指。這支影片真的很噁心，不過吸引我們注意的是它的觀看人數：一千兩百萬，並且在持續增加中。這也不是唯一一支，網路上還有許多擠痘痘的視訊，而且多半有很高的點擊率。

那麼，什麼人會上 YouTube 看擠痘痘的影片呢？那正是我們的目標受眾：青少年男生。從這個洞見開始，我們的策略逐步成形。

殭屍與化繁為簡

總的來說，人是懶惰的（或至少我們的大腦都很懶惰）。我們都會盡可能地避免花精力或腦力。心理學有一種觀點認為「對未來行為最準確的預測來自過去的行為」，知名心理學家菲爾博士（Dr. Phil）讓這個概念眾所皆知。這個觀點在犯罪行為上尤其成立（Mossman, 1994）。人類學習行為模式一再重複這些行為，於是行為成為習慣。正如第五章所學到的，我們喜歡用系統一思考，也就是以自動導航系統運行（Kahneman, 2011）。

本章要談的是「**化繁為簡**」，以及讓人們容易做出行為改變。這與賦予技能（第十二章）不同，賦予技能談的是授予人們技巧或提升人們的能力，讓行為能夠實現。被歐治品牌視為目標人群的那些男生，從來不會走進藥房或超級市場，又不情願開口要母親幫忙買治痘痘的藥。他們並非沒有能力開口，但生活環境使得他們欠缺合適的機會接觸商品。**化繁為簡的重點，就是改變環境或行為情境，讓事情變簡單**。

改變環境以便於行為發生，乍看之下往往像是浪費時間。如果人們有動機也有能力做某件事，他們不就理所當然地做了嗎？假如這個人完成任務的動機很強，答案可能是：會的；但如果動機不強或幾乎沒動機，我們還能讓行為發生嗎？

這時候「殭屍」就要登場了。

當大腦處於自動導航狀態時，我們就變成殭屍一般依循慣例行事。想像一下殭屍的樣子：緩步前進，雙臂伸長，尋找下一個倒楣鬼。如果路上有東西擋路，他們會停下來不斷重複動作，然後繼續走向障礙物。所以當你需要化繁為簡時就想像一下這些殭屍：你得把他們前進路上的一切障礙清除。

比方說，我們去採購時，通常用的是系統一進行思考：自動導航。我們會盡可能選擇慣用的商品，依慣例路線在店中移動，讓投入的認知精力越少越好。這就是為什麼超市會對與消費者視線等高的貨架位置進行額外收費[21]，殭屍可不喜歡彎腰或爬高去四處尋找商品。也因此巴登（Barden, 2013）主張，商品包裝必須易於辨識與閱讀，因為消費者懶得思考。換句話說，產品包裝要化繁為簡，要使用大而清晰的圖案、鮮明的色彩，確保包裝的每一部分傳遞的都是同一個品牌故事。化繁為簡，要清除阻礙人們做某種行為時可能遇見的大大小小所有障礙。完成購買所需的步驟越少，人們就越不需要思考，成交率就越高（線上和線下消費都是這個道理）。

化繁為簡的效果何來

我們再來回顧一下康納曼對思考系統的解讀。系統一運行非常快、憑藉直覺與情感、透過感官連接世界。它會做出瞬間判斷，依靠的是簡單概括、刻板印象與經驗法則。相反地，系統二則是腦中運行緩慢、推理的以及理性的另一部分，這部分的思考使你可以停下來想一想。為了讓你感受一下兩者的區別，請看看下面的算式：

7×13＝？

你的答案是什麼？拜託你算算看，其實沒那麼難。給個提示：答案小於一百。你還在抗拒嗎？如果是，你是不是覺得太難算了？你怎麼算不出來？

如果我要你算個簡單一點的，你願不願意試試？

2×4＝？

這個簡單多了。透過這兩個題目，我想讓你體驗的是系統一與系統二思考之間的區別，以及你大腦的惰性。相對於轉移至系統二思考，大腦更喜歡留在系統一裡。所以就算完成了第一道題目，你大概也經過一個短暫的停頓，因為你的大腦需要換檔，去處理一個無法自動找到答案的問題。假如你還是懶得算出答案（順便告訴你，答案是九十一），你的大腦應該是覺得轉換到系統二進行計算這件事太吃力。但對於這個行為，大腦會予以合理化，而不是承認自己很懶。對這道數學題你可能會說：「我沒這閒工夫。」「就當我試過了吧。」「這又不重要。」或者是「我要做的話當然做得到，但我不覺得對我有什麼價值。」在卡通影片《辛普森家庭》（*The Simpsons*, 1992）裡，荷馬（Homer）這個代表凡夫俗子的大懶蟲告訴兒子霸子（Bart）：「如果一件事太難做，那就不值得做。」這可是對普世價值的搞笑顛覆。事實上，當任務困難時，我們往往會拖延或創造一個不去完成它的理由。當目標不容易達成，尤其當達成目標需要消耗認知能力時，我們會乾脆把它放到一邊，然後合理化我們的逃避，我們有時其實就和荷馬一樣。

㉑ 作者註：許多品牌願意支付超市額外的費用，讓它們的產品可以陳列在與消費者視線等高的位置，而避免太高（需要「殭屍」伸手去拿）或太低（需要「殭屍」彎下腰來）的位置。這種額外的收費叫做「上架費」。去你家附近超市看一看，也許會發現貨架上放在視線高度位置的品牌都是超市的自有品牌（如果沒有人要付上架費，它們就放上自家的產品）。你可能還會發現另外一件事，就是超市的自有品牌產品往往會設計得和該品類的領導品牌產品很像。超市其實已經摸清楚了，只要把自家產品陳列在與消費者視線等高的位置，並且把包裝設計得與領導品牌類似，人們（基於系統一以殭屍模式行事時）就容易心不在焉地選擇那個近在他們眼前的產品（即便可能只是個差勁的冒牌貨）。

紅燈行綠燈停？

你有沒有試過搭飛機前在網上辦理登機？有沒有在機場用過那些用來登機的小電腦？在問你是否攜帶刀具、毒物或槍炮彈藥等危險物品的那個頁面上，你可能會發現有個東西怪怪的：頁面上有兩個可以選擇的答案按鈕，一個寫「否」另一個寫「是」。有趣的是，「否」的按鈕是綠色，而「是」的按鈕是紅色。你會按哪一個？

這可是介面設計師的精心設計，就是為了讓你停下來仔細考慮你的選擇。一般來說，我們會下意識地認為綠色代表通過：「我沒有攜帶危險的東西，所以我可以繼續。」紅色則代表停止：「我帶了危險東西，所以我有麻煩了！」通常為了化繁為簡，我們希望事情越順暢越好、過程越無縫越好。然而，把人們原本預期的顏色換成意料之外的顏色，就能搖醒如殭屍般自動化運作的人們，讓他們停下來好好思考一下。

這是個聰明運用「史楚普效應」（Stroop effect; Stroop, 1935）的例子。史楚普效應的命名來自美國心理學家約翰・史楚普（John Ridley Stroop），是心理學界最常被引用與重複論及的學說之一，相同實驗已經複製了超過七百次（MacLeod, 1991）。基於對人類大腦具有高度可塑性的假設（Pinaud, Tremere & De Weerd et al., 2006），它也逐步被設計成一些鍛鍊腦力的遊戲。史楚普效應是將各種色彩的單字，用與所代表色彩不一致的顏色呈現，比如把「橙」這個字印成藍色、把「黃」這個字印成綠色等。在Google上你可以找到很多例子。實驗的方式是，研究人員每拿出一張字卡，實驗參與者就要用最快的速度大聲說出字的印刷顏色。字本身的意義與印刷顏色之間的不一致，會讓參與者在大聲唸出時產生混淆。

這是一項認知層面的複雜任務，因為我們要同時處理兩種互相競爭的資訊刺激，要讀出正確的顏色（而非與印刷顏色衝突的單字意義），需要特別花力氣去認知。一開始測試時，我們做得還不錯，但很快大腦就會開始疲勞，於是辨識變得越來越困難。因為要完成這件事，你動用的是系統二進行思考，這很快就會變成一種辛苦又勞神的工作。

正因如此，我們都喜歡用已知的假設來面對身邊的環境，而且會相信一切都應該與我們的直覺一致。我們看見綠色按鈕就會假設代表的是「通行」，看見門上有一片平坦的金屬就會覺得門是用推而不是拉的。這種例子不勝枚舉。所以如果想推動某種特定行為，我們就必須掃除所有可能阻礙行為發生、把事情變複雜的事物，即便看起來只是些瑣碎小事。

向吃角子老虎學習

想像一下，有沒有可能我們可以創造一種設備，人們即使對回報完全沒有把握，還是會心甘情願地不斷往裡面投錢？其實不用想像，因為它早已經存在，那就是賭場裡的吃角子老虎，它們可是化繁為簡的完美範例。

記得十二歲跟家人坐遊輪去希臘度假，我第一次在船上接觸到吃角子老虎這個東西。雖然陽光明媚，景色優美，船上又有很棒的游泳池和各種活動，我卻只對船上的三部吃角子老虎深深著迷。為了玩吃角子老虎，我跟爸媽討錢、借錢，搞不好還偷了他們的錢。我一直跟他們乞求：「可不可以給我二十德拉克馬（drachma，當時的希臘貨幣）？」我至今還記得那個景象，把一枚硬幣投進機器，然後拉下那根末端有顆黑色小球的長長把手。在「卡啦」

一聲後，就是我翹首以待三個轉輪停下來的時刻。第一個轉輪停止後，第二個很快就會依序停下來。假如有兩個金塊圖案排成一線，就會讓我非常興奮。第三個轉輪會停在哪裡？該死，是櫻桃圖案。每試一次，就是一次滿心期待，這讓我覺得非常好玩，而且每一次等待好像永遠等不到頭。

從那時候開始我就愛上了賭博，不過現在我已經明白，賭得越多，只會輸得越多，因為這是賭場的營利模式。吃角子老虎的賠率大約是每投入一元，它會吐出八十五分；也就是說，只要你玩得夠久，你就一定會輸。千真萬確的是，吃角子老虎賺的遠比賠的多。雖然很多人都知道這一點，但他們還是一直玩——基於他們的系統一思考。系統二會告訴人們不應該繼續玩下去，吃角子老虎的製造商也非常明白這一點，所以它們把機器設計得盡可能簡單，而且讓玩的人欲罷不能。這就是為什麼現在的吃角子老虎與我小時候在遊輪上玩的已經大大不同：

- 把手已經消失，取而代之的是機器上又大又醒目的按鍵。拉把手難度比較高，而且速度慢。按紅色按鍵又快又簡單，而且紅色本身就是帶給玩家急迫感的暗示。
- 越新的吃角子老虎速度越快，盤上的水果也更快排成一線，當然，沒排成一線的速度也更快。
- 每次中獎都會伴隨大量的閃燈與鈴聲歡呼聲，而當你輸的時候，機器就保持緘默。

吃角子老虎極力做到化繁為簡，所以和我一樣的人就會想玩，而且玩不停手。現在也不用等轉輪慢慢停下來了，所以它也不給你機會分心去想：「我在做什麼？這不是很傻嗎？」賭博專家娜塔莎．蘇爾（Natasha Shüll）曾經在《連線》（*Wired*）雜誌（Venkataramanan, 2013）介紹過吃角子老虎製造商是如何做到化繁為簡：

一、將機器螢幕設定在三十八度角傾斜，維持賭客的舒服姿勢，讓他們不容易累。
二、創造包圍賭客的音場效果，讓賭客避免受到外界環境的干擾。
三、提供舒適的座位，讓他們可以玩更久。
四、提供信用服務；吃角子老虎可以接受各大銀行的支票以及賭場的儲值卡，把支付方式從「真正的」錢上移開，讓花錢更容易。
五、進行賭客追蹤計畫，也就是運用行為資料，監測賭客的行為。
六、提供多種不同的得獎排線模式，暗示你若在更多排列線上下注，就有機會贏更多。
七、換上又大又好按的按鍵，一根手指就能搞定（通常大家用的都是「一指神功」）。

當然，我可不是要與吃角子老虎製造商為敵。所有企業都有權利擴大盈利，把產品做得盡可能讓人容易使用。但如果我待的是政治圈，我一定要求立法嚴格限制吃角子老虎的使用對象，因為製造商在產品設計的「化繁為簡」實在已經做到極致巔峰，它們在吃角子老虎上的改良並不需要賭客具備新的技能，也沒有去提高他們賭博的動機，它們所做的純粹就是去除玩吃角子老虎的各種障礙，讓人容易一直玩下去（進入自動導航狀態）。

所以在影響行為上，你要記得的就是，設法聚焦利用自動導航的思考模式，讓人們不經思索就能採取你期望的行為。

化繁為簡的心理學副產品

事情比較簡單，我們就更有可能去做，這個結論沒有什麼高深學問。但對做廣告來講，這可是一個特別重要的概念。消費者傾向於購買那些他們已經喜歡上的品牌（Haefner, Deli-Gray & Rosebloom, 2011）。在近期的研究中，布拉塞爾與吉普斯（Brasel and Gips, 2013）發現，當人們使用觸控方式觀看廣告時，他們在心理上對於品牌會形成更強烈的歸屬感，程度高於對著螢幕使用滑鼠或觸控板的人。直接接觸螢幕，縮小了使用者心理上與品牌的距離感。使用更容易，幾乎靠直覺就能操作，也讓人們與品牌之間產生更親密的連結，感覺像是自我延伸的一部分。人們會因此更喜歡一個品牌，而且準備好為它掏錢，這一切就來自介面給了他們更好的感受。[22]

這種病毒一定成功

那麼，我們該如何為長青春痘的青少男們化繁為簡，讓他們購買歐治？從過去〈史上最強擠痘痘〉影片的病毒傳播成果，我們知道擠青春痘的影片具備很好的傳播力。如前所述，過去行為是預測未來行為的最佳指標，所以我們決定製作一個擠痘痘影片大合輯，一部分取自 YouTube 擠痘影片精華的〈超級擠痘狂想曲〉。順便說明，我們連結了那些影片的原創者，接洽使用權，並支付每位作者一百美元。如果你想體驗一下噁心的感覺，看看這部影片吧（參 QR Code 44）。別說我沒警告你！

在影片結尾我們加上一個提供試用品的資訊：「點擊這裡，免費試用品送到家。」只要點擊「申請試用品」並提供收貨地址和電話，我們就會把歐治產品放進牛皮紙袋寄出，讓他們在二十四小時內收到。這大概是我做過最「優雅」的「化繁為簡」案例了（是有點噁心沒錯，但依然優雅）。我們創造了男孩子想看也願意分享的內容，而當他們觀看時，我們透過直接「申請試用品」的方法，去除了他們接觸抗痘乳膏的障礙。一共有大約七十萬人觀看了這支影片，一萬份樣品在二十四小時內就發光了。要化繁為簡，就是要找到行為的障礙物，把它們消滅。

威爾・本斯（Will Burns, 2012）在《富比士》雜誌發表了一篇文章叫〈噁心也是個好策略〉（When Disgnsting is Good Strategy）：

> 這部影片為那些擠青春痘的畫面下了一個很棒的註解：「男人級的問題」。這不但迎合了青少年追求男子氣概的心態，更有效的一點是，把大顆青春痘本身定位成一個男人級的問題。而這正與青少年原本對青春痘的認知（一個蹩腳的青少年煩惱）完全相反。當然，歐治

QR Code 44

㉒ 作者註：在《情感@設計》（*Emotional Design*）一書中，唐納・諾曼著眼於產品的設計如何使我們更喜歡（或更不喜歡）它。你大概也猜得到，蘋果的產品在書中被大量提及，作為以設計化繁為簡的終極範例，比方說 iPad 的使用說明書，精簡到極點。它不需要是一大本說明書，因為 iPad 的設計就是讓你用直覺就能操作。書中也提到，日常使用產品的簡單化設計還能引起用戶強大的情感認同。

潔面產品在影片裡就被定位成帶來「男人級解決方案」的超級英雄。每個層面的策略都很聰明，夠大膽也夠噁心。依我看，效果應該很不錯。

本斯最後是這樣總結這篇文章的：「我面對鏡子的感覺從此不同。」

化繁為簡的途徑

行為經濟學家理查・塞勒將那些設計系統來把各種選擇整合在一起的人稱之為「選擇設計師」（choice architects，Thaler & Sunstein, 2008）。他們包括設計超市空間布局的人、設計網頁的人，或是設計餐廳功能表、在取悅顧客的同時也讓餐廳賺更多錢的人。[23]

塞勒和凱斯・桑思坦（Cass R. Sunstein）的著作《推力：決定你的健康、財富與快樂》（*Nudge: Improving Decisions about Health, Wealth, and Happiness*, 2008），列舉了推動人們往某個特定方向前進的六大原則（加上一點創意的趣味，取每一項的一個字母正好組成「NUDGES」這個詞）：

- 獎勵（**I**ncentives）：提供明確的獎勵，讓他們立即行動。
- 資訊圖解（**U**nderstand mappings）：解讀數據，把資料與所代表意義之間的距離縮到最小。
- 預設選項（**D**efaults）：把你想要人們選擇的東西設置成預設選項。

- 給予回饋（Give feedback）：有效的就讓它重複，無效的則不。所以只在有效時給予回饋。
- 預料錯誤（Expect error）：預料到人們會犯錯，為可能的錯誤預先設計。
- 架構複雜的選項（Structure complex choices）：選擇越少越好，並把它們之間的差異盡量拉開。

我們來深入談談其中三個原則。

把你想要人們選擇的東西設置成預設選項

面對選擇時，多數人會直接接受預設選項，放棄做出選擇加入或退出的決定。關於這一點，可以從器官捐贈這個充滿情感糾結的課題上看出端倪。觀察一下歐洲不同國家的器官捐贈率你會發現，有些國家的捐贈率非常高，比如瑞典，有高達八五・九％的公民同意過世後捐出器官。近鄰荷蘭則大大不同，器官捐贈率只有二七・五％。如心理學家、行為經濟學家

㉓ 作者註：在行為經濟學裡，菜單是個最常拿來研究的對象，因為研究者很容易就能透過菜單內容的各種變動，觀察到它對人們會花多少錢、如何點菜等的影響。假如你正在設計一份菜單，或者你下次去餐廳吃飯時，留意一下那些會引誘人花更多錢的伎倆（Poundstone, 2010）。比如在菜單上不放貨幣單位、用絢麗暖心的辭藻描述食物、價格避免整齊清晰地排列，以及把最高利潤的菜色放在特別顯眼的框框裡等。另外，可能還會有一、兩道貴得誇張的菜色，來錨定你的價格預期，讓其他每一道菜的價錢看起來都變得相對可以承受。最後，所有價格大概都不會以數字9結尾，因為它放大的是價格而不是品質。

丹・艾瑞利（Dan Ariely）指出的，這些國家文化價值觀相當接近，照理說對器官捐贈的態度應該也很接近，一定有其他因素從中作梗。結果發現，影響人們決定捐贈器官與否的關鍵在於政府部門如何問這個問題。荷蘭政府給人民的是選擇加入的選項（opt-in）：「如果你同意加入器官捐贈計畫，請在方格裡打勾。」相反，瑞典政府給的則是選擇退出的選項（opt-out）：「如果你不同意加入器官捐贈計畫，請在方格裡打勾。」在以上兩種例子裡，很多人都沒有在方格裡打勾，於是不自覺地挑選了預設選項。艾瑞利（2008）寫道：

> 你也許認為人們之所以這樣做是因為他們不在乎。所以決定是否捐贈器官這件事如此微不足道，他們甚至懶得拿起筆來在方格裡打個勾。事實正好相反，要決定我們死後身體會被如何處理，以及這對身邊親密的人會帶來什麼衝擊，是個艱難的決定。就是因為太難決定，加上這些決定所背負的沉重情感負擔，讓人們不知道該怎麼辦，所以乾脆選擇預設選項（相同的狀況也發生在醫師所做的醫療決策、人們的投資決策及退休決策上）。

當我們感覺難以決定時，就會選擇預設選項。假如你要約朋友碰面，想決定見面地點的話，就要記住這個原則。你該提出的不是「我們在哪裡見面」，而是「我們在車站前那家飯店見面好嗎」。第一個問法沒有預設選項，讓人無從順應。第二種問法則設定好預設選項。假如在用餐場合你要點一瓶紅酒，你開口問的如果是：「我們來瓶 Shiraz 怎樣？」你絕對會更有影響力，因為 Shiraz 成了預設選項。所以，記得負起設置預設選項的責任吧。

預料可能的錯誤，為它預先設計

當事情太複雜時，多數人都會覺得煩。所謂圍繞錯誤來設計，就是預見人們可能會搞錯，然後為這些錯誤預先做好設計。比方說，吃一顆綜合維生素要比吃好幾種單一維生素簡單得多。可以重複密封的包裝又是一例，起司在包裝打開之後很難保存，會變得又硬又乾，最後只好扔掉，這造成很多人不想再買起司，因為誰都不願意浪費錢。於是可重複密封的起司包裝解決了這個問題，讓起司容易保存，也避免浪費。

康納曼（2011）則舉了巴黎地鐵的例子。巴黎地鐵票卡的兩面都能讓機器讀取，不管正面或反面，所以無論你怎麼刷，機器都會讓你通過。這張票卡就是因應預設錯誤而設計的（我覺得下一個該好好重新設計的產品就是電視機的遙控器）。

你有沒有辦法把早晨起床這件事也來個化繁為簡？塞勒和桑思坦（2008）提到淘氣鬧鐘 Clocky 這個例子。這是一款在二〇〇五年由高芮・南達（Gauri Nanda）設計的鬧鐘，他是就讀於麻省理工學院媒體實驗室（Media Lab）的研究生。Clocky 的樣子和一般鬧鐘差不多，只有一個區別，就是兩側各多了一個橡膠輪子。每當鬧鈴響起，Clocky 的輪子便轉動起來，Clocky 會從你的床頭櫃跑到地上，遠離你的床。要讓 Clocky 閉嘴，你唯一的辦法就是爬下床，抓住它把它關掉，於是你就起床了，這就是 Clocky 的任務。Clocky 問世時，在美國吸引了媒體的注意，電視節目《早安美國》（*Good Morning Amreica*）主持人黛安・索耶爾（Diane Sawyer）就說：「我差不多兩天就會把 Clocky 給宰了！」Clocky 甚至成了哈佛商學院的行銷與創新課程研究案例。為什麼 Clocky 會如此引人注目？就因為它解決了早上起床難這個問題。它其實並沒有增加一個人想起床的動機，只是重新設計環境，讓行為容易發生。

架構好複雜的選項

行銷人的工作就是讓選擇越少越好。選擇越少，產品越好。在貝瑞・史瓦茲的暢銷書《只想買條牛仔褲：選擇的弔詭》（*The Paradox of Choice: Why More is Less*, 2004）中提到，當東西都很相似時，要在它們當中做出選擇就變得困難，但矛盾的是，如何選擇這個決定變得不那麼重要了，反正這些差不多的產品能做的都差不多。因此，行銷人應該設法讓產品盡可能鶴立雞群，最理想的是讓它自己就變成一個品類。如果你的產品能自成一類，你擁有的就是那個品類百分之百的市占。下面是一些這種類型的例子：

- 低價時尚手錶：Swatch（這很有年代感，我知道）。
- 微型部落格：推特。
- 能裝進購買歌曲的MP3播放機：iPod。
- 免費合法串流音樂：Spotify（一家流媒體音樂服務平臺）。
- 讓時尚又快又買得起：Zara。

正如史瓦茲說的，面對選擇時，「多就是少」。

如何把家裡的資源回收變簡單？

化繁為簡也可以運用在資源回收上。雖然人人都說支持資源回收，還是有很多懶人會把垃圾扔進同一個垃圾桶。要鼓勵資源回收，想想我們可以如何化繁為簡。其中一個方法是用個明顯大於一般垃圾桶的桶子當資源回收桶，並且放在固定的位置。或者把兩個桶肩並肩放在一起，一個扔一般垃圾，另一個用來回收，並且設法讓後者更方便。我姊夫家有兩層樓，廚房在樓上，於是他設計了一個滑輪系統，可以把回收垃圾直接扔到二樓陽臺，垃圾會自動掉進樓下的回收桶裡，因此他們家幾乎不會漏掉任何一件可回收的垃圾。再想想廚房裡的其他家務事。要把洗碗機洗乾淨的碗盤放回櫥櫃，在你家裡容不容易做到？如果不，你能不能讓放碗盤的地方離洗碗機近一點？我們家就是這樣做的，這個安排讓這件瑣事變得容易多了，我也更願意主動收拾這些碗盤了。

如果員工老是喜歡在開會時看手機，你可以在會議室設置一個手機儲存點，把這件事的管理變簡單。當大家走進會議室時就必須把手機交出來，會議結束時才能取走（當然手機得調到靜音模式）。或者乾脆買一套手機訊號干擾設備放進辦公室的會議室，當所有手機都沒法使用時，大家不看手機就變得再簡單不過，因為他們不會收到任何新資訊。原則就是，好好設計你的環境，把阻擋人們依你期望行事的障礙全數去除。

如果你希望老婆不要再隨手把鑰匙和包包扔在餐桌上，就去買一張小桌子放在房門邊上。當她回家進門，就很容易自然地把鑰匙和包包放在上面。記得，把你期望的行為變得越簡單越好。

在有害行為發生前就制止

當我還在擔任心理師時，碰過一些酒精成癮的病患。他們必須努力讓自己保持清醒，抗拒想要喝酒的衝動。直到有一天，他們發現自己剛好站在一家酒吧門外，又正好有大把時間，於是他們推門進去，點了一杯啤酒。結果又繼續深陷其中。

我會解釋給病患聽，他們不會平白無故地出現酒吧門口。相反地，引導他們走向酒吧的是一系列我稱之為「SUDs」的「看似不重要的決定」（seemingly unimportant decisions）。為了解釋這一點，我要他們想像一個場景。有一位仁兄獨自在家，覺得自己該做點運動，於是決定出去散步。接著，他又想到該買點食物當晚餐，所以要去一趟商店。買食物需要錢，所以他帶上錢包。於是他出了門，散步去商店。在這條路上，坐落著他最喜歡的一家酒吧。結果真是巧得很，他發現自己站在酒吧門外，口袋裡還揣著足夠的錢。

這是怎麼發生的？這位仁兄做了好幾個「看似不重要的決定」，把自己帶到這個地點。他決定要散步、決定要帶上錢包等，在那個下午他所做的每一個決定，一步步讓他距離酒吧的門口越來越近。

很多時候，要制止有害行為的發生，最好的方法就是設置障礙或提高事物的複雜度。當我們需要額外付出心力去克服一個障礙時，就容易在那一刻選擇放棄，久而久之，就會讓人對行為有所改觀。這就是為什麼想戒菸的人要把橡皮圈綁在香菸盒上、想減肥的人會把最好吃（也最讓人發胖）的食物放在冰箱底層。正如同化繁為簡能夠幫助行為發生一般，提高複雜度也可以用於阻止那些我們不想要的行為發生。

建立行為改變系統來存錢

多數我認識的人都有想要存錢的動機，比方說為了存夠買房子的頭期款，或是為了安排一次出國旅遊。雖然動機很充分，卻往往不容易做到。我們需要把錢轉進儲蓄帳戶（麻煩），或者剛好看見一雙想要買的鞋（干擾），也可能忍不住去跟朋友吃了一頓大餐（規劃之外的支出）。

這就是典型的例子，我們並不缺少儲蓄的動機，然而更重要的是，要想辦法設計一個系統讓人很難不存錢。我們可以有這些做法：

一、設置銀行帳戶間的自動轉帳。

二、下載「一鍵衝動存」（Impulse Saver Button）應用程式，這是一個能讓你隨時隨地想存錢就能存錢的APP（西太平洋銀行〔Westpac Bank〕在二〇一二年推出的一項服務，目前僅限於紐西蘭地區使用，但背後的概念值得參考）。

三、請公司直接把部分工資存到你的儲蓄帳戶裡。

四、把銀行帳戶設置成取款只能在櫃檯辦理。

從這些例子你可以看到，所有的方法都是「圍繞可能出現的錯誤來設計」（圍繞我們無力儲蓄的難處），而非設法提高動機。想要多了解如何透過設計環境來幫助人們存錢，可以讀讀塞勒和貝納茲（Thaler and Benartzi, 2004）的著作。相同的思路也可以運用在像是減肥、保持整潔等方面。如果動機已經存在，就要把重點放在如何化繁為簡，讓期望的行為容易發生。

重點回顧

化繁為簡談的是去除行為的障礙。因為人人都只想花最少的精力去完成事情，高明的行銷人就要設法把事情變得越簡單直接越好。記住這三項原則：第一，過去行為是預測未來行為的最佳指標，不要期望你能改變太多；第二，人們行事如同殭屍（基於系統一思考時），當有東西擋住去路時，他們就會停下來，因此你需要推測他們可能遇到的障礙，根據他們可能犯的錯誤進行設計；第三，行為越容易做到，人們就越會做（記得吃角子老虎透過設計來盡可能讓人賭得久的故事）。當你想要化繁為簡時，可以綜合運用這三個原則。當行為發生得越容易，對動機的需要就越低。想想看如何透過設計環境創造條件來讓行為容易改變吧。

行銷創意人

約瑟夫・賈菲

密蘇里州有一個大家都知道的暱稱，叫做「做給我看」州（the "Show Me" state），這似乎也預示了一個在行為改變模式上的變遷與演化：從「告知與販售」（tell and sell）的時代走到「參與和遊戲」（participate and play）的時代。說到底，告知是最低端的方式，也是在網路時代之前廣告的基本功能。隨著互動的媒體變得普及化、大眾化、社交化與移動化，我們的使命便在「說」與「做」兩端之間的連續線上找到一個健康的平衡點，變成直接從說的這一端跨越到「說到做到」（walking our talk）這另一個極端；換句話說，改變行為的方式不再是告知、說服與解釋，而是基於推薦、具可信度的建議、示範以及實際使用而來。

在這樣一個新的生態系統中，溝通工作當然還是有其地位，但可能不再是「非有不可」，而更像是「有也不錯」的角色。我的觀點是，在一個完美的世界裡，付費媒體完全可以不存在，因為品牌會有足夠的消費者關係、會員關係、既有顧客、口碑、推薦以及「自有資產」可資運用。最讓人信服的代言人就是你的員工，最有影響力的銷售員就是你的顧客。在這個框架之下，我們稱為「非媒體」或「人對人」的力量，才是有效的潤滑劑與催化劑，足以讓品牌的齒輪轉動，讓新一代品牌機器得以發力。

傳統粗放式的品牌塑造工作，依靠的是名人代言、嫁接話題、曝光頻率與更多的頻率這些掩人耳目的溝通組合，硬是把一個個家庭變成用來證明有效性的證據。現在，我們手上有了更為犀利強大的武器：這些證據本身。再從反面看，這個力量也會暴露所有的虛假欺騙、麻木不仁、惡劣體驗或失望不滿，它們的媒介自然是當今已經氾濫成災的社交媒體。

最終用來評判我們的，不是我們說了什麼，而是做了什麼。這是人生的真理，也是當前我們要面對的，更甚於以往的現實。商業終於追趕上人性，希望它能憑藉其調適與演化的能力，不要在這過程中被三振出局。

約瑟夫．賈菲是《三十秒廣告之後的人生》（*Life after the 30-second spot*）一書的作者。我認識約瑟夫已經大約十年了，當時是參加一場在新加坡的會議，所有演講者在會議前一晚有個聚會。結果當晚我們都醉得離譜，一起玩我發明的一個叫「分析師」（The Analyst）的棋盤遊戲直到凌晨。於是第二天上臺的表現也就一般般（我得跟主辦方說聲「對不起」）。約瑟夫一直在全球範圍發揮影響力，呼籲品牌跳脫三十秒電視廣告的窠臼，探索新的可能性。

14 承諾：從一個小請求促成一個大承諾

大事是從小事裡長出來的。

——保羅．凱利（Paul Kelly），澳洲創作歌手

除非做出承諾，否則擁有的只是答應與期望，但是不會有計劃。

——彼得．杜拉克（Peter F. Drucker），美國管理諮詢顧問

致命的超速

廣告一開始，你在畫面裡看見幾張掛在起居室牆上、裝在相框裡的家庭照。這時響起〈你的照片〉（Pictures of You）這首曲子的旋律。一群人坐在沙發上，抱著一幅照片，拭著眼眶中的淚水。故事漸漸揭曉，原來他們在一場車禍中失去摯愛的人。這支廣告展現的是交通意外對逝者身後的家庭所帶來的毀滅性打擊。二〇〇二年，一共有三百九十七人在澳洲維多利亞省的公路上喪命（RACV 2012）。而到了二〇一一年，這個數字降到兩百八十七人。類似由葛瑞廣告公司（Grey Advertising）製作的〈你的照片〉這一類的動人廣告（可在YouTube 上找到，參 QR Code 45），應該也發揮了一定效果。但另一方面，維多利亞省郊

QR Code 45

區的狀況則大不相同，車禍死亡人數不降反升。到底該怎麼做才能讓郊區的年輕駕駛員願意減速慢行、安全駕駛？

約翰．湯普森（John Thompson）擔任維多利亞省交通意外委員會（Transport Accident Commission, TAC）負責道路安全與行銷的資深經理已經有九年時間。TAC曾經推出非常成功的「就減五公里」（Wipe Off 5）宣傳活動，結合多位熱門運動明星，鼓勵所有駕駛人把行車時速降低五公里，並且製作了許多深入人心又有衝擊力的廣告作品。

二〇一〇年的一天，當約翰駕車馳騁於桑瑞斯高速公路前往密杜拉（Mildura）時，路邊一塊路牌突然抓住了他的注意力：「歡迎來到速度城，人口：45」。圍繞著這個邊陲小城的只有無盡的麥田和牧場以及三家店鋪：一家加油站兼機械設備經銷商、一家雜貨店和一家郵局。在那個秋日，當約翰開車穿過速度城時，他突然冒出一個念頭：「速度城這個名字，有沒有辦法用來提醒在郊區道路超速駕駛的危險性？」也是在這一年，約翰開始與奈科傳播合作，所以我已經認識他很多年了。他是那種廣告公司很喜歡的客戶類型：心裡有個好想法的雛形，並且願意盡一切努力讓它實現。

駕駛行為一向是最難影響的行為之一。每個人的駕駛習慣（不管好壞）都根深蒂固，就算面對法規的嚴格規範，比如大筆罰款或吊銷駕照，也需要很長的時間才能見效。與酒駕不一樣，人們對超速駕駛所持的態度各不相同，有些人覺得這還是社會能接受的行為，而且有不少人就是有辦法超速而不被員警逮到。

推動在郊區道路讓人們減速的一般措施，可能需要歷時數年才能顯現效果。如我們在第三章討論過的，行為改變有三項關鍵要素：思考、感覺與行動，行動是容易創造成果的最快方式。經過許多的思考與討論後，約翰和我決定了一個「第一步」的策略，不在於降低超速的發生率本身，而是要求人們對於在郊區道路上安全駕駛做出一個預先的承諾。在後來的幾週中，我們在白板上逐步把這個概念描繪成形，直到確定這個策略：我們要把「速度城」（Speed）重新命名為「致命速度城」（SpeedKills）。我們設定的門檻是，只要能獲得一萬人在臉書專頁上為這件事按讚，這座小鎮就會換上新的名字，同時TAC將對小鎮上的獅子會提供可觀的經費贊助。這個想法讓約翰開心極了。

改變的承諾

假如一個行為已根深蒂固或改變難以一步到位，那麼想辦法得到一個對改變的承諾，會是小小的卻很有積極意義的第一步。如果參加過特百惠直銷會（Tupperware party，一種歷史悠久、以銷售家居器皿為目的的家庭聚會），你就能理解我在說什麼。只要你買了第一件，往往就會越買越多，金額越買越高。其實無論你是向上門的推銷員買了一件產品，還是在某個品牌的臉書頁面按了個讚，你就已經是在做出「**承諾**」。

要了解承諾的力量，我們來看看幾十年前由史丹福大學的喬納森．弗雷德曼（Jonathan Freedman）和史考特．弗雷澤（Scott Fraser）所做的研究（1966）。在這項研究中，心理學家假裝他們在做市調，想了解家庭主婦如何使用居家清潔產品。第一天，他們在電話簿上隨機挑選住宅電話號碼，打給對方並說明他們正在進行清潔產品研究，詢問接電話的家庭主婦願不願意花五分鐘回答一些問題。多數受訪者都表示同意並完成了訪問。三天後，他們再次打電話給這些受訪者，進一步問她們可不可以讓「五、六個男人」到家裡拜訪，對她們家中所用的清潔用品做完整的了解，這需要花她們大概兩小時。這樣的要求的確有點過分。同時另一組家庭主婦也接到相同電話，詢問她們能否接受「五、六個男人」到家裡了解她們使用清潔用品的情況；唯一的差別是，這組人之前沒有接到過第一次的五分鐘電話訪談。

你猜結果如何？第一組先前接到過五分鐘電話訪談的家庭主婦，願意讓「五、六個男人」到家裡拜訪的比例比第二組高出不止一倍。這個技巧一般稱為「跨過門檻」（foot-in-the-door），講的就是如果一個人已經接受一個小請求，就有可能接受另一個更大一點的請求。也就是說，得寸就容易進尺。

這項研究後來被用各種不同的包裝方式重複做過很多次。凱蒂・貝卡—摩茲等人（Katie Baca-Motes et al., 2012）想知道飯店住客是否會對愛護環境的行為做出承諾，而進行了一項長達三十一天、涉及兩千四百一十六名參與者的研究。當旅客抵達美國加州的一家飯店時，會被要求閱讀一段關於飯店承諾推動環保行動的簡短說明。部分旅客會被問到是否願意支持環保行動，如重複使用房間的毛巾；另一部分旅客也被問到同樣的問題，但同意的人要戴上一枚胸針以代表他的承諾。從結果統計看，做出支持環保行動承諾的住客，在住宿期間真的實踐環保行為的比例明顯高出許多。他們如果只是做出普通的承諾（第一部分旅客），落實環保行為的比例比一般人高出二五％；而如果他們做出的是特定的承諾（第二部分旅客），比例更高出四〇％。人們只要做出承諾，就傾向於把它變成真實的行為。

這項策略已經成為影響力理論的一個重要組成部分。**如果你能讓人們先完成一個小任務，他們就有可能再完成更大的任務**。這個技巧之所以稱為「跨過門檻」，就因為挨家挨戶拜訪的推銷員正是最懂這種技巧的專家，他們會用盡一切辦法把你拉進對話中，因為這是他們展開推銷攻勢的最佳途徑。聽他們講得越久，你掏錢的可能性就越大。有本事把腳跨過你家門檻的推銷員（這是個比喻，也可以是實際場景），就有更高的機會達成銷售。在人來人往的商場裡，進行慈善募款的人也會運用相同的技巧，他們不會直接向你要錢，而是從跟你打招呼開始：「你今天好嗎？」從而敲開與你對話之門。如果做出回應，你就比較有可能把錢包掏出來。

支撐承諾這種行動刺激的心理學基礎，來自認知失調理論。如第三章所述，一旦你做出行動，就會調整思考與感覺以便和行動保持一致。所以一旦採取行動對某一特定行為做出承諾，你就為後續一致的行為鋪開了一條路（Cialdini, 2007）。

讓速度城更名的承諾

基於上述原則，我們想到把速度城更名為「致命速度城」的點子。我們要人們踏出的第一步其實非常微小，卻是對安全駕駛具體可見的行動承諾，就是在臉書頁面上為我們按讚。為了宣傳這件事，我們把速度城裡的四十五名居民找來拍攝了一支影片，由他們講述在郊區道路上減速慢行的重要性。這樣的合作也讓他們對這個活動產生歸屬感，因此更願意參與其中（而避免感覺是TAC強加於他們的一件事）。他們呼籲大眾加入這個行動，去臉書上按讚來讓這個地方重新命名。小鎮裡的兩位老人家還拍了一支很好笑的影片，跟大家解釋如何在臉書上按讚（影片在YouTube上可以看到，參QR Code 46）；而鎮上年輕的居民代表蓋

QR Code 46

比則寫了一首關於減速駕駛的歌曲。甚至，他們還舉辦了一場賽車活動，但與一般的賽車相反，他們比的是誰能開得最慢。

整個宣傳活動從二〇一一年一月十四日開始，在二十四小時之內超過一萬人打開了臉書頁面並按讚，達到了我們的目標。但事情還沒結束，小鎮的發言人牧羊人菲爾・唐（Phil Down）出來打賭：如果臉書頁面按讚數到達兩萬，他從此就改名為 Phil “Slow” Down。結果這個目標在一週內又達成了。宣傳活動共進行六週，最後有三萬五千五百人留下他們的讚。在實際效果上，三萬五千五百人公開宣示他們支持在郊區道路上減速慢行的行動，這是重要的第一步，對安全與減速駕駛的承諾。

在對臉書資料進行分析之後，我們發現超過四分之一的讚來自年輕男性，也就是最難接受道路安全資訊的那群人。這個活動還在推特上得到超過一千萬次的曝光。「速度城更名」活動成為在澳洲與紐西蘭臉書上最受歡迎的非營利專案第七名，活動的臉書專頁獲得一萬五千則留言、一百三十萬人次的訪客以及八萬三千次的影片瀏覽，平均得分為四・六三（最高五分）。一位臉書訪客留下了這樣一段話：「恭喜『致命速度城』更名成功，更謝謝你們為大家創造的改變。」

活動之後一個月的二月十八日，TAC執行長和我來到致命速度城，將一萬美元的支票交給當地的獅子會。這對TAC而言也是一次重要的機會，讓它們能夠透過創新的宣傳專案得到媒體的正面曝光。那天剛好是我的生日，所以我太太也跟我一起在當地和 Phil “Slow” Down 以及他可愛的家人好好慶祝一番。你可以看看這個故事的三分鐘影片（當然是關於這個活動，不是關於我的生日，參 QR Code 47）。

QR Code 47

圖 14-1　Chewychews 巧克力的虛擬廣告

臉書上的讚能影響行為嗎？

在臉書上按讚與實際的行為改變之間究竟有沒有連結？在「速度城更名」活動中，網上社群的參與被作為衡量活動成功與否的指標，但在虛擬的承諾與後續實際行為之間到底存在怎樣的關係？這是我很有興趣的一個問題，所以決定要做點測試。在聖地牙哥（San Diego）舉辦的二〇一三年消費者心理學年會上，我們公布了研究結果。

我們在研究中對一百名線上受訪者（分為三組）展示了一些廣告，銷售的是一個虛擬的新品牌巧克力 Chewychews，產品共有兩種口味：焦糖和腰果（見圖 14-1）。

看完廣告之後，第一組的受訪者被要求回答想不想買 Chewychews 巧克力；第二組的受訪者在問及購買意願之前，先被要求去臉書依自己的意願為 Chewychews 按讚；第三組人則在問及購買意願之前，直接被要求把他們對 Chewychews 的評價寫下來，不論正面還是反面。

研究結果發現，相對於只是看廣告的人，在臉書為品牌按讚的人以及寫下評價的人，其購買意願更強、喜好度更高，同時也比較願意把品牌分享給朋友（見圖 14-2）。所以即使

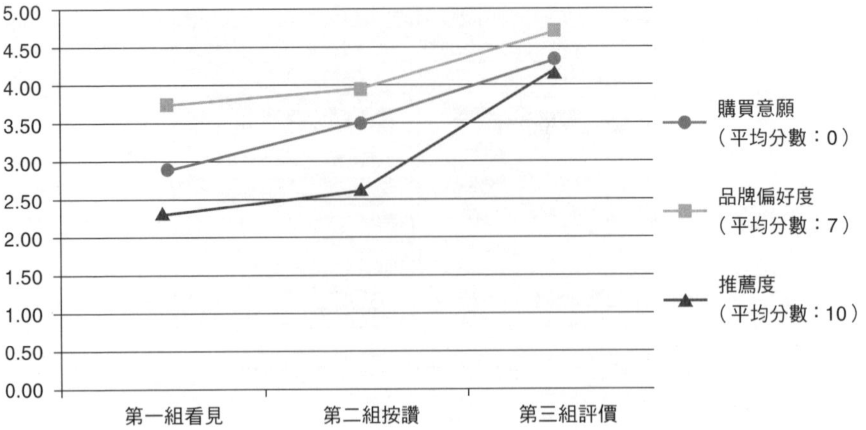

圖 14-2　看見、按讚、評價與品牌偏好度及購買意願之間的關係

是在臉書上為巧克力按讚來表達認同，這樣又小又簡單的承諾都足以影響他們的購買決策。按讚這個行動確實提高了購買與推薦品牌的可能性。

難怪臉書、Instagram 和其他社交媒體平臺，已經成為行銷人員選擇的重要工具，用來鞏固消費者對其品牌與訴求點的認同。線上的宣傳活動中，消費者常常可以透過為品牌按讚而獲得一些獎勵，比如免費樣品或折扣優惠。正如我們在 Chewychews 這個例子裡看到的，這個行動的副作用就是你將因此更願意推薦或購買它的商品，原因就是承諾帶來的效應。

對目標的承諾

承諾同時包含「推」和「拉」兩種效果。要求人們做個小小的行為改變（有助於推動未來更大的改變），就屬於「推」的策略。另一種運用承諾這種行動刺激的方法，需要的是設定好一個清楚的目標，這更像是一種「拉」的策略。

人類是目標導向的動物，如果設定好一個目標並朝它前進，我們通常會努力達成目標。一九九三年，西維吉尼亞大學的泰德・泰勒（Ted Tayler）和史蒂夫・布斯—巴特菲爾德（Steve Booth-Butterfield）做了一個規模不大但非常迷人的實驗，他們想測試的是跨過門檻效應能否用於降低酒醉駕車的發生率。在六週的實驗期間，他們將一家本地的酒吧變成一間研究實驗室。他們將酒吧中的客人隨機分配為兩組，酒保會對兩組客人給出相同的提醒，如果他們飲酒超過法定的安全駕車標準，就要改搭計程車：「你如果喝多了，我們希望你叫輛計程車。」不同的是，酒保還會請第一組客人簽一份反酒駕倡議書，並且給他們一本說明酒駕危險的小冊子。第二組客人（控制組）則沒有進行簽倡議書這個環節，也沒有拿到小冊子。你猜結果如何？簽了倡議書的那群人搭計程車回家的比例遠遠高過控制組。把自己的名字簽在反酒駕倡議書上這麼一個小小但公開的行動，最終確實影響了人們避免酒駕的行為。

這種目標導向的行為，在一般的消費環境裡也可以找到。李和艾瑞利（Lee and Ariely, 2006）曾在便利店進行一項非常有意思的研究。他們在分析人們的購物行為之後，發現放進購物車的商品平均價值約四美元。於是他們設計了折價券送給消費者。第一組消費者收到的是「花六元減一元」的折價券，第二組收到的則是「花兩元減一元」。

結果，為了得到折價券上減免一元的好處，第一組人把消費金額從四元提高到六元，第二組人則從平均四元減少到兩元。對消費者而言，似乎達成目標比買該買的東西更重要。

甚至，即使原本存在的好處或動機消失了，如果承諾已經做出，人們還是會想要實現它。席爾迪尼等人（1978）就發現，汽車經銷商經常會運用這個伎倆。經銷商會先向顧客開出一個低於競爭對手的價格引誘顧客，當顧客決定要買了，經銷商才會揭曉其實優惠價格並不包含一些顧客原本以為有的配置，實際上的車價要高得多。席爾迪尼發現，一旦購買者做出購買的決定，他們就會身陷其中，即使他們清楚知道交易變得不夠划算，而且自己被車商耍了。**對於已經做出的承諾或決定，人們會感受到一種想保持一致、想依照決定執行的心理壓力**。席爾迪尼等人（1978）寫道：「一旦人們對一件事說『好』，他們就想貫徹這個『好』。」「承諾」這個心理學核心原理，在今天科技與社交媒體主導的世界裡其實意義更為重大，因為我們可以從中找到更多途徑，讓人們跨出第一步，朝著我們期望他們改變的方向前進。

簡化行為的改變

根據CNN的報導，史丹福大學說服科技實驗室的B.J.福格，是你一定要知道的全球十大頂尖大師之一（Reingold & Tkaczyk, 2008）。他是行為研究領域的領頭人物，我正好有幸與他見過幾次面。對於行為的改變，福格有許多了不起的信念，其中一個是，多數從事行為改變相關行業的人（包括廣告人），都花了太多力氣在讓人們提高改變動機上。動機往往不是問題的關鍵，問題在於做出行為改變時遇到的難度。他給出的解決方案是，從選擇比較簡單或單純的行為開始。在他的「小習慣」（Tiny Habits）計畫背後有以下這些思維（B.J. Fogg, 2013）。

一個小習慣指的是你：

- 至少一天做一次。
- 花不到三十秒鐘就能完成。
- 只需要花很少的力氣。

在他小習慣課程的介紹資料中，福格寫道：

當你選擇這一週要養成的小習慣時，必須能符合上面這些原則。（如果你不想照這些原則做，請不要加入我的課程，因為我的方法可能讓你失望。）在這一週中，你會見識到「單純就是力量」的道理，而且能將這樣單純的行為在之後的幾週延續下去（比方說，從用牙線清潔一顆牙齒延伸到清潔所有的牙齒）。但是在這一週中，為了達成你的成功與學習目標，請務必保持事情單純。

下面是一些小習慣的例子。請留意它們的陳述方式，都是以一個既有行為作為開頭（在我……之後），然後結合一種你想培養的新習慣。

「在我刷完牙以後，我就要用牙線清潔一顆牙齒。」
「在我倒好早晨的咖啡之後，我就要 LINE 媽媽。」
「在我啟動洗碗機之後，我就要讀完書上的一句話。」
「在我下班回家走進門後，我就要拿出我的運動服。」
「在我在地鐵上坐下後，我就要打開我的素描簿。」

這是我見過運用承諾原則的最好範例，不但採取用小改變帶動大改變的原則、堅持讓要改變的事保持特定而明確，並且與原本就存在於生活中的動作掛鉤，讓行為的發生更輕而易舉。所以，別再於元旦發誓自己今年要減肥，而應該把減肥這件事拆成三個小習慣，才會容易讓改變發生。小習慣計畫之所以有效，是因為人們能從一個小的行為開始改變，最終形成一個深植於行為的習慣。另一方面我也在想，福格讓人們註冊參加小習慣計畫的這個動作，是不是也在讓這些人產生承諾感？畢竟他可是名列當代前十名的大師之一呀。[26]

承諾改變世界（或至少投個票）

二〇一〇年，英國政府設立了一個新部門：「行為洞見小組」（Behavioural Insights Team），別名「助推事務組」（Nudge Unit），名字來自第十三章討論過的塞勒和桑思坦那本書《推力：決定你的健康、財富與快樂》。這個部門設置的目的在於將對人類行為的最尖端知識運用於公共政策，以提供更有效率的公共服務並節約政府的支出。而在大西洋彼岸，美國政府與歐巴馬（Barack Obama）總統也注意到助推事務組帶來的好處，於是決定設立類似的部門。美國版的領軍人物是瑪雅．尚卡爾（Maya Shanker），白宮科技政策辦公室的資深政策顧問，她的工作就是創造出更好的公共政策。該部門的招聘活動內容是這樣說的：「越來越多證據顯示，來自社會與行為科學的洞見能夠協助公共政策的制定，創造更好的效果，節省更多的成本，並且說服人們實現他們的目標。」看來各國政府都開始擁抱這些改變行為的新思潮，以強化他們的影響力。

二〇一二年歐巴馬競選連任時，民主黨打造了一支「行為科學家的夢幻隊伍」（Carey, 2012），提供策略來推動人們參與投票，而且，當然是希望他們投給歐巴馬。其中一個上門遊說時運用的技巧，就是邀請選民簽署一份非正式的投票承諾書，而這張卡片的角落裡有一張歐巴馬的照片，就這麼簡單。這份承諾書並非要求選民承諾投票給民主黨，只是請他們「承諾會去投票」，而簽署的卡片上出現歐巴馬。根據承諾行為的心理學原理，這個小小的、自願的行動，不僅會增加簽署者前去投票的可能性，而且他們很可能就會投給民主黨。

人們會希望自己的所作所為與已經承諾要做的事保持一致。這給我們一個重要的資訊：如果你想影響別人的行為，就從讓他們做一件小事開始。

當承諾令人難堪

你還記得那個聲名狼藉的「孔尼二〇一二」（KONY 2012）活動嗎？如果你沒聽過或忘了，我在這裡補充一下。「孔尼二〇一二」是美國「被遺忘的孩子」（Invisible Children）公益組織創造的一個活動，它們製作了一部時長三十分鐘的影片，活動主旨在於揭露烏干達兒童遭遇的悲慘困境：他們被迫離家，變成戰場上的兒童民兵。據稱，要為這些綁架與虐童事件負責的，是一個叫約瑟夫．孔尼（Joseph Kony）的人。

㉖ 作者註：我自己也報名加入了福格的小習慣課程，但結果什麼也沒做到。要實踐課程內容，我有的是充分的動機，但往往就是在關鍵的那一刻，雖然我選擇好該去做的單純小行為，結果就是忘了做。這讓我體會到，改變行為確非易事呀！話說回來，這項課程確實得到眾多好評與及許多人的推薦，這是不爭的事實（Chang, 2013）。

「被遺忘的孩子」組織策劃了這場宣傳活動，影響並串聯大眾，要大家簽署一份聲明，遊說文化界的影響力人士（一些影星和歌手）以及足以影響政策的人物（一些政界領袖和時事評論員），動用他們的力量把孔尼找出來，把這些可憐的孩子送回他們的家庭。他們製作的這部影片是一部分紀錄片和一些電影片段及音樂的組合。你可以在YouTube上找來看看（參QR Code 48）。影片中，「被遺忘的孩子」活動發起人傑森・羅素（Jason Russell）透過他的小兒子蓋文和一名烏干達童兵雅各，講述了這個關於綁架的故事。影片拍得很有情感張力，感染力很強。他們的計畫是，每位支持者只要捐出二十美元，就能收到一些海報及臂章，然後他們要一起參加一場叫「夜襲」（Cover the Night）的活動，將全球各大城市串聯在一起，同時把孔尼的海報貼滿城市的各個角落。結果全球一共有超過一億人觀看了他們的影片，數千人買了他們的套裝。問題是，當那個夜晚來臨時，沒有一個城市出現預期的人潮，人數遠遠不夠。這究竟怎麼回事？

這整件事很不幸地功虧一簣。原來「被遺忘的孩子」組織的創始人與領導人傑森・羅素被曝本身有明顯的精神問題，而該機構運作的透明度也遭到外界質疑，結果整個「孔尼二〇一二」活動以失敗收場。雖然它扣人心弦的影片的確吸引了大量關注，也確實讓看影片的人做出承諾，但終究是個敗筆（Carroll, 2012）。我認為原因有以下幾點：

一、組織本身：「被遺忘的孩子」的資金來源一直存在很多疑問，包括它接受類似全國基督教基金會（National Christian Foundation）這類宗教募款團體的撥款資助這件事。另外，它耗費巨額資金拍攝影片也為外界所質疑。

QR Code 48

二、傳遞的資訊：影片內容將事情過度簡化，而且據烏干達有關方面的說法，活動中存在一些錯誤資訊。他們在 YouTube 上公布了一段長約九分鐘的影片做出反擊：「孔尼二〇一二活動並沒有說清楚一件最關鍵的事，就是孔尼根本不在烏干達。」「烏干達並不存在混亂狀況，這是一個和平、穩定而安全的現代化發展中國家。」

三、具體行動：有一件事在活動中從來沒交代清楚，就是購買行動套裝、支持「夜襲」行動究竟與抓到孔尼有什麼直接關聯。一個承諾要能成功，第一步的行動必要與期望發生的行為改變密切相關（比如，答應會去投票，然後真的去投了票）。

四、領導者：對我而言，「被遺忘的孩子」組織的創始人傑森・羅素不太像是一位慈善家，更像是狂熱教派的教主。他在活動中表現的一些詭異行為，包括在大街上裸體拍攝影片，也讓他的可信度大打折扣。

最終，「孔尼二〇一二」活動以失敗收場，因為人們雖然認同它的出發點，但都不想再跟這個組織有任何連結。從我的角度看，有趣的倒不是活動搞砸，而是後續的相關文章與報導非常少。評論時事的刊物很多，但對一個吸引了超過一億人關注而最後遭遇極大挫敗的大型社會運動，居然沒有什麼深度的檢驗與討論出現，這實在令人費解。原因是什麼？

我們先來看看活動的草根支持者。你是否曾經公開支持「被遺忘的孩子」以及他們捉拿孔尼的主張？你有沒有採取任何行動，比如協助散布這項消息或購買他們的套裝？如果有，你後來是否也聽說了活動失敗的消息以及關於活動領導者的負面新聞？於是你有沒有向大家宣布不再支援這個組織和它的主張？這個狀況恰恰是示範認知失調概念（第三章曾討論過）

的一個好例子。

當人們開始朝向一個目標採取行動，他們會讓自己的思考與感覺配合行動以保持一致性。如果他們為「孔尼二〇一二」活動按了讚，等於公開告訴所有人「我支持這件事」，於是他們會調整自己的思考、感覺與行動，去支持「被遺忘的孩子」和傑森．羅素。但當關於活動的負面消息曝光之後，多數人很難撤回他們按過的讚。而當「夜襲」活動展開時，他們也很難拉下臉告訴大家自己搞錯了、被愚弄了。他們對活動做出的支持行動已經覆水難收，如果在這時候打退堂鼓，不管對自己而言還是對看到他們在社交媒體上表現支持的人來說，看起來都是一件蠢事。這就是行動所能創造的力量，看來傑森．羅素也頗精於此道。這正是為什麼在這場史上最大的一場社交媒體實驗以失敗告終之後，出現的是一大片的靜默。這片靜默裡包括支持者在尷尬之後的噤聲，以及反對者揚揚得意的竊笑。

關於這整件事情，真相調查者（Truth Loader）製作了一部視角公允的分析影片，你可以在 YouTube 上找到（參 QR Code 49）。這部影片的觀賞次數只有可憐的區區五萬，遠低於原本活動宣傳影片超過一億的點擊量。

承諾的威力，在「孔尼二〇一二」這個事件裡完美的展現。即使人們最後發現一個主張並不像原本他以為的那麼有信服力、吸引力以及值得支持，多數人還是寧願選擇不收回已經做出的支持，以避免向全世界承認自己錯了。如果能把承諾的力量用在比較沒有爭議性的主張或合理合法的商業用途上，就會成為行銷人手上一個無比強大的工具。

QR Code 49

重點回顧

不管用來做好事還是壞事，承諾都是一個強大的影響力工具，而且是促成行為改變重要的第一步。正如我們在「跨過門檻」實驗裡看到的，能讓一個人做出一個小小承諾，再要求他承諾一件大事的可能性就會大增，因為他已經表現出對一個主張或一種購買行為的認同，而且會想要繼續保持一致。人們如果已經做出正面承諾（或行動），就會傾向於讓接下來的行為貫徹這個承諾。另一方面，人類具有目標導向的習性。讓人們擁有一個共同的目標並踏上朝目標前進的道路，成功達成目標的機會就會大增。如果人們能夠以口頭或書面形式對一個想法或目標做出承諾，實現這個承諾的可能性又會更大。基於相同的道理，在臉書上為一種巧克力棒或為支持在郊區道路上減速駕駛按個讚，這些小小的動作都足以帶動後續更大行動的發生。

所以，不要只是叫人去做某件事然後轉身離開，這樣仍然未竟全功。一定要對方做出會把事情完成的承諾才能放他走。有口頭承諾（「我會做到」）總比沒有好，書面的白紙黑字或「發誓」會更有效，而直接讓人們開始採取行動效果又更高。不過我們在「孔尼二〇一二」事件裡也看到，當事實不符合期望時，即使人們已經做出承諾，一樣會轉而將它拋棄。

行銷創意人

阿爾然．哈林

首先，我認為我們應該把關注點放回到每一個個人身上。對站在我們跟前的這個人，該用怎樣的策略來改變他的行為？這可能與當前的行為科學發展背道而馳，我們還是忙著從群體角度衡量人們的行為，但其實早就已經知道並沒有所謂一體適用的模式。對於不同改變行為的方法，每個人的反應都有所不同。我們要從與一個人的互動中找出對他最有用的方式。科技的確能夠幫助我們學習如何更有效地改變行為，但首先要學會的是，那些行為改變高手（像是汽車銷售員）是如何搞定所有人的。

另外我想強調的是，永遠不要放棄。根據自己追求女孩的經驗，我學到的是，現實可能很灰暗，但你永遠可以有你的方法去重塑它。抬頭總能看見陽光。

●●●●●●●

阿爾然．哈林是科學搖滾明星公司（Science Rockstars）的創始人。我們至今仍未曾謀面，但已經在線上多次交流想法。對於有膽量把公司取名叫「科學搖滾明星」的人，怎麼能不立刻交個朋友？

第4部

做好事

15 善用你的力量

對於廣告，我最恨的一件事，就是它把所有聰明、有創意並且有野心的年輕人全吸引走了，剩下那些遲緩又自戀的傢伙，加入我們藝術家的行列。

——班克西，英國街頭藝術家

這種盲目追逐的生活[24]最大的問題，就是即使你贏了，你仍然是一隻老鼠。

——莉莉・湯琳（Lily Tomlin），美國女演員與作家

我要的只是一點尊重

廣告這個行業並未享有很高的聲譽，事實上，市調界的大腕羅伊摩根研究所（Roy Morgan）調查發現（2013），在針對三十個不同行業進行的道德與誠信評比中，廣告排名二十九，只有九％的受訪者把廣告人的道德與誠信度評為「高」或「非常高」，名次只優於二手車商（他們已穩居最後一名長達三十年），比房地產經紀和政客更低。

雖然如此，好消息是，過去幾年這個數字有正在改善的跡象。二〇一一年，只有五％的

人認為我們這些廣告人做事講道德與誠信；二〇一二年，這數字上升到八%，一三年又提高到一〇%，廣告人受尊重的程度算是上升到一個令人興奮的新高度。雖然分數還是不高，不過我自己的確相信廣告人的形象在改善。過去這幾年，好幾部與廣告題材有關的電視節目受到全球性的歡迎，比如電視劇《廣告狂人》（*Mad Man*）和《瘋人瘋語》（*The Crazy Ones*，靈感很明顯來自芝加哥李奧貝納的故事）。而在澳洲這邊，*Gruen* 節目系列（包括 *Transfer*、*Nation*、*Sweat* 和 *Planet*）不但創造了超級成功的收視率，還把幾位廣告人捧成家喻戶曉的名人。不過，我不認為是這些電視節目把廣告變得比較受人尊重，而是反映了人們對廣告人如何進行溝通產生越來越高的興趣。我相信這背後的一個關鍵原因，就是對這個世界而言，廣告人正在變得越來越有用。

我們何其有幸，活在這個稱為「資訊時代」的世界裡。資訊蜂擁而至，每個人都被偉大的全球資訊網連結在一起並彼此分享。Google 等網路公司讓我們能夠「讓全世界的資訊井然有序」（Google 自許的企業使命），而這些資訊現在隨時就在我們的指尖。沒錯，現在全世界的資訊都可以為任何一個人所用，包括那些比你我聰明得多的人。雖然如此，即使當最聰明的人都能自如地取得一切資訊時，我們仍然無力把這個世界變得更美好。透過這些偉大的資訊，我們到底解決了什麼重大難題？戰爭？不曾停歇；犯罪？江河日下；貧窮？仍在持續甚至蔓延，沒人說得準；人類社會變得更公平？完全沒有；緩解全球暖化問題？看起來只有更糟；解決人們的心理健康問題？看起來也是更糟；對資訊的掌握有沒有幫我們預測到全

㉔ 譯註：原文 the rat race 直譯即「老鼠的追逐奔跑」。

球金融危機？沒有；資訊有沒有讓更多人願意捨汽車就自行車上班？我們有沒有辦法說服富裕國家把它們一〇%的財產分給貧窮國家？我們能不能阻止某些社會對女性的侵害？答案是不能、不能、不能。資訊和它的近親——理性的爭辯——並沒有辦法解決這些問題。即使拋開悲觀心態，我仍然不認為資訊本身解決得了這些世上的大難題。

所以我們該轉向何處尋求解決之道？其中一個可能性，就是運用一個真正懂得如何影響與改變行為的行業。為什麼不好好利用一個有本事說服人們花十美元買一瓶啤酒、花一千美元買一套烤肉爐具、花十萬美元買一輛新車的行業？為什麼不從一個有辦法讓你每幾年換一輛車、每幾個月買幾套衣服、每幾個星期換新牙刷的行業尋找有用的絕招？

廣告人是操縱與影響人的能手，也許我們還不完全知道自己做的事如何發揮功效，但就是知道什麼會有效。其他各行各業的人對此都很好奇，希望廣告人能解鎖這些法寶，幫忙解決各式各樣的大麻煩。我也見識過原本能做好事的人與魔鬼牽手之後的墮落。當這些廣告的技巧得以分享給全世界，我希望它們是用於為善而非作惡。

撰寫這本書，我希望能讓廣告為世界帶來更多的幫助而非干擾，其中凝聚了我以心理學家身分進入廣告圈的歷程中所學習到的經驗，相信對你一定有用。而在這最後一章，我想再灌注一點正能量，期望你會以善念運用這些改變行為的技巧。

不曾停歇的爭議

羅里．蘇德蘭這位魅力十足又熱情洋溢的兄弟，身為英國廣告行業的核心組織廣告從業者協會（IPA）的領導人，卻總是堅持自己「只是個做廣告的」。二〇一三年年初，我和羅里在倫敦的一家酒吧促膝長談，聊到廣告何去何從以及廣告如何從掌握行為科學上獲益這些問題。

羅里身為廣告業的發言人，對爭議性的話題從不迴避。關於廣告的道德性這個話題，羅里說過（Sutherland, 2010）：

> 事實上，行銷活動每天都在製造數不清的道德問題，尤其是做得好的那些。如果你不以為然，可能的解釋只有兩種：要麼你覺得行銷人徒勞無功，其實沒有改變任何事；要麼你相信行銷活動只是在人們有意識辨別的層面上影響他們。我對這兩種可能性都不感冒。我寧可被人們視為邪惡，也不要被認為沒用。

這是明擺著的事實。行銷有其效力，它能夠、也的確會讓人們去做一些事情。廣告人能讓人開始抽菸、讓他們飲食過度、讓他們變成動也不動的大懶蟲。這些，行銷和廣告都做得到。有意思的是，羅里其實呼應了佩瑞．倫敦（Perry London, 1964）在五十多年前就說過的話：

> 我們不能一方面主張我們的專業有其價值而且有效，另一方面又辯稱我們做的生意並不是在改變人們的行為。

雖然佩瑞．倫敦講的其實不是廣告這個專業，而是在談心理學家與臨床心理學。

所有在工作上涉及影響他人以及改變行為這門藝術的每個人，都必須想清楚自己是在為善還是作惡。對我們所擁有的足以改變他人行為的能力與影響力，我們必須坦承並做到公開透明。不過另一方面，我們也要老實說，人類往往喜歡自我欺騙，合理化一些內在需求、正當化自己的行為，難怪他們的行為很容易被行為改變專家所影響。最終的答案該是什麼，我也不知道，但這總會讓我想起那句名言：「力量越大，責任就越大。」（With great power comes great responsibility. 伏爾泰與蜘蛛人都說過。）

有個例子正足以反映行銷人與廣告人已經認識到自己身處在一個改變他人行為的行業裡，所以必須以道德規範為行事前提，那就是聯合利華公司的「改變的五個槓桿」（Five Levers of Change, Unilever, 2011）。透過分享這個模型，聯合利華希望協助大家把它們對永續發展這個話題的關心度轉換成為積極的行動。這個「改變的五個槓桿」包括：

一、讓它易懂（make it understood）：有時候人們對一個行為欠缺了解，也不明白為什麼該去做。這個槓桿要提升的是認知度，以及創造更高的接受度。

二、讓它容易（make it easy）：當事情容易時，人們會更願意行動；要他們花額外的力氣，則適得其反。這個槓桿要建立的是方便性，以及覺得自己能做到的信心。

三、讓它滿足需要（make it desirable）：一個新的行為要能滿足人們在心中對自己的期望，以及他們希望自己在別人眼中的形象。這個槓桿談的是自我與社群兩方面。

四、讓它有回報（make it rewarding）：新的行為必須為人們帶來他們在乎的具體好處。這個槓桿強調的是實證與回報。

五、讓它變成習慣（make it habit）：一旦消費者已經做出改變，就必須創造一個能讓他們持續堅持這個行為的策略。這個槓桿談的是再強化與提醒。

關於如何改變行為，我們手上已經有大量的知識；而作為改變行為的入門，聯合利華的這些原則是我看過最有用的一套。當然，相關的知識還有很多很多，值得你好好研究一番，找出一個最適用於你手上特定課題的理論。比方說，如果你是一個慈善組織，希望擴大募款，我會建議你讀一讀桑德斯、哈爾彭和瑟斐斯（Sanders, Halpern & Service, 2013）的這一份非常棒的報告《如何在慈善捐款上運用行為科學》（*Applying Behavioural Insights to Charitable Giving*）。

如果你不方便閱讀這篇報告，那麼下面這些由心理學家德布魯因與普羅科佩茨（De Bruyn & Prokopec, 2013）的精彩發現對你一定有用。如果想要人們為你的慈善項目捐款，你可以這樣做：列出一系列不同的捐款金額選項，務必把低的金額放左邊，高的放右邊。要讓最多人掏出錢來，並且得到最大的捐款金額，請照下面的指示做：

一、一定要讓左手邊的金額盡可能低（比方說一美元）。這個金額看起來越低，就會有越多人捐錢。

二、讓捐款金額向右快速大幅提升。增加的金額越大，每個人的捐款金額就越高。

所以想要讓你的募款金額最大化、得到最高的人均捐款金額，你的捐款金額選項應該看起來像圖15-1這樣。

$1	$10	$100	$1,000	$5,000	$10,000

圖 15-1　將捐款金額層級最大化

行銷到底道不道德？

道格．吉梅西（Doug Gimesy）是框架效應諮詢公司（The Framing Effect）的創辦人與負責人，他們專門協助客戶用最具說服力的方式重塑溝通的資訊，同時道格本人也在維多利亞省的莫納什大學（Monash University）教行銷與商業道德課程。道格是一位充滿熱情的環保主義者，是世界自然基金會（World Wildlife Fund, WWF）的理事，也是一位很棒的自然攝影師。對於說服這件事本身的道德性他非常執著。我有幸參加過他在墨爾本大學舉辦的一場一整天的研討會，在會上他分享了他的框架重塑理論，以及如何透過「優化」傳遞資訊的方式獲得更多的關注。

吉梅西認為影響力有四個不同的層次：強迫（coersion）、操控（manipulation）、說服（persuasion）以及教育（euducation）。前兩者一般視為不道德的方式，而後兩者則被認為是道德的（見圖15-2）。

我們都同意吉梅西的觀點，認同教育是道德的，而廣告也不是一個從事強迫行為的行業。那麼，要討論的重點就是，到什麼程度說服會搖身一變成為操控。

《牛津詞典》（2013）是這樣界定「說服」與「操控」這兩個詞的：

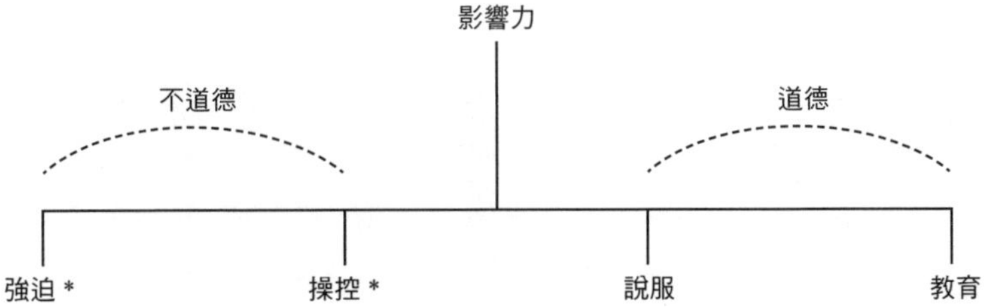

＊純粹的家長行為除外

圖 15-2　不道德與道德的影響力

資料來源：道格．吉梅西，2013

說服：透過分析或論證，引導（某人）做某件事情：好不容易，我說服了他去做對的事。

操控：很高明或不擇手段地（對一個人或狀況）進行控制或影響：大眾被一小撮人欺騙和操控了。

你發現其中的兩難之處了嗎？說服是基於「分析或論證」讓人採取行動，然而，我不認為（廣告圈中多數其他人也不認為）「分析或論證」是能讓行為改變的有效方式。正如我們在這整本書裡討論的（尤其是前面蘇德蘭特別強調的），消費者多數的行為都不出自理性思考。當廣告人不管是訴諸人們的系統一思考、運用所謂「低涉入處理」的技巧，或乾脆邀請消費者玩個遊戲，這些方法都不是在讓消費者對購買進行理性的判斷。

所以關於這一點，我有兩句話想說。第一句是說給行銷人和廣告人的：**務必慎用你的力量**。記得你做的廣告是消費者會看到的千千萬萬廣告中的一個，而這千千萬萬廣告加總在一起，其實會給消費者形成巨大壓力，所以請你多製造些正能量吧。但是當我寫到這裡，還是會想起被稱為「舊金山蘇格拉底」的霍華．戈薩基（Howard Gossage）說過的那段名言。霍華是活躍於《廣告狂人》那個時代的廣告人，也是最早公開談論廣告道德與倫理問題的人物之一。他說：「要向廣告人解釋責任這件事，就像要去說服一名八歲小孩，讓他相信性經驗比享受一支巧克力冰淇淋更過癮。」（O'Reilly & Tennant, 2011）

假如廣告人能好好守規矩，那麼我的第二個建議就是給消費者的了：**受教育**。社會上幫助消費者了解行銷力量的聲音少之又少，他們並不知道在這些說服的強大力量面前，我們人類其實多麼微小脆弱。多數消費者仍然相信廣告影響不了他們，其實答案不但是完全可以影響，而且有時你根本不知道自己看到了廣告，它都在對你發揮著作用！所以我也希望這本書能夠在幫助消費者理解這一切上做出一點貢獻。

不要為害人的東西做廣告

順便一提，我相信任何品牌或產品只要不會對自身或他人帶來傷害，都有行銷自己的權利。我認為過不了這個標準的唯一一種合法商品就是香菸。香菸，照製造商所希望你使用的方式，對你帶來傷害是毋庸置疑的，所以我不認為這種產品應該行銷。我對香菸的強烈反感源於自己的個人經歷：我父親在六十七歲死於癌症。他一生嗜菸如命，甚至要求連他的棺材都要畫上萬寶路（Marlboro）的紅包裝圖案（見圖15-3）。他甚至還要我在致悼詞時傳達他的遺願：「亞當，你要說什麼都可以，但是叫他們一定要把我火葬，這樣我還能最後再點一次菸。」我老爸真的是幽默感十足。

因為香菸而直接或間接喪命的，我父親絕對不是第一人。但明顯的是，在香菸被證實足

圖 15-3　我父親的棺木

以致命之後，直到今天，廣告公司還是繼續服務來自菸草業的客戶。身為廣告人，我們真的必須自我覺醒與抗爭，不能躲在賺錢這個藉口之下繼續自欺欺人。無論哪個品牌或產品，只要足以害人，我們都不應該為它們做廣告。

廣告人運用其力量為善的方法，我認為有兩個；我所謂為善，指的是有益於人群並且不害人，包括：一、運用改變行為的力量支持一件好事，二、協助把一件不夠好的事變好。

支持好事

這本書裡其實談到很多好事，比如「因為你在意」推出的環保衛生紙，當中捐出五〇％的利潤用於資助發展中國家的衛生工程。另外，比如協助社區廣播電臺 FBi 募集資金，以及幫助工作安全局提升工作場所的安全意識。廣告人很喜歡為這類能創造正面價值的專案，因為一方面這些機構通常對好的想法非常渴求，心態也比較開放；另一方面（也很現實的），這類作品比較容易受到各種廣告獎青睞。

如果你真想為一些有意義的事去改變人們的行為，這本書應該可以帶給你很多啟發，請好好利用它為世界做點好事。我曾經與很多不同的慈善單位合作，包括新南威爾斯癌症協會、救助兒童會、澳洲紅十字會，以及「轉心動念」（Mind Shift）的全國自我尊重行動（National Self-Esteem Initiative），同時我也是這項行動的贊助人。這類活動往往浪費大筆預算在一些無趣、落伍或執行得很差勁的溝通工作上，這一點經常讓我大吃一驚。這種狀況也經常造成「善心疲乏」的問題，也就是人們對特定慈善課題開始失去興趣，逐漸停止捐款。假如一個專案確實有益於社會，你本應有權利運用所有可能的手段去抓住人們的注意力。不要害怕站在聚光燈下，更不要畏懼引起爭議。

我和新南威爾斯癌症協會合作時，它給了我一個題目：讓青少年不要再認為曬黑皮膚是很酷的事。這個機構想運用包括傳統媒體以及其他比較專屬於年輕人的媒體，告訴青少年一些他們聽得進去的資訊。協會說，我們可以盡我們所能地去抓住眼球。根據這個非常清楚的工作指令，我們決定找青少年覺得酷的事物合作，並運用在抵抗曬黑的行動上。最後我們找到一位非常酷的嘻哈樂手里瑞克斯·波恩（Lyrics Born）一起創作了一首歌曲，並製作成一支三分鐘長的音樂影片。接著，我們把一些驚悚的內容放進去：一群性感的男孩女孩、一顆唱著歌的醜惡黑色素瘤，以及一個名叫 Al Bino（影射白化病 Albino 一詞）的說唱歌手，說唱著膚色白是多麼酷。這一切最後結束在一個好看的黑色標題上：「這是個得癌症的好日子」。雖然這個宣傳活動效果有點難以評估，不過有一次我參加朋友的派對時，看到他的孩子身穿「這是個得癌症的好日子」T恤，哼著那首歌的歌詞，這還是讓我開心了一把。你可以在 YouTube 上欣賞這首歌（參 QR Code 50）。

我很喜歡我們這首「神曲」[25]所創造出的專案作品，然而當我看到墨爾本麥肯廣告做的「笨笨的死法」宣傳活動時，我馬上就意識到，它們把類似的創意又帶到一個全新的高度。墨爾本地鐵公司找到麥肯廣告，請它「想辦法跟那些最容易在地鐵站或附近出意外的青少年對上話」。他們期望的是，能夠讓年輕人注意並談論一個與安全有關的話題。整個專案的規劃圍繞著兩個關鍵的洞見：第一，與地鐵相關的意外與死亡是完全可以避免的；第二，年輕人不僅是網路的原住民，他們更願意透過參與互動而成為溝通活動的一部分，而不是老被人說教（Chan & Mills, 2013）。

基於這些洞見，澳洲麥肯的執行創意總監約翰．梅斯考爾（John Mescall）想出了「笨笨的死法」這個概念，當中搭配的好聽歌曲以及完整的數位溝通策略，讓這個宣傳活動成為有史以來獲獎最多的廣告作品。有些批評者說，那是因為現在的廣告獎數量比以前多，所以說它獲獎最多並不公平。姑且不論這點，這套作品的確很棒。

這個專案確實做到了四個關鍵的原則：

一、把宣傳活動當成娛樂內容而非廣告。

二、把廣告歌曲當成流行歌曲推向市場。

QR Code 50

㉕ 譯註：原文 earworm，直譯為耳朵裡的蟲，是廣告圈的慣用語，用來稱呼一首歌或旋律在人的腦袋裡不斷盤旋、久久不忘。

三、透過社交媒體與公關擴大影響。

四、要求人們做出承諾。

這首歌及案例影片：請參 QR Code 51 和 QR Code 52。

「這是個得癌症的好日子」宣傳活動製作了一支很嚇人的影片，運用的是「動之以情」這種行動刺激。「笨笨的死法」則運用了多層次的策略：它是一個重塑效應的絕佳範例，把在地鐵站忽視安全而造成傷亡的行為定義成一種純粹的愚蠢。沒有人想被人當成蠢蛋，尤其是青少年。它同時也運用歸屬感（透過對這些內容進行分享）與承諾（透過以具體行動承諾，雖然這部分在活動中的角色比較次要，但依然存在）這兩種行動刺激。唯一可惜的是，六千七百萬次的 YouTube 點擊量僅帶來四萬五千個按讚及留言，成功轉化成為具體承諾的比例不太理想。

不過很多時候，一個立意良好的宣傳活動很容易誤入歧途。一個例子就是「紅色蛋糕日」（Red Cake Day）這個活動，出發點非常好，活動主題是要人們一起烘焙大量的紅色紙杯蛋糕，以提升社會對血友病的關注。正如同許多其他這類慈善活動的做法，它們以互動式的廣告傳遞活動的主張，但效果並不明顯。原因如下：

一、烤紙杯蛋糕這件事並不是一個容易被人看到或經常發生的行為。當人們參與一件具有崇高意義的事情時，他們希望能夠對周遭的人發出「訊號」（像是成功案例中的留小鬍子或戴紅鼻子）。

QR Code 51　QR Code 52

二、它對人們的要求太高了。烤紙杯蛋糕沒那麼簡單，再說，很多人根本就不碰烤箱。

三、活動方案與主張之間的連結不夠漂亮。烤紙杯蛋糕與血友病有什麼關係？

四、有點讓人不舒服。紅色蛋糕帶來的是血的聯想。

在容易—動機兩個維度的評分上，這個活動分數很低。相形之下，邀請男性在十一月一起留小鬍子為前列腺癌的研究籌募資金的「鬍子月」活動就聰明得多。不但多數男人容易做到，還容易讓別人都看見，這樣不僅能把活動的主張表達得很清楚，也讓這個主張變得很酷而且有魅力。

把不太好的變好一點

一九九七年，我和一個叫羅西的女孩分手了。她是一位冰雪聰明的嬉皮型女生，當時她為我的生活帶來非常深刻的影響。有短短的一段時間，我穿裙子（憑什麼男生就要穿褲子、女生就要穿裙子？）並且吃素。讓我有點傷腦筋的自由解放行動不止這些，還包括把名字從亞當改成麥克斯（其實我一直沒有真正再把名字改回來，在新南威爾斯出生死亡和婚姻登記處的記錄裡，我的全名還是 Max Adam Eric Ferrier）。

差不多在那段時間，我正好聽了美體小鋪（Body Shop）創始人安妮塔・羅迪克（Anita Roddick）的一場演講。她真的是一位令人讚歎的演說家，我被她的看法深深打動，也非常認同她提出關於「用良心消費過清醒生活」的主張。在演講的尾聲，她邀請聽眾發問，我便提出一個關於當時耐吉剛剛推出的一款新鞋的問題：耐吉開發了它的第一雙「綠色」運動鞋，採用生物可分解材質製作。而當時耐吉也正因以「血汗工廠」生產球鞋惡名昭彰。我問安妮塔，她認為耐吉這雙假惺惺的新球鞋值不值得得到大眾的支持。明知這雙所謂的環保鞋是來自一家將童工置於惡劣環境進行生產的公司，我們還應該買它嗎？我當時以為她一定會說「當然不應該」。其實我覺得我當時問這個問題，只是想大聲痛斥耐吉這家壞公司。

但是我猜錯了。

安妮塔全力為耐吉和它的環保鞋辯護，並且指責我不該提出這麼愚蠢的問題。她說，當企業在做對的事情時，我們當然應該支持，不用理會它是真心或假意。企業就是在做生意，要的就是賺錢，它們是不講感情的。當消費者支持這些「好」球鞋，企業就會製造更多。當我們嫌棄那些「壞」球鞋，他們就會少做一些。安妮塔花了一些時間回答我的問題，我尷尬地站在下面握著麥克風，感覺自己變得越來越小……她當時字字珠璣，在這麼多年之後我依然記憶猶新。當一家壞公司（或壞人）開始做好事，我們應該讓它們得到獎勵，才能鼓勵更多的好行為出現。

我們今天都活在多媒體的世界裡，每個人都能輕鬆運用社交媒體並加入集結眾人力量的平臺，因此我們正握著強大的力量，足以影響世界，讓企業負起更多責任。比如 Change.org 這類的網站，讓人們可以上傳相關資訊，提出一個希望眾人支持的主張，並邀請其他人加入支持的行列。重點是，企業正在傾聽這一切，而且會一直傾聽下去。由於人們已經越來越明白自己的購買行為所能帶來的終極影響力，他們便會越來越積極地要求企業想辦法生產有良心的產品。耐吉就是一個例子，它已經放棄那些靠「血汗工廠」進行生產的下游廠商。

企業要想真正創造價值，靠的不是做一堆塑造良好企業公民形象的廣告，而是要讓消費者打心底覺得受用。這裡有一些好例子：

- 三星人壽保險（Samaung Life Insurance）的「生命之橋」，運用燈光與文字傳達希望與同理心，幫助來到橋上自殺的人們改變心意。（參 QR Code 53）
- 助力醫療（Help Remedies）與國際骨髓捐助中心DKMS，透過製藥公司推動骨髓捐贈登記率的提升。（參 QR Code 54）
- 油漆公司得利塗料（Dulux）透過為世界不同地方的殘破社區進行色彩粉刷，推動「為世界上色」活動。（參 QR Code 55）

這些企業都把廣告費用投入這些自發性活動中，它們做的不是傳統意義上的廣告，而是用廣告預算來做好事。當然你可以用很市儈的眼光看待這些活動，反正都是為了提升企業的聲譽；我偶爾也會有這樣的想法，但你也可以用單純正面的角度欣賞它們，畢竟這都是該鼓勵的事。

廣告，既複雜又多面向，它早已不是單純出現在電視上或靜靜待在戶外看板裡被動傳遞資訊的那個東西了。也因此我總有一種憂心，覺得廣告已經到達一種滲透過度的境地，其力量無孔不入，讓弱小善良的消費者完全無力抵抗。所以我想提醒所有的廣告人，都該對比一下你為世界帶來了什麼，以及你向世界索求了什麼。如果你只是在汙染世界，用醜陋、賣弄性感乃至帶有性歧視意味的戶外廣告要求年輕男生買你的鞋子，你覺得你給出的東西是否對

QR Code 53　QR Code 54　QR Code 55

得起你獲得的東西？而對這些被你的粗暴廣告搞得心神不寧的年輕男生是否可以用比較不粗暴的手法和他們溝通？難道沒有比較正向積極的方法來吸引他們的注意力嗎？

我的一個純粹很個人的意見是，社交媒體帶來的好處之一，就是社會對不願接受的事物不再忍氣吞聲。當更多人能夠發聲、同時更多人能夠聽到這些聲音時，人群中的少數（又被稱為「鍵盤行動家」）就有了吸引人們關注某個特定課題的能力。廣告走火入魔的過度滲透與騷擾，也開始遭到這種力量的反撲，包括巴西的聖保羅以及美國的夏威夷、阿拉斯加和緬因州，都已經立法全面禁止戶外看板，還有許多其他城市也開始對戶外廣告進行重重限制。

總結

廣告正走在一條蛻變的路途上。它正從純粹的打擾與強抓眼球，變得要靠人與人之間的推薦來完成溝通，或者靠帶給消費者充分的價值作為交換，比如提供一個ＡＰＰ或遊戲等。有句老話說：「廣告是你為一個不起眼產品付的稅金。」認認真真把產品做好，你就比較不需要說服、操縱甚至強迫人們購買你的產品。

我盼望，廣告人都能善用手上的力量，也盼望消費者都能善用手上的購買力，鼓勵更多的善舉。

行銷創意人

艾倫·狄波頓

我覺得我們得分清楚兩件事，一是影響別人去做好事（把世界變美好、施展他們的天賦、對人寬容等），另一是影響別人去做壞事（會讓人沮喪、覺得挫敗、徒勞無功的事）。假設前者是我們的終極目標，重點就是要喚起人們「天性中的積極面」；也就是說，避免強調「天性中的黑暗面」而帶給人們罪惡感。讓人性中灰暗的那一面隨風而逝吧。奉承往往被人們視為拍馬屁，卻是一個宣揚好事的好策略，能把更多的「好」帶進我們的生活中。

艾倫·狄波頓身兼作家、哲學家、電視節目主持人和企業家等身分，他在著作和電視節目中討論各種當代話題，尤其著重於解讀哲學與我們日常生活之間的關聯性。我其實從來沒跟艾倫見過面，但我們郵件往來了好幾年，同時也關注彼此的推特。艾倫是個親切的好人，他給我的答案也讓我覺得很有意思。

行銷創意人

約翰・梅斯考爾

人都會因為能成為比自身更宏大的某種事物的一部分而感受到莫大滿足，這就是所謂的歸屬感。因此你要盡你所能，把你想促成的行為改變定義為一個讓人參與某個偉大使命的邀請，而不是一個請人們做出行為改變的乞求。

作為一個個人，我們的行為似乎微不足道：「我做好事或做壞事又能影響得了什麼？我不過就只是一個人。」但如果我們認為自己是某個偉大想法或行動的一部分，你的行動就會變得對你意義非凡，遠遠超越你做的事本身的大小。

這就是為什麼「鬍子月」活動能如此成功、為什麼小額貸款公司Kiva到今天已經能撥出將近五億美元的貸款、為什麼「笨笨的死法」能讓幾百萬人願意分享地鐵安全這樣一個無趣資訊的背後原因。

想一個好創意，吸引人們參與其中，創造出一種大家都這樣做的氛圍，做到這點，你離成功就不遠了。

如果只是可憐兮兮地喊叫、拜託、乞求，或者用放大罪惡感以及恐嚇人們等手段讓人就範，你終將失敗。

約翰・梅斯考爾是澳洲麥肯廣告公司的執行創意總監，也是橫掃世界最多廣告獎項（了不起的成就）的「笨笨的死法」地鐵安全宣傳活動的創造者。我認識他好多年了，他在業界有很好的聲譽，是人最好（而且最搞笑）的廣告人之一。在二〇一三年的 Mumbrella 廣告獎上，我獲得「年度最佳思考者」第二名，約翰則實至名歸地拿到第一名。

誌謝

我現在深切地領悟到，寫一本書（或完成任何一項重大任務）不太可能是一個人的功勞。只有一群人的共同參與才能讓事情完成，我要在這裡感謝助我一臂之力的每個人。每次參加婚禮（不管是誰結婚），我都是那種最喜歡聽現場致辭的人（我心目中的理想婚禮就是一整晚都在進行致辭，讓我可以聽個夠）；而每次買書，我總會先看書裡的誌謝部分（事實上，我也往往會根據誌謝的內容來判斷要不要買這本書）。書裡的誌謝有點像婚禮上的新郎致辭，這也是在寫書過程中最讓我興奮的部分。所以，願你也能享受我的誌謝。

首先，我要感謝每一位購買、閱讀或即使只是拿起書來翻一翻的讀者。我要謝謝你，因為我很高興你願意花時間對廣告如何發揮作用以及它最終如何影響你獲得多一點的了解。有了這些知識，身為消費者的你將更加明確如何做出決定。從另一個角度看，這也更能推動企業提供我們真正想要的產品與服務，而不只是賣它們想賣的東西。說到這裡，我想請你幫我一個忙，就是把這本書推薦給朋友和同事（讀完本書，你就知道我為什麼厚著臉皮請你幫忙）。你可以在朋友圈曬曬它，或做任何一件能幫忙推廣這本書的事，我都無比感激。

其次，我要鄭重感謝這本書的共同作者珍妮佛・佛萊明。珍妮佛在澳洲是一位暢銷書作家，她是【完美】（*Spotless*）系列圖書的共同作者。她大力協助我架構這本書的內容，幫我找到適合我的講述方式，並與我一起一次又一次地調整內容。很多年前我就認識她，她一直是位超級棒的合作夥伴。珍妮佛還為我介紹了維吉尼亞·勞埃德（Virginia Lloyd），多虧她的協助，珍妮佛和我才能在一團混亂中完成這本書。

還要謝謝我的客戶西恩·哈勒漢（Sean Hallahan）和同事伊恩·佩林（Ian Perrin）。和他們聊過之後，我才決定要把焦點放在「改變消費者行為」這個主題。這個祕密我一直沒有告訴他們，所以現在要對兩位說聲「謝謝」！還有布魯克·沃德（Brooke Ward，一位優秀的心理學家）和梅爾·巴登（Mel Barden，一位超級聰明的品牌策略家，也是我的前女友），謝謝你們分別提供給我的參考資料與研究報告，並協助我規劃了貫穿整本書的行動刺激體系。我也要特別謝謝艾瑪·歐利里（Emma O'Leary），沒有她強大的組織能力，這本書恐怕難以問世。

更要謝謝我在廣告業曾經待過的各家公司，以及其間一起共事的朋友（我真的要感激矯正署，那裡聚集了一群厲害人物）。還有附加價值品牌諮詢、上奇廣告、奈科傳播以及我現在任職的卡明斯夥伴廣告公司，它們教會了我太多東西。其中我特別要感謝奈科傳播以及我當時所服務的客戶，這是我在廣告圈待過時間最長的一家公司，書裡許多相關的案例，雖然我以第一人稱描寫，但其實都是奈科傳播裡許多傑出人物群策群力的成果，當中某些案例更集合了其他廣告公司同仁的寶貴經驗。書裡的一些框架以及許多行動刺激背後的思維，都是在我任職於奈科傳播時的成果。總之，感謝這一切。

謝謝書中所有作品所屬的客戶，你們啟發了我們工作的靈感，而且讓一切變得有意思。我尤其要感謝兩個客戶：可口可樂公司和藝術系列飯店集團。可口可樂是奈科傳播在澳洲的核心客戶（也一直是我們最大的客戶），是深諳品牌力量的傑出客戶。藝術系列飯店集團則是廣告公司夢寐以求的客戶，聰明而且對創新不遺餘力。與這兩家客戶的合作，我們不但非常享受整個過程，並且創造出帶給我們世界級聲望的作品。另外，還要感謝以下客戶（排名不分先後）：聯合利華（Lynx、多芬、蕊娜的製造商）、交通事故委員會、益世好物（Good Goods，創造「因為你在意」專案的機構）、川寧（Twinings & Co.，賈拉咖啡的製造商）、FBi廣播電臺、新南威爾斯省癌症協會、奇坦製鹽有限公司、愛迪達與霍桑足球隊、工作安全局、喬治威斯頓食品、曼秀雷敦（大膽支持我們做出有史以來「最噁心」的廣告），以及澳洲房地產服務網站 www.realestate.com.au。

然後，我當然還要深深感謝凱倫（Karen）和牛津大學出版社（Oxford University Press），感謝你們願意涉足行為科學這個知識領域，並參與我們的廣告技巧「大爆料」（我後來才知道，文學圈稱呼你們為OUP，這樣叫才酷，所以，謝謝OUP）。凱倫是第一個看出這本書的價值的人，與她合作的過程也無比美妙。還有彼得（Peter），謝謝你在編輯階段的出色表現。

當然，最要感謝的是我太太安娜和兒子艾斯特瑞克斯。寫作期間正值小傢伙剛剛加入這個家庭的時期，可以想見這當中會有多少理解與耐心也難以平衡的糾結。安娜真是一位了不起的女性、媽媽和太太，她對改變行為的一些見解也被我納入本書。艾斯特瑞克斯，我拿你來做的那些小小行為實驗，可不是為了將來做研究賺錢，而是希望你可以好好成長為一個開心的小伙子。行為經濟學家丹尼爾．康納曼在他的著作《快思慢想》（我在書中多次引用）裡提到，對一個孩子你最該期望的，就是他能生來就有一個樂觀的本性。快兩歲的小艾斯特瑞克斯，我很肯定你有這個天賦。不過，因為你好幾次爬到我腿上來敲我的鍵盤，有時候我只好溜到聖科達的酒吧或咖啡館繼續我的工作。我會靜靜地坐在角落裡，（非常）緩慢地喝我的啤酒或咖啡（然後把時間拖得好長好長）。所以我也要謝謝 Dr Jekyll、Mr Wolf、Newmarket、Local Taphouse、Woodfrog Bakery 這些店，我會奉上一本書到以上店裡留念。

最後，我要謝謝每一位在心理學界與廣告界裡遇過的以及學習過的人。這兩種都是超級好玩而且充滿樂趣的專業，我何其有幸能夠涉足兩者並得其精要，再把它們寫在書裡。我希望透過解剖廣告案例並分析隱含其中的心理學，能夠吸引更多（有趣且善良的）人加入這個行業。

我真的要對每個曾經想寫書的人說：「Just Do It.」這是個讓人收穫無窮的絕妙經歷！

亞當・費里爾

謝謝你讀完這本書。
如果你覺得這本書有用，
希望你能幫我一個忙，
把這本書也推薦給你的朋友吧。

參考書目

第一章　暗黑藝術：廣告概論

- Ariely, D. & Norton, M.I. (2009). How concepts affect consumption. *Annual Review of Psychology*, 60(1), 475-99.
- Heath, R.G. (2001). *The Hidden Power of Advertising*. Admap Monograph no. 7, Henley-on-Thames: Warc.
- IPA (2012). *Behavioural Economics: Red Hot or Red Herring*. London: Institute of Practitioners in Advertising.
- Kahneman, R. (2002). Maps of bounded rationality: A perspective on intuitive judgment and choice. *Nobel Prize Lecture*, 8, 351-401.
- Lewis, E.S. (1903). Catch-line and argument. *The Book-Keeper,* 15, 124.
- Packard, V. (1957). *The Hidden Persuaders*. New York: D. McKay Company.
- Roberts, K. (2005). *Lovemarks: The Future Beyond Brands* (expanded ed.). New York: PowerHouse Books.
- Schudson, M. (1984). *Advertising, the Uneasy Persuasion: Its Dubious Impact on American Society.* New York: Basic Books.
- Sethuraman, R., Tellis, G.J. & Briesch, R.A. (2011). How well does advertising work? Generalizations from meta-analysis of brand advertising elasticities. *Journal of Marketing Research*, 48(3), 457-71.
- Watson, J.B. & Rayner, R. (1920). Conditioned emotional reactions. *Journal of Experimental Psychology*, 3(1), 1.

- Zajonc, R.B. (2001). Mere exposure: A gateway to the subliminal. *Current Directions in Psychological Science*, 10(6), 224-8.

第一章　定義：界定一種你想改變的行為

- Bandura, A. (1977). *Social learning theory*. Englewood Cliffs: Prentice Hall.
- Bjork, D.W. (1993). *B. F. Skinner: A Life*. New York: HarperCollins.
- Evans, R.I. (1968). *B.F. Skinner: The man and his ideas*. New York: E.P. Dutton.
- Fishbein, M. & Ajzen, I. (1975). *Belief, Attitude, Intention, and Behavior: An Introduction to Theory and Research.* Reading: Addison-Wesley.
- Fishbein, M. & Ajzen, I. (2010). *Predicting and Changing Behavior: The Reasoned Action Approach.* New York: Taylor & Francis.
- Fishbein, M., Triandis, H., Kanfer, F., Becker, M., Middlestadt, S. & Eichler, A. (2001). Factors influencing behaviour and behaviour change. In A. Baum, T. Revenson, J. Singer J. (eds), *Handbook of Health Psychology* (pp. 3-17). Imahwah: Lawrence Erlbaum Associates.
- Fogg, B.J. (2011). BJ Fogg's *Behavior Model*. Accessed at www.behaviormodel.org.
- Hagen, M. (1997). *Whores of the Court: The Fraud of Psychiatric Testimony and the Rape of American Justice.* New York: HarperCollins.
- Kahneman, D. (2012). *Thinking, Fast and Slow*. New York: Macmillan.
- Madzharov, A.V. & Block, L.G. (2010). Effects of product unit image on consumption of snack foods. *Journal of Consumer Psychology*, 20(4), 398-409.
- McFerran, B., Dahl, D.W., Fitzsimons, G.J. & Morales, A.C. (2010). Might an overweight waitress make

you eat more? How the body type of others is sufficient to alter our food consumption. *Journal of Consumer Psychology*, 20(2), 146-151.

- Nestle, M. (2011). What Google's famous cafeterias can teach us about health. *The Atlantic*, 13 July. Accessed at www.theatlantic.com/health/archive/2011/07/what-googles-famouscafeterias-can-teach-us-abouthealth/241876.
- Oppenheimer, D.M. (2006). Consequences of erudite vernacular utilized irrespective of necessity: Problems with using long words needlessly. *Applied Cognitive Psychology*. 20(2), 139-56.
- Painter, J.E., Wansink, B. & Hieggelke, J.B. (2002). How visibility and convenience influence candy consumption. *Appetite*, 18(3), 237-8.
- Wansink, B. (2006). *Mindless Eating: Why We Eat More than We Think*. New York: Bantam-Dell.

第三章　思考、感覺、行動：用行動改變行為

- Aronson, E. & Mills, J. (1959). The effect of severity of initiation on liking for a group. *Journal of Abnormal and Social Psychology*, 59(2), 177-81.
- Beck, A.T. (1975). *Cognitive Therapy and the Emotional Disorders*. Madison, CT: International Universities Press.
- Carney, D., Cuddy, A.J.C. & Yap, A. (2010). Power posing: Brief nonverbal displays affect neuroendocrine levels and risk tolerance. *Psychological Science*, 21(10), 1363-8.
- Cendrowski, S. (2013). Nike's new marketing mojo. *Fortune,* 13 February. Accessed at http://management.fortune.cnn.com/2012/02/13/nikedigitalmarketing.
- Cherry, K. (2006). What is cognitive dissonance? *About.com Psychology*. Accessed at http://psychology.

about.com/od/cognitivepsychology/f/dissonance.htm.

- Dickerson, C.D. (1992). Using cognitive dissonance to encourage water conservation. *Journal of Applied Psychology*, 22 (11), 841-54.
- Duclos, S.E. & Laird, J.D. (2001). The deliberate control of emotional experience through control of expressions. *Cognition & Emotion*, 15(1), 27-56.
- Ellis, A. & Blau, S. (2001). *The Albert Ellis Reader: A Guide to Wellbeing Using Rational Emotive Behavior Therapy.* New York: Citadel.
- Ferrier, A. (2010). Forensic shopping investigation II: Shopping for religion. *The Consumer Psychologist*. Accessed at www.theconsumerpsychologist.com/2009/08/12/forensic-hoppinginvestigationii-shopping-for-religion.
- Ferrier, A., Ward, B. & Palermo, J. (2012). *Behavior Change: Why Action Advertising Works Harder than Passive Advertising*. Presented at Society for Consumer Psychology: Proceedings of the 2012 Annual Conference, Las Vegas, 16-18 February.
- Festinger, L. (1957). *A Theory of Cognitive Dissonance*. Stanford: Stanford University Press.
- Festinger, L., Riecken, H.W. & Schachter, S. (1957). *When Prophecy Fails*. Minneapolis: University of Minnesota Press.
- Franklin, B. (1791/1998). *Autobiography of Benjamin Franklin* (J. Manis, ed.). University Park: Penn State University Press.
- Google, Sterling Brands & Ipsos (2012). *The New Multi-Screen World: Understanding Cross-Platform Consumer Behaviour*. Accessed at www.google.com.au/think/research-studies/the-new-multi-screen-worldstudy.html.

- James, W. (1884). What is an emotion? *Mind*, 9, 188-205.
- Lodewijkx, H.F.M. & Syroit, J.E.M.M. (2001). Affiliation during naturalistic severe and mild initiations: Some further evidence against the severityattraction hypothesis. *Current Research in Social Psychology*, 4(7), 90-107.
- Watzlawick, P. (1997). Insight may cause blindness. In J.K. Zeig (ed.), *The Evolution of Psychotherapy: The Third Conference* (pp. 309-21). New York: Brunner/Mazel.
- Webster, R. (2005). *Why Freud Was Wrong: Sin, Science and Psychoanalysis*. Oxford: The Orwell Press.
- Wiseman, R. (2013). *The As If Principle: The Radically New Approach to Changing Your Life*. New York: Free Press.

第四章　行動刺激：有時候就是要推一把

- Prochaska, J.O. & Norcross, J.C. (2013). *Systems of Psychotherapy: A Transtheoretical Analysis*. Belmont: Brooks/Cole.
- Coon, D. & Mitterer, J.O. (2010). *Introduction to Psychology: Gateways to Mind and Behavior*. Belmont: Wadsworth/Cengage Learning.
- Edelman, S. (2002). *Change Your Thinking: Positive and Practical Ways to Overcome Stress, Negative Emotions and Self-defeating Behaviour Using CBT*. Sydney: Harper Collins.
- Montgomery, B. (2006). The keys to successful behaviour change. *InPsych*. Accessed at www.psychology.org.au/publications/inpsych/behaviour.
- Seligman, M.E.P. (1990). *Learned Optimism*. New York: Knopf.
- Bregman, P. (2009). The easiest way to change people's behaviour. *Harvard Business Review*, 11 March.

Accessed at http://blogs.hbr.org/2009/03/theeasiest-way-to.
- Central Information Office (2009). *COI Reveals New Five Step Plan for Behaviour Change*. UK Government. Accessed at www.mynewsdesk.com/uk/view/pressrelease/central-office-of-informationcoi-reveals-newfive-step-plan-for-behaviour-change-347692.
- Goldstein, N.J., Martin, S.J. & Cialdini, R.B. (2008). *Yes! 50 Scientifically Proven Ways to be Persuasive*. New York: Free Press.
- Ariely, D. (2008). *Predictably Irrational: The Hidden Forces that Shape our Decisions*. New York: HarperCollins.
- Kahneman, R. (2011). *Thinking, Fast and Slow*. New York: Farrar, Straus and Giroux.
- Thaler, R.H. & Sunstein, C.R. (2008). *Nudge: Improving Decisions about Health, Wealth, and Happiness*. New Haven: Yale University Press.
- Barden, P. (2013). *Decoded: The Science behind Why We Buy*. London: John Wiley & Sons.
- Grant, J. (1999). *The New Marketing Manifesto*. London: Orion. Ogilvy, D. (1983). Ogilvy on Advertising. Toronto: John Wiley & Sons.
- Oldham, M. (ed.) (2013). Advertising Works 21: IPA Effectiveness Awards 2012. London: Warc.
- Steel, J. (1998). *Truth, Lies, and Advertising: The Art of Account Planning*. London: John Wiley & Sons.
- Trott, D. (2009). *Creative Mischief*. London: LOAF Marketing.

第五章　重塑：重點不是你說什麼，而是怎麼說

- Baumeister, R.F., Bratslavsky, E., Finkenauer, C. & Vohs, K.D. (2001). Bad is stronger than good. *Review of General Psychology*, 5(4), 323-70.

- Camerer, C., Babcock, L., Loewenstein, G. & Thaler, R. (1997). Labor supply of New York City cabdrivers: One day at a time. *Quarterly Journal of Economics*, 112(2), 407-41.
- Ferrier, A. (2010). *How the Ministry of Muffins Revved the Fortunes of Little Bites of Cake*. Australian Effie Awards. Accessed at www.effies.com.au/attachments/bb07b0e8-5398-4c1f-9fc0-59241fe071ac.pdf.
- Godin, S. (2005). *All Marketers are Liars: The Power of Telling Authentic Stories in a Low Trust World.* London: Penguin Books.
- Kahneman, D. (2003). A perspective on judgment and choice: Mapping bounded rationality. *American Psychologist*, 58(9), 697-720.
- Kahneman, D. (2011). *Thinking, Fast and Slow*. New York: Macmillan.
- Kahneman, D. & Tversky, A. (1984). Choices, values, and frames. *American Psychologist*, 39(4), 341-50.
- Levin, I.P., Schneider, S.L. & Gaeth, G. J. (1998). All frames are not created equal: A typology and critical analysis of framing effects. *Organizational Behavior and Human Decision Processes,* 76(2), 149-88.
- Shiv, B., Carmon, Z. & Ariely, D. (2005). Placebo effects of marketing actions: Consumers may get what they pay for. *Journal of Marketing Research*, 42, 383-93.
- Snow, D.A. & Benford, R.D. (1988). Ideology, frame resonance, and participant mobilization. *International Social Movement Research*, 1(1), 197-217.
- Thaler, R. (1980). Toward a positive theory of consumer choice. *Journal of Economic Behavior & Organization*. 1(1), 39-60.
- Tversky, A. & Kahneman, D. (1986). Rational choice and the framing of decisions. *The Journal of Business*. 59(4), S251-78.
- Wikipedia (n.d.). *List of Cognitive Biases*. Accessed at http://en.wikipedia.org/wiki/List_of_cognitive_

biases.

- Yorkston, E. & Menon, G. (2004). A sound idea: Phonetic effects of brand names on consumer judgments. *Journal of Consumer Research,* 31(1), 43-51.

第六章　動之以情：你感覺到了嗎？

- Baumeister, R.F., Bratslavsky, E., Finkenauer, C. & Vohs, K.D. (2001). Bad is stronger than good. *Review of General Psychology*, 5(4), 323-70.
- Cancer Institute of NSW. (2010). Melanoma awareness campaign 2009-2010, Dark side of tanning. Accessed at http://www.cancerinstitute.org.au/media/77557/web10-259_dark-sidetanning_summary-report.pdf.
- Cendrowski, S. (2012). Nike's new marketing mojo. *Fortune*, 13 February. Accessed at http://management.fortune.cnn.com/2012/02/13/nikedigitalmarketing.
- Damasio, A.R. (1996). *Descartes' Error*. London: Penguin Books.
- Ewing, R. (2013). *What Makes Ads Go Viral ... And How to Test for It!* Accessed at http://media.brainjuicer.com/media/files/BrainJuicer_Virality_Webinar.pdf.
- Flint, J. & Lecinski, L. (2013). *Winning the Zero Moment of Truth in Asia: Women, Consumer Packaged Goods and the Digital Marketplace.* Forthcoming.
- Gard, N. & Lerner, J.S. (2013). Sadness and consumption. *Journal of Consumer Psychology*, 23(1), 106-13.
- Heath, R. (2001). Low involvement processing: A new model of brand communications. *Journal of Marketing Communications*, 7(1), 27-33.
- Niazi, G.S.K., Siddiqui, J., Shah, B.A. & Hunjra, A.I. (2012). Effective advertising and its influence on

consumer buying behavior. *Information Management and Business Review*, 4(3), 114-19.

- Plutchik, R. (1980). *Emotion: Theory, Research, and Experience: Vol. 1. Theories of Emotion.* New York: Academic.
- Pringle, H. & Field, P. (2012). *Brand Immortality: How Brands Can Live Long and Prosper*. London and Philadelphia: Kogan Page. Rick, S. & Loewenstein, G. (2008). The role of emotion in economic behavior. In M. Lewis, J.M. Haviland-Jones & L.F. Barrett (eds), Handbook of Emotions, 3rd edn. New York and London: The Guilford Press.
- Tversky, A. & Kahneman, D. (1973). Availability: A heuristic for judging frequency and probability. *Cognitive Psychology*, 5(1), 207-33.
- Westen, D. (2007). *The Role of Emotion in Deciding the Fate of the Nation.* New York: Public Affairs.

第七章　集體主義：大家都這樣做

- Asch, S.E. (1956). Studies of independence and conformity: I. A minority of one against a unanimous majority. *Psychological Monographs*, 70(9), 1-70.
- Cialdini, R.B. (2005). Basic social influence is underestimated, *Psychological Inquiry*, 16(4), 158–61. Accessed at http://osil.psy.ua.edu/672readings/T3-Social%20Influence/Cialdini2005.pdf.
- Cummins, S. (2013). Pers. comm.
- Earls, M. (2007). *Herd: How to Change Mass Behaviour by Harnessing our True Nature.* Hoboken: John Wiley & Sons.
- Etcoff, N., Orbach, S., Scott, J. & D'Agostino, H. (2004). *The Real Truth about Beauty: A Global Report: Findings of the Global Study on Women, Beauty and Well-Being*. Accessed at www.clubofamsterdam.com/

contentarticles/52%20Beauty/dove_white_paper_final.pdf.

- Ferrier, A. & Cassidy, G. (2010). *How to Save an Iconic Australian Radio Station: Ask Richard (Branson)*. Australian Effie Awards. Accessed at www.effies.com.au/attachments/537e5466-5136-4f0e-9645-ad5e0f5b9835.pdf.
- Festinger, L. (1962). Cognitive dissonance. *Scientific American,* 207(4), 93-107.
- Lynn, M. & McCall, M. (2009). Techniques for increasing tips: How generalizable are they? *Cornell Hospitality Quarterly*, 50(2), 198-208.
- Milgram, S. (1974). *Obedience to Authority: An Experimental View*. London: Tavistock Publications.
- Nietzsche, F. (1998). *Twilight of the Idols*. London: Oxford University Press.
- Sherrington, M. (2003). *Added Value: The Alchemy of Brand-Led Growth*. New York: Palgrave Macmillan.

第八章　歸屬感：你覺得呢？

- Carmon, Z. & Ariely, D. (2000). Focusing on the forgone: How value can appear so different to buyers and sellers. *Journal of Consumer Research*, 27(3), 360-70.
- Coca-Cola (2006). *Zero to 100 Million in Thirty Days*. Media release accessed at http://ccamatil.com/InvestorRelations/md/2006/Coke%20Zero%20-%20Zero%20to%20100%20million%20in%2030%20Days%20-%20090206.pdf.
- Cryon, G. (2012). *Share a Coke*. Accessed at www.effies.com.au/attachments/1b9d8da6-2d7b-48d4-9b55-a9ded3b8ba8e.pdf.
- Dean, J. (2012). The one (really easy) persuasion technique everyone should know. PsyBlog. Accessed at www.spring.org.uk/2013/02/the-onereally-easypersuasion-technique-everyone-should-know.php.

- Dommer, S.L. & Swaminathan, V. (2013). Explaining the endowment effect through ownership: The role of identity, gender, and self-threat. *Journal of Consumer Research*, 39(5), 1034-50.
- Florack, A., Kleber, J., Busch, R. & Stöhr, D. (2013). Detaching the ties of ownership: The effects of hand washing on the exchange of endowed products. *Journal of Consumer Psychology*, 23, 127-37.
- *Forbes* (2009). Forbes rich list: Ten years of top tens. Accessed at www.forbes.com/lists/2009/10/billionaires-2009-richest-people_Ingvar-Kamprad-family_BWQ7.html
- Kahneman, D., Knetsch, J.L. & Thaler, R.H. (2009). Experimental tests of the endowment effect and the Coase theorem. In E.L. Khalil (ed.), *The New Behavioral Economics. Volume 3: Tastes for Endowment, Identity and the Emotions* (pp. 119-42). Cheltenham and Northampton: Elgar.
- Lansberger, H.A. (1958). *Hawthorne Revisited: Management and the Worker, Its Critics, and Developments in Human Relations in Industry.* New York: Ithaca.
- Marks, S. (2007). *Finding Betty Crocker: The Secret Life of America's First Lady of Food.* Minneapolis: University of Minnesota Press.
- Nisbett, R. (1998). Scientific myths that are too good to die. *New York Times,* 6 December.
- Norton, M., Mochon D. & Ariely, D. (2012). The IKEA effect: When labor leads to love. *Journal of Consumer Psychology*, 22, 453-60.
- Pollard, M. (2009). *How to Sell 4.2 Million Burgers—A McDonald's Case Study*. Accessed at www.markpollard.net/how-to-sell-4-2-millionburgers-amcdonalds-case-study.
- Robertson, D. (2006). Coke Australia takes Zero to hero. *Just Drinks*, March. Accessed at www.just-drinks.com/analysis/coke-australia-takeszero-tohero_id85967.aspx.
- The Cool Hunter (2010). *The Macquarie Investment Bank—Sydney.* Accessed atwww.thecoolhunter.com.au/

article/detail/1701/macquarieinvestment-bank--sydney.

第九章　玩樂：世界就是一個遊樂場

● Brown, S. & Vaughan, C. (2009). *Play: How it Shapes the Brain, Opens the Imagination, and Invigorates the Soul.* New York: Avery.

● Ferrier, A., Houltham, M. & Hasan, A. (2012). *Steal Banksy*. Australian Effie Awards. Accessed at www.effies.com.au/attachments/3267db17-3567-40fbb4ba-34881f0d3705.pdf.

● Kivetz, R., Urminsky, O. & Zheng, Y. (2006). The goal-gradient hypothesis resurrected: Purchase acceleration, illusionary goal progress, and customer retention. *Journal of Marketing Research*, 43, 39-58.

● Koepp, M.J., Gunn, R.N., Lawrence, A.D., Cunningham, V.J., Dagher, A., Jones, T. et al. (1998). Evidence for striatal dopamine release during a video game. *Nature*, 393(6682), 266-26.

● Luengo-Oroz, M.A., Arranz A. & Frean, J. (2012). Crowdsourcing malaria parasite quantification: An online game for analyzing images of infected thick blood smears. *Journal of Medical Internet Research*, 14(6), e167.

● McGonigal, J. (2011). *Reality Is Broken: Why Games Make Us Better and How They Can Change the World.* New York: Penguin Books.

● *Mumbrella* (2011). How we pulled off the Banksy heist. Accessed at http://mumbrella.com.au/how-we-pulled-off-the-banksy-heist-68934.

● Simon, R. (2008). *Bad Men Do What Good Men Dream: A Forensic Psychiatrist Illuminates the Darker Side of Human Behavior.* Washington DC: American Psychiatric Publishing. The advertising to attract potential thieves offered this invitation: 'Stay the night. Steal the art.' *No Ball Games* was initially hung in

The Blackman and shifted to different locations at the three hotels. As soon as it was on the wall, people started to play.

第十章　實用性：承諾不再落空

- Barden, P. (2013). *Decoded: The Science Behind Why We Buy*. Chichester: John Wiley & Sons.
- Hawthorn Football Club (2013). *New adidas 'Hawkspotter' App Launched*. Accessed at www.hawthornfc.com.au/news/2013-06-27/newadidashawkspotter-app-launched.
- IBM (2013). *Smarter Cities*. Accessed at www.ibm.com/smarterplanet/us/en/smarter_cities/overview.
- Ogilvydo.com (2013). *IBM Smarter Cities: Grand Prix and Gold Lion Winner.* Accessed at http://cannes.ogilvydo.com/ogilvy-scoops-more-grandprixawards/#.Un7bXKUss1g.
- Pfaff, F. & Cannon, A. (2013). Why marketers need to reorganize around the most powerful behavior principle of all: Utility. *Adage,* 15 April. Accessed at http://adage.com/article/guest-columnists/utility-powerfulbehaviorprinciple/240860.

第十一章　樣板化：有樣學樣

- Bandura, A. (1977). *Social Learning Theory*. Englewood Cliffs: Prentice Hall.
- Bandura, A., Ross, D. & Ross, S. A. (1961). Transmission of aggression through the imitation of aggressive models. *Journal of Abnormal and Social Psychology*, 63(3), 575-82.
- Brown, D. & Fiorella, S. (2013). *Influence Marketing: How to Create, Manage, and Measure Brand Influencers in Social Media Marketing.* New York: Que Publishing.
- Burns, P., Stevens, G., Sandy, K., Dix, A., Raphael, B. & Allen, B. (2013). Human behaviour during an

evacuation scenario in the Sydney Harbour Tunnel. *Australian Journal of Emergency Management*, 28(1), 20.

- Cialdini, R., Kallgren, C. & Reno, R. (1991). A focus theory of normative conduct: A theoretical refinement and re-evaluation of the role of norms in human behaviour. *Advances in Experimental Social Psychology*, 24(20), 201-34.
- Ferrier, A. (2013). Identifying the constructs that underlie the concept of a cool person. Figshare.
- Finkle, D. (1992). Television; Q-ratings: The popularity contest of the stars. *New York Times*, 7 June. Accessed at http://www.nytimes.com/1992/06/07/arts/television-q-ratings-thepopularity-contest-of-the-stars.html.
- Frank, T. (1997). *The Conquest of Cool.* Chicago: University of Chicago Press.
- Schultz, P.W., Nolan, J.M., Cialdini, R.B., Goldstein, N.J. & Griskevicius, V. (2007). The constructive, destructive, and reconstructive power of social norms. *Psychological Science*, 18(5), 429-34.

第十二章　賦予技能：終結「我不知道怎麼做」

- Arora, S. (2013). Ten compelling reasons to go for explainer videos. *Bloggers Passion.* Accessed at http://bloggerspassion.com/ten-compellingreasons-togo-for-explainer-videos.
- Choy, Y., Fyer, A.J. & Lipsitz, D.J. (2007). Treatment of specific phobia in adults. *Clinical Psychology Review*, 27(3), 266-86.
- Fisher, J.O. & Birch, L.B. (1999). Restricting access to palatable foods affects children’s behavioral response, food selection and intake. *American Journal of Clinical Nutrition*. 69(6), 1264-72.
- Gladwell, M. (2008). *Outliers.* New York: Little, Brown & Co.

- Kahneman, D. (2011). *Thinking, Fast and Slow.* New York: Macmillan.
- Kukral, J. (2012). Explainer videos are the new infographics. *Huffington Post*, 19 September. Accessed at www.huffingtonpost.com/jimkukral/social-mediamarketing- videos-_b_1895514.html.
- Luszcz, M.A. (1993). When knowing is not enough: The role of memory beliefs in prose recall of older and younger adults. *Australian Psychologist*, 28(1), 16-20.
- McCaul, K.D., Johnson, R.J. & Rothman, R.J. (2002). The effects of framing and action instructions on whether older adults obtain flu shots. *Health Psychology,* 21(6), 624-8.
- Montgomery, B. (1988). *The Truth about Success and Motivation.* London: Thorsons.
- Nunnelly, A. (2012). Indigogo's top 12 campaigns of 2012. *Indigogo.* Accessed at http://blog.indiegogo.com/2012/12/top12.html.
- Paine, C. (2012). Holy crap: Why's this guy stuck on the toilet? News.com.au, 12 July. Accessed at www.news.com.au/national/holy-crap-weinterviewed-aguy-on-a-toilet/story-fndo4eg9-1226424152625.
- Schacter, D.L., Gilbert, D.T. & Wegner, D.M. (2010). *Psychology* (2nd edn). New York: Worth Publishing.

第十三章　化繁為簡：掃除障礙

- Ariely, D. (2008). *Predictably Irrational: The Hidden Forces that Shape our Decisions.* New York: HarperCollins.
- Barden, P. (2013). *Decoded: The Science behind What We Buy.* Chichester: John Wiley & Sons.
- Brasel, S.A. & Gips, J. (2013). Tablets, touchscreens, and touchpads: How varying touch interfaces trigger psychological ownership and endowment. *Journal of Consumer Psychology.* In press.
- Burns, W. (2012). When disgusting is good strategy. *Forbes*, 27 July. Accessed at www.forbes.com/sites/

willburns/2012/07/27/when-disgustingis-onstrategy.

- Haefner, J.E., Deli-Gray, Z. & Rosenbloom, A. (2011). The importance of brand liking and brand trust in consumer decision making: Insights from Bulgarian and Hungarian consumers during the global economic crisis. *Managing Global Transitions*, 9(3), 249-73.
- Kahneman, D. (2011). *Thinking, Fast and Slow*. New York: Macmillan.
- MacLeod, C.M. (1991). Half a century of research on the Stroop effect: An integrative review. *Psychological Bulletin*, 109(2), 163-203.
- Mossman, D. (1994). Assessing predictions of violence: Being accurate about accuracy. *Journal of Consulting and Clinical Psychology*, 62(4), 783-92.
- Norman, D.A. (2004). *Emotional Design: Why We Love (or Hate) Everyday Things*. New York: Basic Books.
- Pinaud, R., Tremere, L.A. & De Weerd, P. (eds) (2006). *Plasticity in the Visual System: From Genes to Circuits*. New York: Springer.
- Poundstone, W. (2010). *Priceless: The Myth of Fair Value (and How to Take Advantage of It)*. New York: Hill & Wang.
- Schwartz, B. (2004). *The Paradox of Choice: Why More is Less*. New York: Ecco/HarperCollins.
- Stroop, J.R. (1935). Studies of interference in serial verbal reactions. *Journal of Experimental Psychology,* 18(6), 643-62.
- Thaler, R.H. & Benartzi, S. (2004). Save more tomorrow: Using behavioral economics to increase employee saving. *Journal of Political Economy*, 112(S1), S164-1.
- Thaler, R.H. & Sunstein, C.R. (2008). *Nudge: Improving Decisions about Health, Wealth, and Happiness.*

New Haven: Yale University Press.

- *The Simpsons* (1992). The Otto Show, Season 3, Episode 22.
- Venkataramanan, M. (2013). This is how current slot machines are cunningly designed to milk your wallet. *Wired*, 9 May. Accessed at http://www.wired.co.uk/magazine/archive/2013/06/start/you-have-beenplayed/viewgallery/304036.

第十四章　承諾：如何從一個小請求促成一個大承諾

- Baca-Motes, K., Brown, A., Gneezy, A., Keenan, E.A. & Nelson, L.D. (2012). Commitment and behavior change: Evidence from the field. *Journal of Consumer Research*, 39(5), 1070-84.
- Carey, B. (2012). Academic 'dream team' helped Obama's effort. *New York Times*, 12 November. Accessed at www.nytimes.com/2012/11/13/health/dreamteam-of-behavioral-scientists-advised-obama-campaign.html?_r=0.
- Carroll, R. (2012). Kony 2012 Cover the Night fails to move from the internet to the streets. *The Guardian*, 22 April. Accessed at www.theguardian.com/world/2012/apr/21/kony-2012-campaign-ugandawarlord.
- Chang, J. (2013). Tiny habits: Behavior scientist BJ Fogg explains a painless strategy to personal growth. *Success*. Accessed at www.success.com/article/tiny-habits.
- Cialdini, R. (2007). *Influence: The Psychology of Persuasion*, New York: HarperCollins.
- Cialdini, R., Cacioppo, J.T., Basset, R. & Miller, J.A. (1978). Lowball procedure for producing compliance: Commitment then cost. *Journal of Personality and Social Psychology*, 36(5), 463-76.
- Fogg, B.J. (2013). Join me. *Tiny Habits*. Accessed at http://tinyhabits.com/join.
- Freedman, J.L. & Fraser, S.C. (1966). Compliance without pressure: The foot-inthe-door technique. *Journal*

of Personality and Social Psychology, 4(2), 195-202.

- Lee, L. & Ariely, D. (2006). Shopping goals, goal concreteness, and conditional promotions. *Journal of Consumer Research*, 33(1), 60-70.
- RACV (2012). *Road Safety*. Accessed at www.racv.com.au/wps/wcm/connect/racv/Internet/Primary/road+safety/roads+_+traffic/
- Reingold, J. & Tkaczyk, C. (2008). 10 new gurus you should know. *CNNMoney*. Accessed at http://money.cnn.com/galleries/2008/fortune/0811/gallery.10_new_gurus.fortune
- Taylor, T. & Booth-Butterfield, S. (1993). Getting a foot in the door with drinking and driving: A field study of healthy influence. *Communication Research Reports*, 10(1), 95-101.
- Thaler, R.H. & Sunstein, C.R. (2008). *Nudge: Improving Decisions about Health, Wealth, and Happiness*. New Haven: Yale University Press.

第十五章　善用你的力量

- Chan, D. & Mills, A. (2013). *Dumb Ways to Die*. Accessed at http://effies.com.au/attachments/Bronze/Short%20term%20effects/Entry%2095%20DWTD%
- De Bruyn, A. & Prokopec, S. (2013). Opening a donor's wallet: The influence of appeal scales on likelihood and magnitude of donation. *Journal of Consumer Psychology*, 23(4), 496-502.
- Gimesy, D. (2013). Gruen Planet chided over ad ethics. *B&T*, 16 September. Accessed at www.bandt.com.au/opinion/gruen-planet-chidedover-ad-ethics.
- O'Reilly, T. & Tennant, M. (2011). *The Age of Persuasion: How Marketing Ate Our Culture*. Toronto: Knopf. Oxford Dictionary (2013). Accessed at www.oxforddictionaries.com.

- Roy Morgan (2013). *Roy Morgan Image of Professions Survey 2013*. Accessed at www.roymorgan.com//media/Files/Morgan%20Poll/2013/May/4888-ImageofProfessions 2013April2013.pdf.
- Sanders, M., Halpern, D. & Service, O. (2013). *Applying Behavioural Insights to Charitable Giving*. Cabinet Office Insights Team.
- Sutherland, R. (2010). We can't run away from the ethical debates in marketing. *Market Leader*, Q1, 59.
- Unilever (2011). *Inspiring Sustainable Living: Expert Insights into Consumer Behaviour and Unilever's 5 Levers of Change*. Accessed at www.unilever.com/images/slp_5-Levers-for-Change_tcm13-276807.pdf.• do at le

謝謝你做出了這個動作，也幫了我一個忙。從結果來說，你對我和這本書都做出了一點小小的投入，所以你已經在行動上回應了我的小小要求，因此你將調整你的思維與感覺來與行動保持一致。你會認識到，行為改變態度會比態度改變行為來得快。當別人應了你的請求幫你一個小忙，他們就會傾向於更正面看待你，原因就來自他們做出的行動。現在請回到第八十七頁，深入了解這背後的原因吧。

實戰智慧館 457

關鍵行銷

消費心理大師 10 大黃金行銷課

作　　者──亞當・費里爾（Adam Ferrier）、珍妮佛・佛萊明（Jennifer Fleming）
譯　　者──王直上

主　　編──林孜懃
副 主 編──陳懿文
特約編輯──陳錦輝
封面設計──Javick
行銷企劃──鍾曼靈
出版一部總編輯暨總監──王明雪

發 行 人──王榮文
出版發行──遠流出版事業股份有限公司
104005 台北市中山北路一段 11 號 13 樓
電話：(02)2571-0297　傳真：(02)2571-0197
郵撥：0189456-1
著作權顧問──蕭雄淋律師

2018 年 8 月 1 日初版一刷
2022 年 1 月 20 日初版五刷
定價──新台幣 420 元（缺頁或破損的書，請寄回更換）

ISBN 978-957-32-8328-7

遠流博識網
http://www.ylib.com　E-mail: ylib@ylib.com
遠流粉絲團 https://www.facebook.com/ylibfans

國家圖書館出版品預行編目（CIP）資料

關鍵行銷：消費心理大師10大黃金行銷課 / 亞當・費里爾（Adam Ferrier），珍妮佛・佛萊明（Jennifer Fleming）著；王直上譯. -- 初版. -- 臺北市：遠流，2018.08

面；　公分

譯自：The advertising effect : how to change behaviour

ISBN 978-957-32-8328-7（平裝）

1.消費心理學 2.消費者行為 3.廣告心理學

496.34　　107011055